上海市重点图书
上海市促进文化创意产业发展财政扶持资金资助

方弟安　徐东坡　任鹏　主编

# 长江下游仔稚鱼群聚特征与时空格局

CHANGJIANG XIAYOU ZIZHIYU
QUNJU TEZHENG YU
SHIKONG GEJU

上海科学技术出版社

图书在版编目（CIP）数据

长江下游仔稚鱼群聚特征与时空格局 / 方弟安，徐东坡，任鹏主编. -- 上海 : 上海科学技术出版社，2022.12
ISBN 978-7-5478-5944-5

Ⅰ. ①长… Ⅱ. ①方… ②徐… ③任… Ⅲ. ①长江中下游一稚鱼一研究 Ⅳ. ①S962

中国版本图书馆CIP数据核字(2022)第205114号

上海市促进文化创意产业发展财政扶持资金资助

**长江下游仔稚鱼群聚特征与时空格局**

*方弟安　徐东坡　任鹏　主编*

上海世纪出版(集团)有限公司
上海科学技术出版社 出版、发行
(上海市闵行区号景路159弄A座9F-10F)
邮政编码 201101　www.sstp.cn
上海中华商务联合印刷有限公司印刷
开本 889×1194　1/16　印张 11.25
字数：300千字
2022年12月第1版　2022年12月第1次印刷
ISBN 978-7-5478-5944-5/S·243
定价：150.00元

# 内容提要

仔稚鱼资源在鱼类生活史中扮演重要的角色，是鱼类生物学研究的重要内容，也是渔业资源监测的重要手段。

本书基于2018—2020年深入、系统地调查研究长江下游鱼类仔稚鱼资源现状的研究结果编撰而成。全书系统描述了长江下游各种类仔稚鱼的资源变动、分布特征及不同江段的水文特征，并针对不同种类仔稚鱼的早期形态进行特征阐述，以期为长江下游水域鱼类仔稚鱼资源的变动及发育特征补充基础数据。

本书比较全面地揭示了长江下游鱼类仔稚鱼资源的基本面貌，指出今后长江下游鱼类资源保护的重点方向，填补了长江下游鱼类仔稚鱼资源基础数据资料的空白，可为鱼类科技工作者提供重要的参考依据，为“长江大保护”和“长江十年禁渔”战略提供决策依据。

# 编委会


**主编**

方弟安　徐东坡　任　鹏

**副主编**

薛向平　李新丰　丁隆强

**参编**

（以姓氏拼音为序）

陈永进　凡迎春　何晓辉　蒋书伦　匡　箴　黎加胜　李天佑　刘　凯

刘鹏飞　刘　熠　彭云鑫　任　泷　唐　阅　王银平　王　媛　吴思燃

杨习文　尤　洋　俞振飞　詹政军　张敏莹　郑宇辰　周彦锋

# 序　言

自古以来，河流就是孕育生物多样性和人类文明的发源地。河流像地球的血管，随气候之脉搏舒张有度地连接内陆和海洋，并完成两大系统的物质和能量交换。长江作为我国第一大河，全长约 6 300 km，自西向东横跨三级阶梯，串联 11 个省(自治区、直辖市)，最终汇入东海。据不完全统计，长江水生态系统中有鱼类 420 余种、浮游植物 1 200 余种(属)、浮游动物 800 余种(属)、底栖动物 1 100 余种(属)、水生高等植物 1 000 余种，生物多样性丰富。

改革开放以来，随着我国工业化进程和经济迅猛发展，诸如兴修水利、围湖造田、过度捕捞、水环境污染等人类活动对长江水生态系统的影响已经不容忽视。鱼类是长江水生态系统的重要组成部分，也是反映人类活动对水生态系统影响的重要载体。近几十年来，长江鱼类资源不仅表现为渔业产量持续衰退，而且鱼类群落结构也发生了显著变化，如长江鲥鱼等以往名贵的重要渔业经济对象甚至销声匿迹，让人痛心不已。在长江鱼类资源保护迫在眉睫的关键时刻，由老一辈鱼类学家牵头，联合诸多科研院所相关专家奔走疾呼。在“长江大保护”战略背景下，各级政府开始高度重视长江鱼类资源问题。2019 年 1 月，农业农村部、财政部、人力资源和社会保障部联合印发《长江流域重点水域禁捕和建立补偿制度实施方案》，在长江干流和重要支流等重点水域逐步实行合理期限内禁捕的禁渔期制度，长江沿线渔民逐步得到安置，退出捕捞作业。随后，农业农村部宣布从 2020 年 1 月 1 日零时起开始实施长江十年禁渔计划的通告。通告称，长江干流和重要支流除水生生物自然保护区和水产种质资源保护区以外的天然水域实行暂定为期 10 年的常年禁捕，在此期间禁止天然渔业资源的生产性捕捞。至此，长江十年禁渔拉开序幕，长江鱼类终于得以休养生息和资源恢复。

鱼类早期资源在鱼类生活史中扮演着重要的角色，是鱼类生物学研究的重要内容，也是渔业资源监测的重要手段。长江鱼类早期资源调查始于 20 世纪 50—60 年代，主要调查了“四大家鱼”产卵场的位置及其产卵规模，但下游调查站位仅涉及长江的彭泽江段，以下江段再无系统调查。近几十年来，长江下游鱼类仔稚鱼资源仅在长江口和个别站位有报道，一直没有得到系统、完善的调查监测。同时，长江上游三峡大坝的修建、南水北调工程等已经改变了长江干流的水文特征，长江干流水环境系统已经发生了较大变化。因此，深入调查研究长江鱼类早期资源现状、摸清家底，对长江水生态系统保护和可持续发展意义重大。

中国水产科学研究院淡水渔业研究中心水生生物资源研究室鱼类早期资源研究团队长期从事长江下游鱼类仔稚鱼资源的监测和调查研究，在大型河流的鱼类早期资源研究方面具有扎实的理论基础和丰富的实践经验。该团队综合利用生态学、资源学及分子生物学等学科的理论与技术手段，系统开展了我国长江下游及太湖流域渔业资源和生物多样性的调查与评估，为我国内陆渔业资源的科学管理做出了重要贡献；同时，利用渔业资源调查评估积累的本底资料，结合保护生物学和恢复生态学等理论基础，持续开展了涉水工程对水生生态的影响评价及生态修复工作，尤其是承担了长江三峡工程、深水航道工程、引江济淮工程等国家重大涉水工程的水生生态评价专题，为水生生物资源保护提供了重要技术支撑。由方弟安研究员等编写的《长江下游仔稚鱼群聚特征与时空格局》一书，选取了代表性强的长江下游站位，对长江下游鱼类仔稚鱼资源进行了系统性跟踪监测研究，相关结果揭示了长江下游鱼类仔稚鱼资源的基本面貌，指出今后长江鱼类资源保护的重点方向。该专著填补了长江下游鱼类仔稚鱼资源研究基础数据资料的一些空白，丰富了科学知识，将为科技工作者提供重要参考，为“长江大保护”和“长江十年禁渔”战略提供决策依据。该专著注重理论与实践相结合，内容全面、数据翔实，对科学获取长江下游鱼类仔稚鱼资源现状和准确评估长江十年禁渔效果具有重要的参考价值和指导意义。

中国水产科学研究院淡水渔业研究中心 徐跑

2022 年 9 月

# 前　言

长江是我国第一大河，也是世界第三大河。长江发源于青藏高原的唐古拉山脉，自西向东流经11个省(自治区、直辖市)而汇入东海，全长约6 300 km。长江水系现有鱼类400种左右，其中纯淡水种类350种、占我国淡水鱼类总数的1/3，种类之丰富位居全国各水系之首。长江被誉为“淡水渔业的摇篮”，渔业产量占全国淡水渔业总产量的65%，是我国淡水渔业的主产地。近年来，由于人类活动的强烈干扰，长江鱼类资源和渔业产量呈现持续衰退的趋势。1954年长江流域鱼类天然资源捕捞量达45万吨，20世纪80年代捕捞量下降至每年20万吨，2000年前后年捕捞量仅为10万吨左右(长江水系渔业资源调查协作组，1990)。20世纪60年代前期，长江上游地区的主要经济鱼类约有50种；到70年代中期，主要渔业对象缩减到30种左右；进入90年代，主要渔业对象进一步减少到20种左右。1974年长江中游江段青鱼、草鱼、鲢、鳙(四大家鱼)占渔获物总重的46.15%，而2001—2003年仅占渔获物总重的10%左右。

鱼类早期资源是指鱼类的受精卵(胚胎)、仔鱼和稚鱼的统称。鱼类早期资源调查具备样本数量大、易获得、效率高、对资源损害小等特点，可以在鱼类资源动态监测中发挥重要作用。研究鱼类早期资源的时间和空间格局可以确定鱼类的产卵场和产卵期，为鱼类资源保护和渔业管理提供有力的支撑。研究鱼类早期资源和环境因子的关系有利于揭示鱼类繁殖的环境需求，解析各鱼类种群补充中的关键问题。因此，鱼类早期资源研究已经成为评估渔业资源的重要手段。我国有关长江鱼类早期资源的研究主要集中于长江上、中游，开始于长江“四大家鱼”产卵场位置和产卵规模的调查、繁殖条件及其与葛洲坝水利工程建设的关系。近年来，仔稚鱼群聚的资源量监测、鱼类早期资源与三峡大坝和三峡水库生态调度等的关系方面的研究也较多。此外，也有不少关于长江口沿岸破碎带和河口临海水域仔稚鱼时空分布和群聚特征的研究报道。然而，对于长江下游干流江段仔稚鱼的相关研究却十分有限，对此江段鱼类仔稚鱼资源的群聚特征与时空格局的研究报道相对匮乏。

长江下游是指从鄱阳湖通江湖口至长江入海口全长约 940 km 的江段。该江段地势平坦、江面开阔、水资源充沛。长江下游是刀鲚、暗纹东方鲀和中华鲟等名贵河海洄游性鱼类的重要洄游通道，也是长江定居鱼类的主要栖息地，在诸多鱼类生活史中扮演重要的角色。此外，长江下游沿岸地区是我国经济最发达的地区之一，过度捕捞、水域污染和涉水工程等人类干扰活动相对强烈，水生态环境承载的负荷较大，渔业资源衰退显著，许多鱼类产卵场、育幼场和洄游通道的功能退化甚至消失。例如，长江下游鲥鱼的资源量自 20 世纪 70 年代开始明显下降，到 80 年代下降至极低水平，90 年代鲥鱼已经基本消失。因此，开展长江下游早期鱼类资源的长期监测评估和资源保护等相关研究工作十分重要。

基于以上背景，我们依托国家重点研发计划"我国重要渔业水域食物网结构特征与生物资源补充机制"重点专项课题"重要渔业种群资源补充过程及驱动因子"(2018YFD0900903)、农业农村部物种资源保护专项"长江下游重要渔业水域主要经济物种产卵场及洄游通道调查"和中国水产科学研究院创新团队项目(2020TD61)等的资助，对长江下游多个江段实施多年连续蹲点或走航式监测，并对长江下游 4 个重要渔业资源监测站位的研究结果予以梳理总结，形成本书稿。书稿主要涉及内容：①长江下游九江湖口、安庆皖河口、马鞍山—南京、江苏南通 4 个站位鱼类仔稚鱼的时空分布格局；②各站位水环境指标变化；③鱼类仔稚鱼的群聚特征及其影响因子；④各监测站位的生境特征；⑤调查采集的常见鱼类仔稚鱼形态和鉴别特征及时空动态；⑥长江下游仔稚鱼资源发生与环境因子的相关性；⑦鱼类仔稚鱼生境特征和保护策略。通过上述内容的实证和论述，本专著填补了长江下游鱼类仔稚鱼研究基础数据资料的一些空白，为长江鱼类资源保护提供了理论基础。

本书分八章进行论述：第一、二章主要介绍了长江下游仔稚鱼资源调查选取的 4 个江段的概况以及调查方法；第三章分析展示了长江下游仔稚鱼资源调查站位水环境特征；第四章对 4 个江段的仔稚鱼资源群落结构进行描述；第五、六章从采集的不同种类仔稚鱼物种发生特征入手，分析了长江下游 4 个江段各种类仔稚鱼资源的时空格局；第七、八章主要阐释了长江下游仔稚鱼发生与环境因子的相关性，并研讨了相关的生境特征与保护策略。通过以上章节的设定与展示，初步阐明了长江下游各种类仔稚鱼的资源变动、分布特征及不同江段水文特征，并针对不同种类仔稚鱼的早期形态进行特征描述，以期丰富长江下游水域鱼类仔稚鱼资源的资源变动及发育特征的基础数据。

本书由中国水产科学研究院淡水渔业研究中心水生生物资源研究室方弟安、徐东坡和任鹏主编，刘熠、杨习文、李新丰、丁隆强、薛向平、彭云鑫、何晓辉、黎加胜、唐阅、吴思燃和李天佑等负责长江下游各江段鱼类仔稚鱼资源的样品采集和数据整理，水生生物研究室团队其他成员参与本书的撰写和校稿等工作。长江下游鱼类仔稚鱼的分类鉴定图片由任鹏、丁隆强、薛向平和彭云鑫等整理提供。在本书编写过程中得到了我国河湖鱼类研究同行专家的指导、鼓励和帮助，在此表示衷心的感谢！

本书力图对长江下游鱼类仔稚鱼资源的基本概况予以系统分析，并据此提出管理和保护对策，为相关研究提供参考依据。由于调查期限和调查站位不能完全覆盖长江下游水域，加之许多资料尚有待进一步补充和完善，书中不妥或错误之处在所难免，敬请广大读者批评指正。

编著者

2022 年 9 月

# 目　录

## 第五章 · 长江下游鱼类仔稚鱼物种特征

# 第六章 · 长江下游仔稚鱼资源时空格局



# 第七章 · 长江下游仔稚鱼发生与环境因子的相关性

# 第一章

# 长江下游仔稚鱼资源调查江段概况

## 第一节 · 九江湖口江段

九江湖口江段是指长江八里江江段上下长约 40 km 的长江干流江段。该江段具有典型的江心沙洲分流和河道分汊特征，鄱阳湖在此与长江交汇，呈现"江湖两色"的景致。在九江湖口江段，鄱阳湖与长江干流交汇，并发生物质和能量交换，形成了极为特殊的江湖复合型生态系统。该江段是长江中下游鱼类繁衍生息的天堂，为诸多江湖洄游性鱼类产卵繁殖、摄食、育幼、越冬洄游等重要生活史过程提供了绝佳的栖息地，在长江鱼类多样性以及长江渔业种质资源的管理与保护等方面发挥着极其重要的作用。九江湖口是鄱阳湖与长江的唯一连通点，也是洄游性鱼类在长江与鄱阳湖之间洄游的唯一通道。鄱阳湖是长江中下游水域江湖洄游性鱼类重要的摄食和育肥场所，也是一些河海洄游性鱼类的繁殖场，对于保持长江中下游流域内渔业资源的群落结构有重要的影响。最为典型的例子，如以鲢(*Hypophthalmichthys molitrix*)、青鱼(*Mylopharyngodon piceus*)、草鱼(*Ctenopharyngodon idellus*)、鳙(*Aristichthys nobilis*)、鳊(*Parabramis pekinensis*)等为代表的江湖洄游性鱼类，于每年的鱼类产卵繁殖期间进入长江干流产卵繁殖，鱼卵随江水漂流孵化出膜，经鄱阳湖通江水道进入鄱阳湖内生长育幼，至性成熟后成为亲鱼，再于每年的鱼类繁殖季节进入长江干流繁殖，如此完成江湖洄游性鱼类的生活史。

九江湖口江段位于江西省九江市湖口县境内，长江八里江段长吻鮠国家级水产种质资源保护区位于该江段内。近年来，由于过度捕捞、水质污染、涉水工程等人类活动干扰强烈，水域生态压力变大，该江段渔业资源呈逐年下降趋势。迄今，我国学者对鄱阳湖水域的鱼类资源已开展了大量的研究工作，涉及的研究内容主要有鱼类的区系分布、生物学特性、生化组分、染色体和遗传结构，以及渔业资源调查与保护等。据历史资料记载，长江湖口水域内最高记录鱼类 136 种。近年来，对九江湖口水域以及鄱阳湖通江水道的调查发现，长江湖口水域常见鱼类只有 50 种左右，且均以鲤形目湖泊定居型鱼类为主。鱼类作为湖泊生态系统中较高级的消费者，通过上行效应和下行效应与环境间存在紧密的相互作用关系。湖泊环境等理化因子和浮游生物的变化通过上行效应改变鱼类群落结构和数量，而鱼类群落结构的变化通过营养级联和下行效应对水体的理化特征以及其他生物的组成、分布、丰度、生物量等水生态系统结构与功能的许多方面产生影响。鄱阳湖与长江连通的江湖复合生态系统生态学意义重大，而该水域有关长江鱼类仔稚鱼资源的时空动态及其与水环境间相互关系的研究尚在初级阶段，仍需要进一步科学研究。

图1-1
九江湖口江段

## 第二节 · 安庆皖河口江段

长江安庆江段西接湖北、九江湖口水域，北靠大别山，全长约243 km。左岸受大别山上升掀斜运动所控制，致使长江主流线不断南移，从而形成左岸相当开阔的河漫滩和冲积平原，而右岸基岩濒临江边、矶头密布，受此单向排流作用影响，结构松散的左岸易遭江水冲刷，形成了铁板洲、新洲等分汊弯曲河段。该江段沿岸有众多附属湖泊，分布有长江江豚保护区、长江刀鲚国家级水产种质资源保护区等重要生态功能区，历来是长江重要的渔业资源水域。该江段河道迂回曲折、沿岸多湖泊和支流汇入、水文条件复杂、鱼类栖息地环境多样、渔业资源丰富，是长江下游干流重要的鱼类“三场”生境。皖河口(30°29′39.24″N，117°0′12.52″E)位于安徽省安庆市大观区，是皖河与长江干流的交汇处。皖河发源于大别山南麓，全长227 km，年均径流量53.79亿$m^3$。随着流域内经济的发展，皖河的航运功能越来越重要。目前，皖河口向上41.2 km为三级航道，可供300吨级船舶航行。皖河口宽度约130 m，河底平均高程2.21 m，年均水位9.22 m。受长江水位变化的影响，皖河口水位波动剧烈，为长江下游典型的江河汇流区。历史研究资料表明，该江段江河汇流区水流相互顶托、泥沙冲淤变化大、生态环境复杂、水生生物资源丰富，为长江江湖洄游性鱼类的繁殖地和索饵场。

安庆市作为长江三角洲重要的水运枢纽和化工城市，频繁的航运、化工污染和过度捕捞等因素导致安庆皖河口江段渔业资源日益衰退。据资料显示，20世纪 90 年代该江段记录鱼类 63 种，2006 年渔业资源调查记录鱼类为 46 种，近年来的鱼类资源调查一直维持在 40 种左右。长江安庆皖河口江段历史上分布有龙感湖、泊湖、武昌湖、黄大湖等通江湖泊，由于 20 世纪 50 年代围湖造田、防洪工程等水利建设，导致这些湖泊均处于阻隔状态，依靠闸控与长江联系。位于上游的九江湖口江段与鄱阳湖形成特殊的江湖复合型生态系统，对"四大家鱼"的繁殖及育幼提供良好的生境，使得距离鄱阳湖较近的安庆皖河口江段"四大家鱼"仔鱼丰度高于下游的南京和南通江段。皖河与长江交汇处两股水流相互掺混顶托，呈现出特有的犄角特征。皖河口水域江、河营养物质汇集和能量频繁交换，水文条件复杂，加上静水与流水生境的互补作用，孕育出了复杂的淡水生物群落，为鱼类的繁衍提供了优良的生境条件。皖河口上游存在流速很小的水域，下游存在回水区，这些水域和皖河支流共同形成了高度异质的水域生境。历史研究已经证实，安庆皖河口江段也是江湖洄游性鱼类的通道和一些河海洄游性鱼类重要的繁殖场所，对于维持长江下游水生生物多样性、长江鱼类种质资源保护及重要经济鱼类种群结构具有重要意义。

图 1-2
安庆皖河口江段

## 第三节 · 马鞍山—南京江段

马鞍山—南京江段（马南江段）上起苏皖交界处的马鞍山河道，下至南京与镇江交界的大道河口，平面形态为宽窄相间的藕节状分汊河型，河道全长约 95 km，干流岸线全长约 195 km。该江段水文条件复杂，其中部分水域存在江心洲。近年来，由于江水冲刷、泥沙淤积，面积有逐渐扩大的趋势。江水流经此处，水速减慢，有利于形成鱼礁效应，是有利的鱼类繁衍场所。该江段两岸江滩呈不对称状分布，左岸略长，自浦口林山驷马山河口至六合大河口，长约 110 km；右岸自江宁铜井和尚港至栖霞大道河口，长约 98 km。沿江两岸包括宜林江滩和新济洲滩等各类洲滩约 6 500 $hm^2$，主要分布在南京市江宁区、浦口区、六合区、雨花台区和栖霞区的沿江岸线。长江左岸江滩保留较为完整，以浦口夹江为中心，连接周边江滩近 1 700 $hm^2$、芦滩约 430 $hm^2$。以新济洲、八卦洲、兴隆洲、乌鱼洲等洲滩形成的江滩面积约 6 700 $hm^2$，滩土深厚、理化性能好，积水时间平均 1～2 个月。冬、春季枯水期水深均在 1.5～2 m，汛期水深可达 5～6 m；汛期淹没水域存在大片水草和芦苇，成为水生动物栖息和觅食的天然资源，是鱼类生长、繁殖和索饵的重要场所。长江马鞍山—南京江段水质稳定在国家地表水Ⅱ类标准，干流水质达标率为 95%以上，其中以夹江水源保护区水质最好，该区域也是长江江豚等长江珍稀水生生物种质资源保护区的核心区。

马鞍山—南京江段位于长江下游，受长江径流和潮汐的双重影响，该江段鱼类以淡水鱼类群落为主，兼具河口性鱼类。历史上对该江段的调查显示，马鞍山—南京江段有鱼类 40 余种，以“四大家鱼”及䱗、银鮈、似鳊、大鳍鱊等鱼类为优势种。刘小维等于 2017 年在该江段监测到长江中下游的大多数重要经济鱼类品种，鱼类生物多样性指数较稳定；同时，发现该江段鱼类群落呈现低龄化和小型化趋势，并分析可能是该江段沙底较多、底栖动物生物量和丰度均较低等原因所致。近年来，相关部门通过采用增殖放流、设立种质资源保护区、控制捕捞强度和禁捕等措施来保护该江段的渔业资源，效果显著，如鳊、鳜等经济鱼类的数量与生物量有较好的上升趋势，在渔获物中的优势地位有所提升。

图 1-3
马鞍山—南京江段

# 第四节 · 江苏南通江段

长江下游江苏南通市如皋至海门江段(简称江苏南通江段)地处长江口水域,江面跨度大、覆盖水域广阔,是连接长江与东海的关键枢纽,也是长江刀鲚等河海洄游性鱼类的必经通道。江苏南通江段属于感潮江段,径流携带大量泥沙,水文特征较为复杂,在潮汐和径流作用下形成浅滩、沙洲等复杂生境。江苏南通江段水域鱼类饵料充足、渔业资源丰富,是多种经济鱼类和江海洄游性鱼类的重要索饵场和育幼场。该江段拥有较多沙洲和浅滩,具有复杂的河道形态与特殊的潮汐水文特征,是水生动物栖息、繁育的良好场所。例如,长青沙和民主沙属于典型的沙洲-干流生境,常年受径流与潮汐的双重作用而使得该水域的水文特征尤为特殊。江苏南通江段拥有多个国家级水产种质资源保护区,如长江刀鲚国家水产种质资源保护区和长江如皋段刀鲚国家级水产种质资源保护区就位于长青沙和民主沙水域。长青沙和民主沙水域不仅淡水鱼类资源丰富,而且洄游性鱼类也占有较大比重。探究该特殊水域及干流-沙洲生境下仔稚鱼的种类组成及群聚特征,对鱼类资源保护及水生态环境修复等具有重要的生态学意义。

长江下游江苏南通江段水文条件复杂多样、生物饵料丰富,曾是一个重要的渔业捕捞水域,但由于长江捕捞强度的超负荷运转,使得该江段渔业资源多样性呈现波动下降的趋势。前期的研究和调查发现,该江段成鱼资源有 52 种,与 2015—2016 年曹过等人对类似生境的长江下游镇江段和畅洲水域调查

图 1-4
江苏南通江段

发现鱼类 48 种的结果相近，但明显低于 20 世纪 70 年代的 61 种和 90 年代的 60 种，鱼类资源的种类数有所降低。随着长江全面禁渔工作的实施，开展对该江段鱼类资源尤其是仔稚鱼资源的持续监测对评估长江禁渔效果具有重要的意义。

# 第二章

# 长江下游仔稚鱼资源调查方法

# 第一节 · 长江下游采样站位设置

## 一、九江湖口江段

基于前期研究积累的数据资料分析，本课题组于 2018—2020 年鱼类繁殖期的 4—8 月，在长江九江湖口江段开展仔稚鱼资源的逐日和走航相结合的调查方式，分别选取八里江、桂营村、江州镇大湾洲和鄱阳湖通江水道 4 个采样断面，分别标注为 S1、S2、S3、S4 断面。4 个断面各设左岸、右岸和江心 3 个点位进行采样，其中 S3 断面因有沙洲阻隔而加设一个夹江点。采样断面的设置如图 2-1 所示。左岸和右岸的划分是根据江河流向判定的：面向河流下游，右手边为右岸，左手边为左岸（下同）。

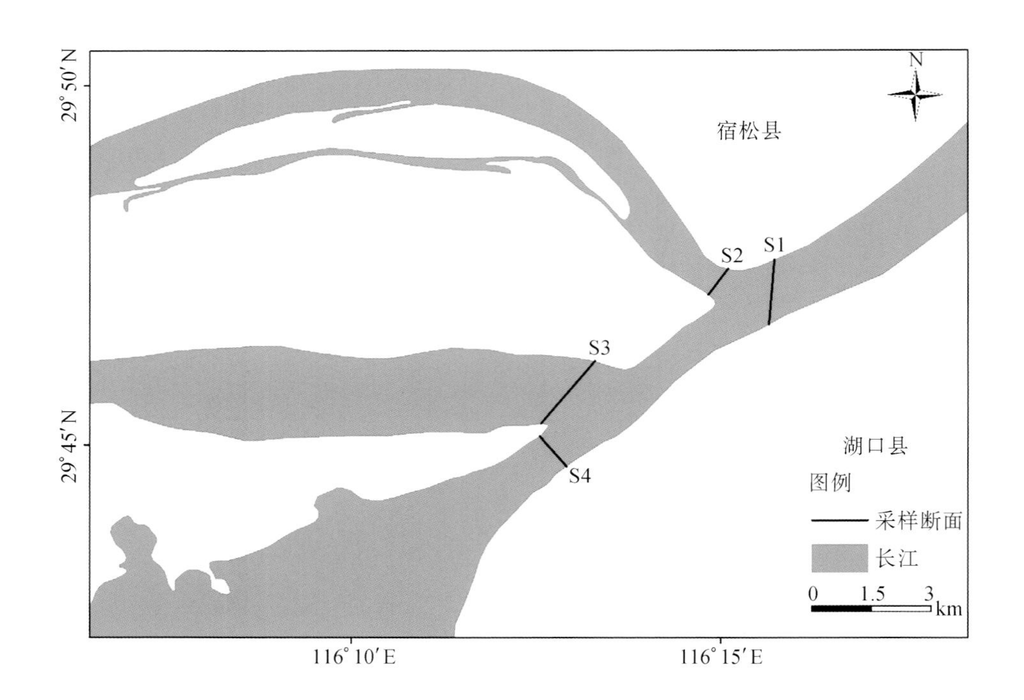


图 2-1
九江湖口江段仔稚鱼资源采样断面设置

## 二、安庆皖河口江段

依据长江下游鱼类早期资源分布的研究结果，鱼类繁殖高峰集中在 4—8 月。结合历史文献和现场勘察，本课题组于 2018—2020 年鱼类繁殖期在安庆皖河口江段开展仔稚鱼资源的逐日调查。安庆皖河口江段采样断面设置如图 2-2 所示。采样断面距离皖河口和长江干流交汇处上端约 50 m，在采样断面左岸、右岸和江心各设置一个采样点，近岸采样点距离岸边 10 m 左右。

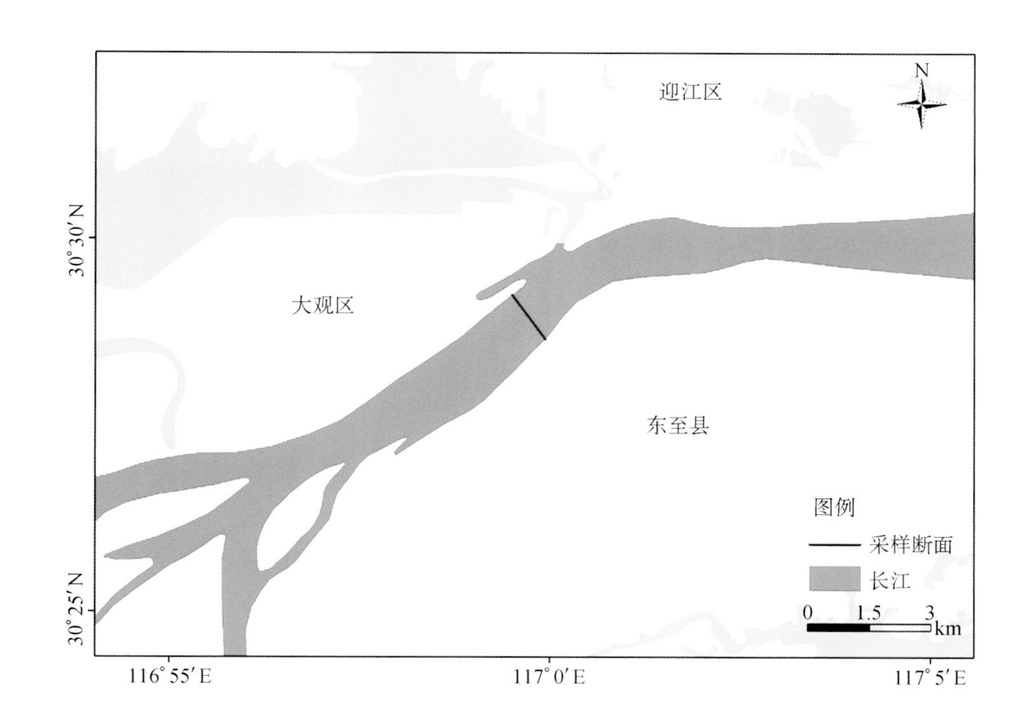


图 2-2
安庆皖河口江段仔稚鱼资源调查采样点

## 三、马鞍山—南京江段

依据马鞍山—南京江段地理位置的特殊性，该江段站位选择在沙洲分流区起始区域，断面位于南京市江宁区与马鞍山市当涂县连接江段附近水域。本课题组于2018—2019年鱼类繁殖期进行仔稚鱼资源样本的采集。采样时期为每年的5—8月，共进行5个频次、累计20天左右的鱼类早期资源调查。采样点如图2-3所示，设左岸、右岸和江心3个点位进行采样。该水域近岸处水草茂盛，

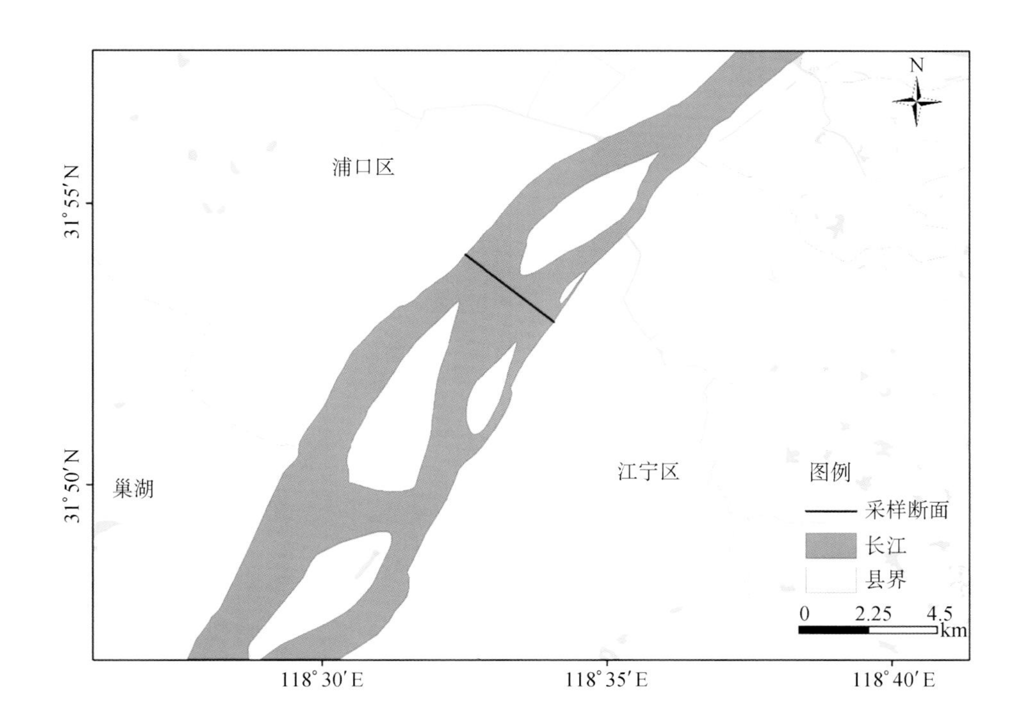


图 2-3
马鞍山—南京江段仔稚鱼资源调查采样点设置

水质清澈，透明度较高。江心有一小洲将江水分流，水流情况较为复杂，相比于近岸，水体较为浑浊、湍急。右岸处有一航道，来往运输船只较多。左岸为生活区，植被覆盖率较高，而且水草更为茂盛，多高大树木，人为活动较少。

### 四、江苏南通江段

江苏南通江段位于河口（长江入海口）区，该区段自上而下直至河口，水文环境变化很大。江苏南通江段的调查站位，从崇明岛上游分汊处江段开始设置，自下而上一直延伸至南通如皋江段，依据该水域的地理特征，共设置 13 个断面，不同断面依据江面的宽窄设置 1～3 个采样点，各采样点分布如图 2－4 所示。本课题组于 2018—2020 年鱼类繁殖高峰期的 5—8 月开展鱼类早期资源调查，调查时间为每月中旬的平潮期（依据中国港口网和海事服务网确定平潮期的时间段），在此期间对每个位点进行连续 3 天的定量采集，且各采样位点每次均进行 3 次重复采样。

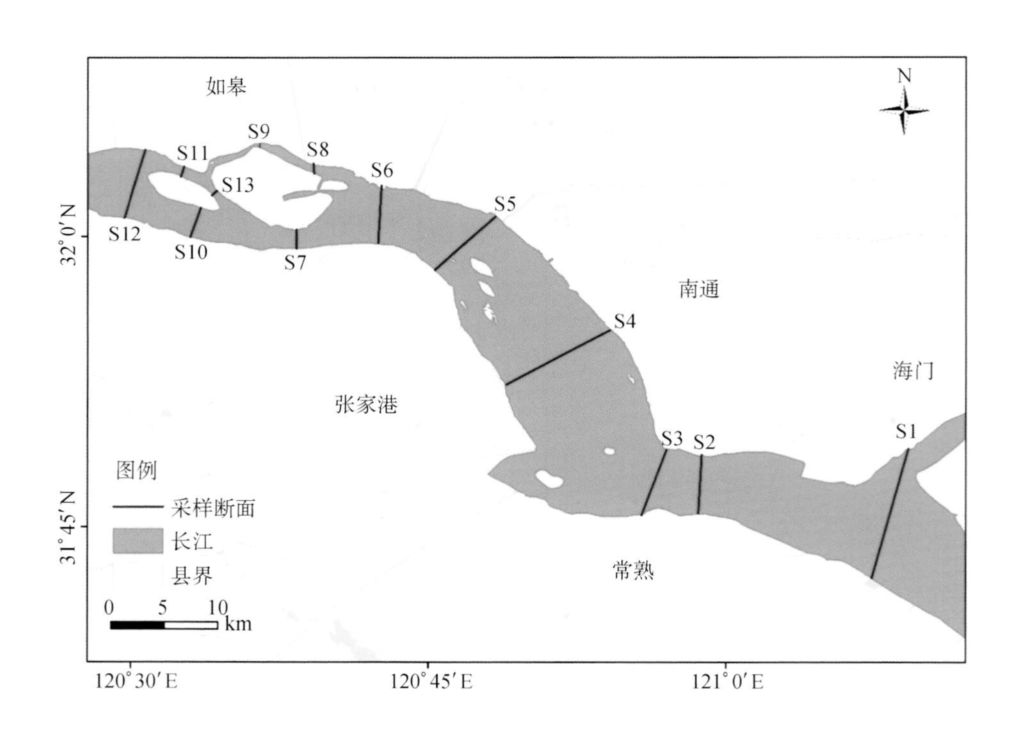


图 2－4
江苏南通江段仔稚鱼资源调查采样点

## 第二节 长江下游仔稚鱼资源调查与鉴定

依据《河流漂流性鱼卵、仔鱼采样技术规范》（SC/T 9407—2012）和《河流漂流性鱼卵和仔鱼资源评估方法》（SC/T 9427—2016）等关于鱼类早期资源的调查评估方法，调查以定点连续采样方式进行，包含整个鱼类繁殖期，因此周年采样时间定于每年5月上旬至8月中旬。走航调查的采样周期尽可能包含一个或多个洪峰的涨水和退水全过程(保证每月1次,持续时间1周左右)。仔稚鱼资源的采集,通常使用主动网具和定置网具相结合的方式进行。主动网具为圆锥状浮游生物网,网口直径为0.8 m、网深为2.5 m、网目为0.25 mm。网后连接圆柱形鱼苗收集装置,网口固定流量计用于测量网口过水量。采样时将网具置于江水表层,通过机动船进行拖拽。调查期间,每日6:00—11:00对各采样点进行一次定量采集,采集时间依据采集到的仔稚鱼资源总捕捞数确定(3～10 min),采样同时记录每次拖网持续时间和间隔时间。定置网具为弶网,呈四棱锥形,网口为1.5 m×1 m的矩形,网长为5 m,网目为0.5 mm,后部与集苗箱相连。集苗箱长为60 cm,宽为40 cm,高为40 cm,网目为0.25 mm。采样时网口逆水流方向,保证网口完全沉入水下,并与水流方向垂直,每次采集时间为18:00至次日凌晨6:00,持续12 h。

每次采集的仔稚鱼样本放入冰水保存,然后带回实验室,参考曹文宣等编著的《长江鱼类早期资源》描述的各种鱼类形态学特征(体型、头型、眼径、听囊色素分布、肌节组成、体表色素性状等),通过形态学方法在奥林巴斯解剖镜(SZX16)下进行种类鉴定,对各个物种进行发育阶段判定并分类计数。对无法分辨或形态破损的仔稚鱼,进行编号后保存于75%中性乙醇中,最终可通过分子生物学方法进行种类鉴定。具体步骤:提取样本的基因组DNA作为分析模板,基于通用型引物扩增靶标COⅠ(线粒体细胞色素C氧化酶亚基Ⅰ)基因序列,并进行电泳检测和序列测定,将所得到的序列与已经用成鱼建立的长江鱼类条形码数据库进行比对,可将待分析的个体鉴定到种。

## 第三节 · 长江下游水文环境因子的测定

水温(T)、溶氧(DO)和酸碱度(pH)等指标采用哈希便携式水质分析仪现场测定。将便携式仪器的探头放入江水表层以下0.5 m处停置3 min读取数值,重复测量3次取平均值。透明度采用塞氏透明度盘测量,将透明度盘在船的背光处平放入水中,观察3次取平均值。网口过水流量通过德国HYDRO-BIOS公司数字网口流量计记录仔稚鱼采样始末流量计转数进行换算。江水径流量和水位数据分别来自江西省水利厅江河水情的每日官方数据和长江水文网实时水情,主要依据大通水文站数据。由于长江江苏段和安徽铜陵市大通镇之间无大型支流汇入长江干流,故可以反映马鞍山—南京及以下江段水文情况。

# 第四节 · 数据处理与分析

## 一、仔稚鱼丰度计算

仔稚鱼丰度计算方法参考易伯鲁等的计算方法，依据所采集鱼类仔稚鱼的数量、采集时间、流量计的始末差值和主动网口面积按下列公式计算。

$$Q_i = (C_i \times a \times 0.3)/t,\ D_i = N_i/(Q_i \times t)$$

式中：$Q_i$ 为第 $i$ 次采集网具网口的过水流量（$m^3/s$）；$C_i$ 为第 $i$ 次采集流量计的转数差（r）；$a$ 为主动网具网口面积（$m^2$）；0.3 为流量计转子螺距（m/r）；$t$ 为每次采集仔稚鱼时间（s）；$D_i$ 为第 $i$ 次采集仔稚鱼的丰度（ind./$m^3$），$N_i$ 为第 $i$ 次采集仔稚鱼数量（ind.）。

采样断面鱼苗平均丰度与定点鱼苗丰度相比系数，可按下列公式计算。

$$C = \frac{\sum \overline{d}}{d_i}$$

式中：$C$ 为鱼苗平均丰度相比系数；$d_i$ 为固定采样点的鱼苗丰度；$\overline{d}$ 为断面各采样点鱼苗的平均丰度。

## 二、生态优势度

选用 Pinkas 相对重要性指数（IRI），根据主动网具采集的不同种类仔稚鱼数量占比和出现频率，计算出各年份群落间的优势种、常见种和少见种，定义 IRI>100 为优势种，10<IRI<100 为常见种，IRI<10 为少见种。

$$\text{IRI} = N\% \times F\% \times 10\,000$$

式中：$N\%$为某个物种占群落总数量的数量百分比，$F\%$为某个物种被采集到的天数占各年份调查总天数的百分比。

## 三、群落多样性特征值

物种多样性是物种水平上的生物多样性表现形式，是生物多样性的研究基础。在不同尺度上划分为 α 多样性、β 多样性和 γ 多样性。其中，α 多样性是由群落中的物种生态位差异所引起的。采用丰富度指数（$M$）（Margalef D R,

1958)、多样性指数($H'$)(Shannon C E 等，1949)、均匀度指数($J$)(Pielou E C 等，1975)和 Simpson 优势度指数($C$)来评估群落特征。上述指数计算公式分别如下。

$$M=(S-1)/\ln N$$

$$H'=-\sum(N_i/N)\ln(N_i/N)$$

$$J=H/\ln S$$

$$C=\sum P_i^2$$

式中：$S$ 表示群落中所有物种的种类数；$N$ 表示所有物种的数量；$N_i$ 表示第 $i$ 个物种的个体数量；$P_i^2$ 为第 $i$ 类群的个体数在总体中的比值。

## 四、相关性分析

使用 Canoco for Windows 5 软件对物种数据及环境因子进行相关性分析。冗余分析(redundancy analysis，RDA)或者典范对应分析(canonical correspondence analysis，CCA)是基于对应分析(correspondence analysis，CA)发展而来的一种排序方法。该方法将对应分析与多元回归分析相结合，每一步计算均与环境因子进行回归，故又称多元直接梯度分析。在利用该软件对物种与环境因子相关性分析之前需进行模型的选择。目前，物种对连续的环境梯度的响应方式主要有线性模型和双峰模型。可通过仅有物种数据的约束性排序中的 DCA 分析确定排序轴梯度长度(length of gradient，LGA)。当 LGA>4 时，选用单峰模型，使物种数据和环境因子数据呈正态分布；当 3<LGA<4 时，两种模型皆可；当 LGA<3 时，选用线性模型。在确定模型后，选择物种与环境的排序分析方法，线性模型选用非约束性排序的 CCA，双峰模型选用非约束性排序的 RDA。最后，对分析结果的排序图进行观察，根据带箭头的各线段长短、所处象限、线段间夹角和垂直线离原点的距离来判别各环境因子对生物群落的影响程度、正负性及各环境与各物种间的相关性。

## 五、广义可加模型

广义可加模型(generalized additive models，GAM)是一种非参数化或半参数化的回归分析方法，能很好地模拟因变量和一个或多个预测变量之间的关系。本研究运用 GAM 模型分析水文因子对仔稚鱼丰度变化的影响。首先使用非参数 GAM 探索自变量和每个响应之间的函数关系。通过这种方式，函数的形式是根据经验数据发现的，没有先验假设。接下来，测试了更简洁的模型版本，其中包括参数项。在明显非线性的情况下，使用分段多项式以便适应拟合曲线具有更大的灵活性。我们使用平滑样条（三次样条）来表示预测因子的非线性效应。最大平滑度设置为 6，以避免解释变量中不切实际的模式，并减少过度拟合。根据 Akaike 信息准则（AIC）确定了最优节点数和最优模型。

$$g(\rho)=\alpha+\sum_{j=1}^{n} f_i(x_j)+\varepsilon$$

式中：$g(\rho)$ 为关联函数；$\rho$ 为仔稚鱼丰度（ind. /$m^3$）；$\alpha$ 为适合函数中的截距；$x_j$ 为解释变量，包括水温、透明度、水位上涨率和径流量上涨率；$f_i(x_j)$ 为解释变量关系的非参数函数；$\varepsilon$ 为误差项，与解释变量 $x_j$ 无关。$E(\varepsilon)=0$，$\varepsilon=\delta^2$ 模型采用样条平滑法，对数据图进行平滑处理。GAM 模型的构建与验证在 R3.5.3 软件的 mgcv 包内实现。

在数据录入过程中使用 Excel 2016 软件对数据进行处理，折线图、三线表、柱状图等用 Origin 2018 软件制作分析图；数据分析使用 SPSS19.0 分析软件，显著性差异使用 Kruskal-Wallis 检验分析，水文因子与丰度变化的关联程度采用 Pearson 相关性分析；仔稚鱼丰度和水环境因子的相关关系使用 Canoco 5.0 进行冗余分析，使用 PRIMER 5.0 进行聚类分析并绘制 MDS 图分析仔稚鱼群聚的空间动态，并通过 ANOSIM 对不同群组矩阵间显著性进行检验。

# 第三章

# 长江下游仔稚鱼资源调查站位水环境特征

## 第一节 九江湖口江段水环境特征

2018—2020年4—8月的调查期间，九江湖口江段水环境指标在各采集年份的不同月份间均呈现出明显的变化。

2018年水温变幅为17.20～31.20℃，均值为24.70℃；pH变幅为7.69～7.83，均值为7.74；溶氧变幅为8.08～8.97 mg/L，均值为8.47 mg/L；水位变幅为12.66～20.77 m，均值为17.34 m；浊度变幅为24.4～32.6 NTU，均值为28.22 NTU。

2019年水温变幅为19.60～30.10℃，均值为24.80℃；pH变幅为7.75～8.01，均值为7.84；溶氧变幅为7.74～10.56 mg/L，均值为8.88 mg/L；水位变幅为13.1～19.6 m，均值为17.76 m；浊度变幅24.76～35.62 NTU，均值为30.52 NTU。

2020年水温变幅为21.60～30.20℃，均值为26.20℃；pH变幅为7.20～8.73，均值为8.08；溶氧变幅为6.52～8.40 mg/L，均值为7.80 mg/L；水位变幅为15.22～18.64 m，均值为17.04 m；浊度变幅为18.10～49.20 NTU，均值为34.24 NTU。

各年份水环境月变化如图3-1所示，pH各年份数据显示均较为稳定；溶氧4—8月各年份均呈现逐渐降低的趋势，可能是由于水温升高而导致溶氧下降；浊度通过现有数据分析在7月较高，与其他调查江段情况相同，此时长江下游进入雨季，各支流水流量均增多，携带大量泥沙汇入而导致长江流量增大，浊度增大，透明度降低；温度5—8月呈现逐渐上升的趋势，最高达31.20℃。九江湖口江段径流量变幅为19 500～46 700 $m^3/s$，均值为34 443.72 $m^3/s$。

空间上，同一采集断面的左、右岸和江心在水文环境上也呈现出明显的差异（图3-2）。月份间显示，径流量和水位6月份最高；随着温度逐渐上升，同一断面的左、右岸和江心，除浊度、水位和流量外，差异不明显。年份间显示（图3-3），pH左、右岸高于江心，可能与沿岸的工厂和生活区的分布特点有关系；透明度和溶氧在同一断面变动较小，但年份间显示2020年的偏低；各采集年份的透明度、浊度和温度月份间变化较大，浊度在7月达到高峰，透明度4—8月逐渐降低；温度呈逐渐攀升的趋势，pH和溶氧变幅较小。不同断面分析显示，S4温度较其他3个采集断面稍高，S2和S3水位和径流量比S1和S4高，可能由于采样断面的设置区域位于汉江水域，分流不同而引起；各采集月份的pH均显示出S2

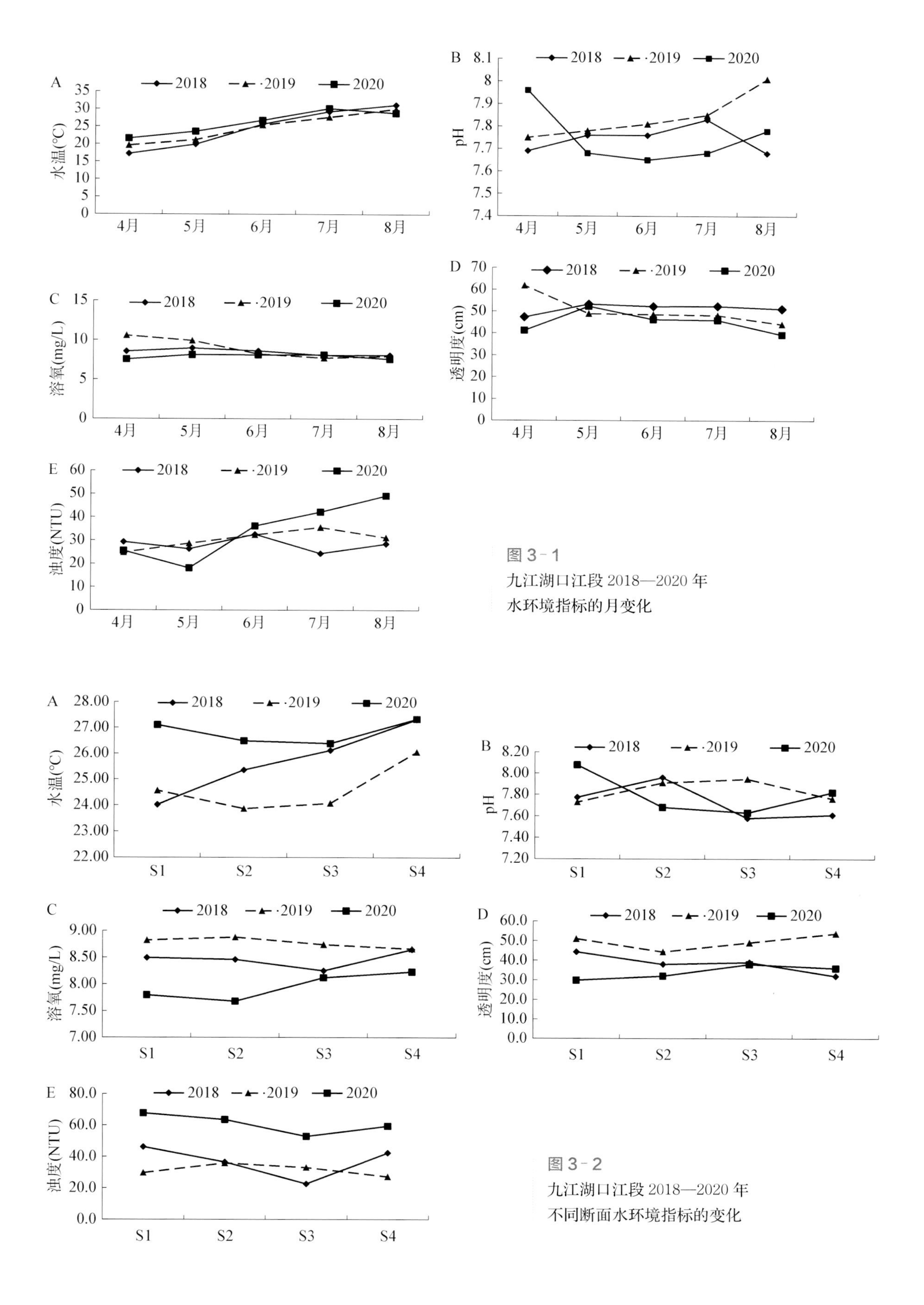


图 3-1
九江湖口江段 2018—2020 年
水环境指标的月变化

图 3-2
九江湖口江段 2018—2020 年
不同断面水环境指标的变化

和 S3 高于同期的 S1 和 S4；溶氧同样随温度的升高呈现下降的趋势，在温度高的月份较低；S1 断面的浊度较其他断面高(图 3-4)。

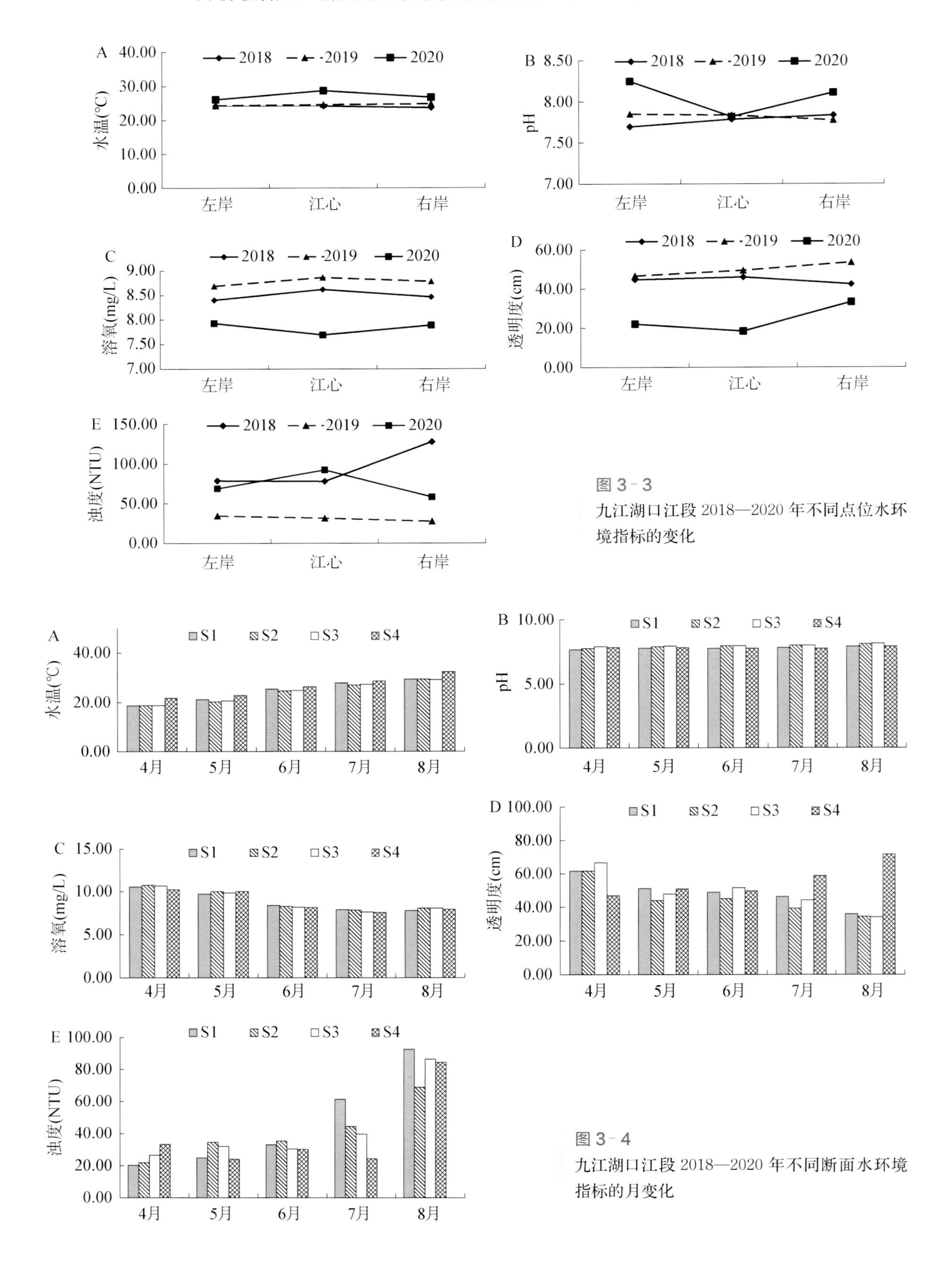


图 3-3
九江湖口江段 2018—2020 年不同点位水环境指标的变化

图 3-4
九江湖口江段 2018—2020 年不同断面水环境指标的月变化

对长江九江湖口断面的采样过程实时测定，记录了各点位环境因子水温(T)、溶氧(DO)、浊度(TUR)、酸碱度(pH)、透明度(SD)、水位和径流量。调查期间，径流量(19 500～46 700 $m^3/s$)的变幅较大，水位在不同月份间随水流量也呈现明显的变化；水温5—8月逐渐上升，最高达31.2℃，平均为24.62℃±3.63℃；浊度和透明度随着洪峰的到来呈现明显的波动，浊度在7月的变幅明显增大，而此时正值长江雨季，江水流量普遍升高，水流带动泥沙沿江而下导致浊度较大。

## 第二节 · 安庆皖河口江段水环境特征

2018—2020年4—8月的调查期间，安庆皖河口江段水环境指标在各采集年份的不同月份间均呈现出明显的变化。

2018年水温变幅为20.80～32.90℃，均值为25.49℃；pH变幅为7.00～8.17，均值为7.79；溶氧变幅为5.13～8.35 mg/L，均值为7.09 mg/L；浊度变幅为19.82～33.56 NTU，均值为28.32 NTU；水位变幅为8.44～13.87 m，均值为11.51 m；径流量变幅为20 400～49 900 $m^3/s$，均值为34 301.25 $m^3/s$。

2019年水温变幅为14.30～29.80℃，均值为24.21℃；pH变幅为7.18～8.19，均值为7.80；溶氧变幅为5.81～9.09 mg/L，均值为6.70 mg/L；浊度变幅为16.20～39.80 NTU，均值为26.73 NTU；水位变幅为9.45～16.56 m，均值为13.31 m；径流量变幅为22 638～68 400 $m^3/s$，均值为44 076.22 $m^3/s$。

2020年水温变幅为21.10～29.20℃，均值为25.16℃；pH变幅为5.41～8.84，均值为8.25；溶氧变幅为4.63～9.63 g/L，均值为6.83 mg/L；浊度变幅为13.50～42.10 NTU，均值为21.31 NTU；水位变幅为11.82～18.42 m，均值为15.78 m；径流量变幅为36 600～83 700 $m^3/s$，均值为60 426 $m^3/s$。

各年份水环境月变化如图3-5所示，pH在2020年均高于其他采集年份的同期月份；溶氧4—8月各年份均呈现逐渐降低的趋势；随着下游水流量的增大和下游进入雨季，透明度逐渐降低，浊度升高；水温与其他江段同样呈现出5—8月逐渐上升，最高达32.90℃；径流量变幅为20 400～83 700 $m^3/s$，均值为41 983 $m^3/s$。

空间上，在同一采集断面的左、右岸和江心在水文环境上也呈现出明显的差异。年份间显示(图3-6)，2020年右岸pH均明显高于同期的左岸和江心，2018年和2019年水平相当；透明度左岸明显低于江心和右岸，各年份呈现相同的趋

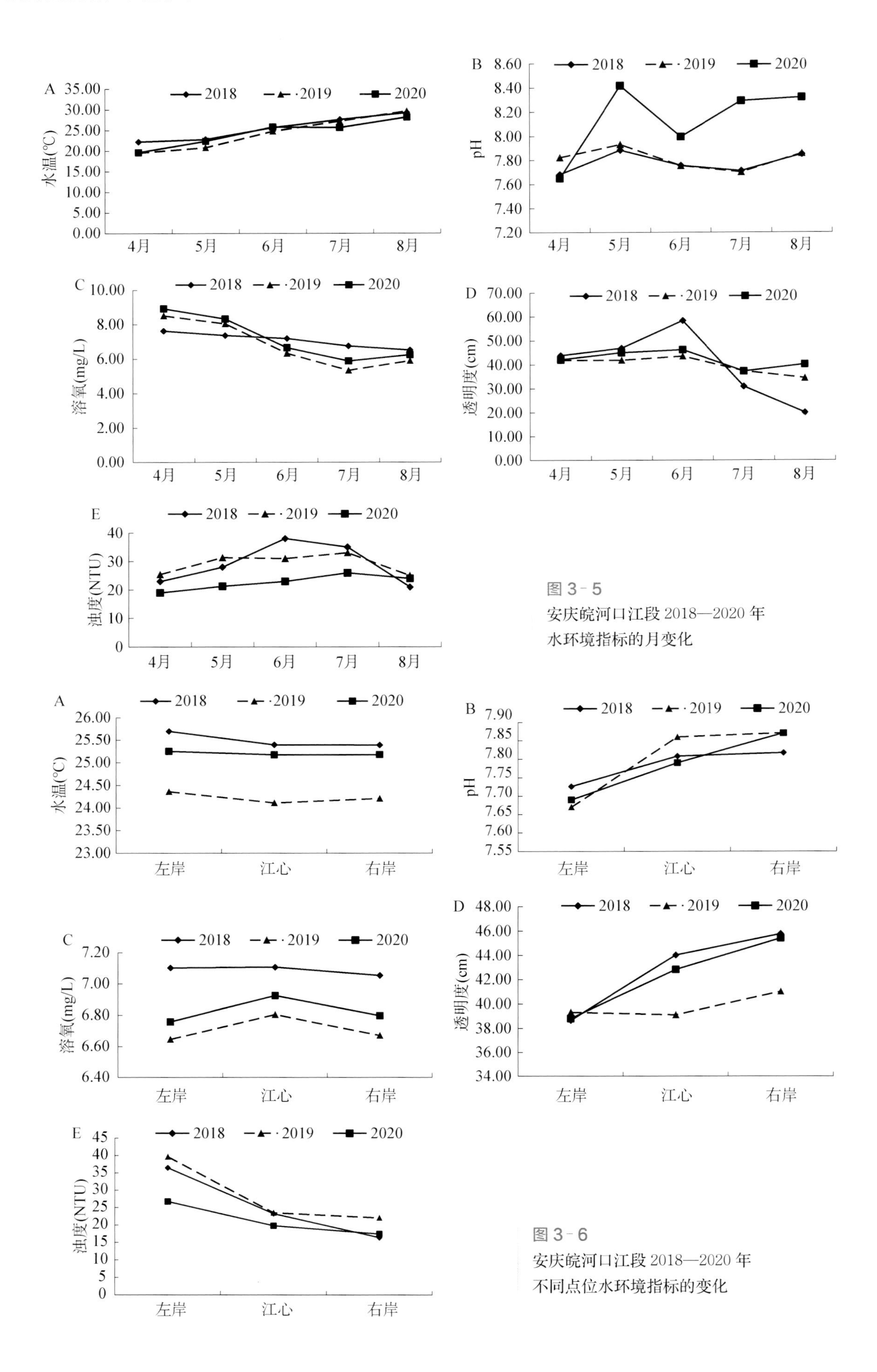


图 3-5
安庆皖河口江段 2018—2020 年水环境指标的月变化

图 3-6
安庆皖河口江段 2018—2020 年不同点位水环境指标的变化

势；溶氧江心高于左、右岸，可能与水流速有关。透明度江心和右岸高于左岸，浊度呈现左岸＞江心＞右岸（图 3－7）。

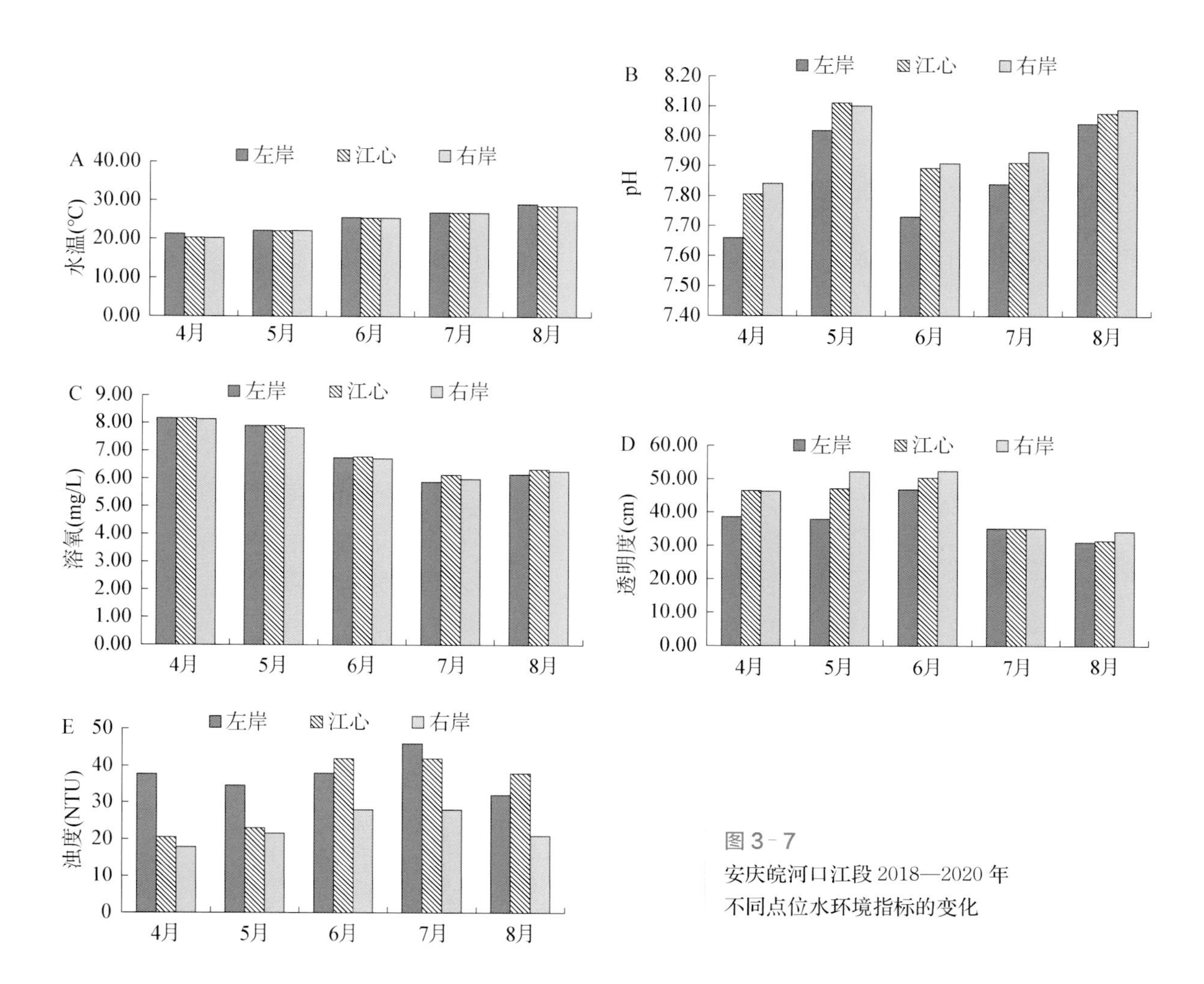


图 3－7
安庆皖河口江段 2018—2020 年不同点位水环境指标的变化

对长江安庆皖河口断面的采样过程实时测定，记录了各点位环境因子水温（T）、溶氧（DO）、浊度（TUR）、酸碱度（pH）、透明度（SD）、水位和径流量。调查期间，径流量（20 400～83 700 $m^3/s$）的变幅较大，水位（8.44～18.42 m）在不同月份间随水流量也呈现明显的变化；水温 5—8 月逐渐上升，最高水温达 32.90 ℃，平均水温为 24.99 ℃±2.79 ℃；浊度和透明度随着雨季的到来呈现明显的波动，浊度在 7 月的变幅明显增大，而此时正值长江雨季，江水流量普遍升高，水流携带泥沙沿江而下导致浊度较大。

## 第三节 · 马鞍山—南京江段水环境特征

2018—2020 年 4—8 月的调查期间，马鞍山—南京江段水环境指标在各采集年份的不同月份间部分指标呈现出明显的变化。

2018 年水温变幅为 23.80～33.40 ℃，均值为 27.44 ℃；pH 变幅为 6.84～8.17，均值为 7.84；溶氧变幅为 7.52～9.13 mg/L，均值为 8.35 mg/L；浊度变幅为 22.50～45.30 NTU，均值为 55.37 NTU。

2019 年水温变幅为 19.60～32.80 ℃，均值为 25.94 ℃；pH 变幅为 7.25～8.09，均值为 7.83；溶氧变幅为 5.60～8.03 mg/L，均值为 6.83 mg/L；浊度变幅为 23.10～67.80 NTU，均值为 51.36 NTU。

2020 年水温变幅为 24.80～26.30 ℃，均值为 25.65 ℃；pH 变幅为 7.83～8.81，均值为 8.17；溶氧变幅为 5.10～7.94 mg/L，均值为 6.16 mg/L；浊度变幅为 15.40～95.70 NTU，均值为 61.80 NTU。

由于部分采集年份受到天气和航道管理等不可抗力因素影响，个别月份的数据存在空缺。各年份水环境月变化如图 3－8 所示，pH 各年份数据显示，除 2020 年 6 月偏高外，其他月份均较为稳定；浊度通过现有数据分析，在 6 月和 7 月较高，而此时长江下游进入雨季，长江流量增大，水体携带大量泥沙沿江而下导致浊度增大、透明度降低，而且在浊度增大的月份，透明度明显降低；水温 5—8 月呈现逐渐上升的趋势，最高达 33.4 ℃。

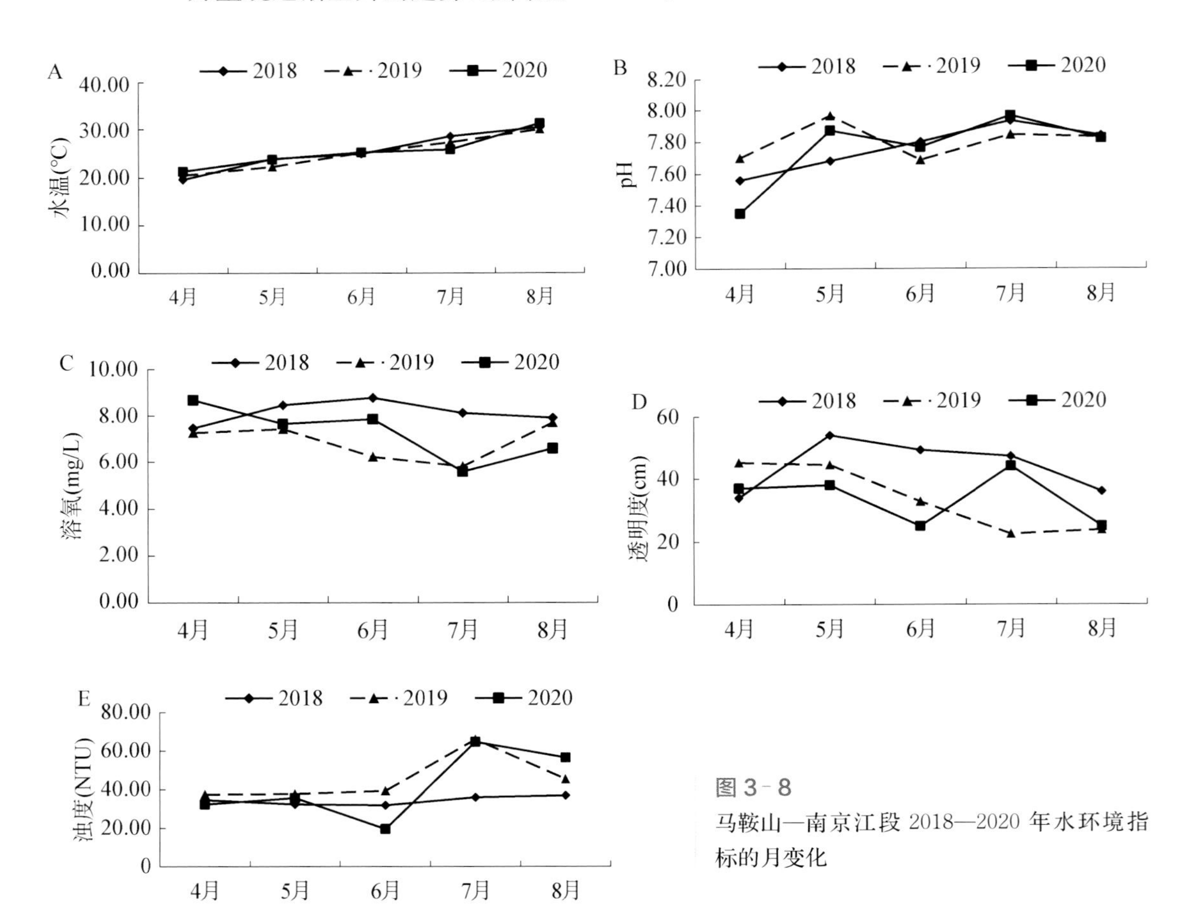


图 3－8
马鞍山—南京江段 2018—2020 年水环境指标的月变化

空间上,同一采集断面的左、右岸和江心在水文环境上呈现明显的差异。年份间显示(图 3-9),pH 表现为右岸>江心>左岸,可能与沿岸的工厂和生活区的分布特点有关;浊度江心高于左、右岸,由于江心的水流量较两岸大,浊度相对较大;透明度、水温和溶氧在同一断面变动较小,但年份间显示 2020 年的值略高。月份间显示(图 3-10),各采集年的透明度、浊度和水温月份间的变化较大,浊度在 7 月达到高峰,透明度 4—8 月逐渐降低;水温呈逐渐升高的趋势,pH 和溶氧变化幅度较小。

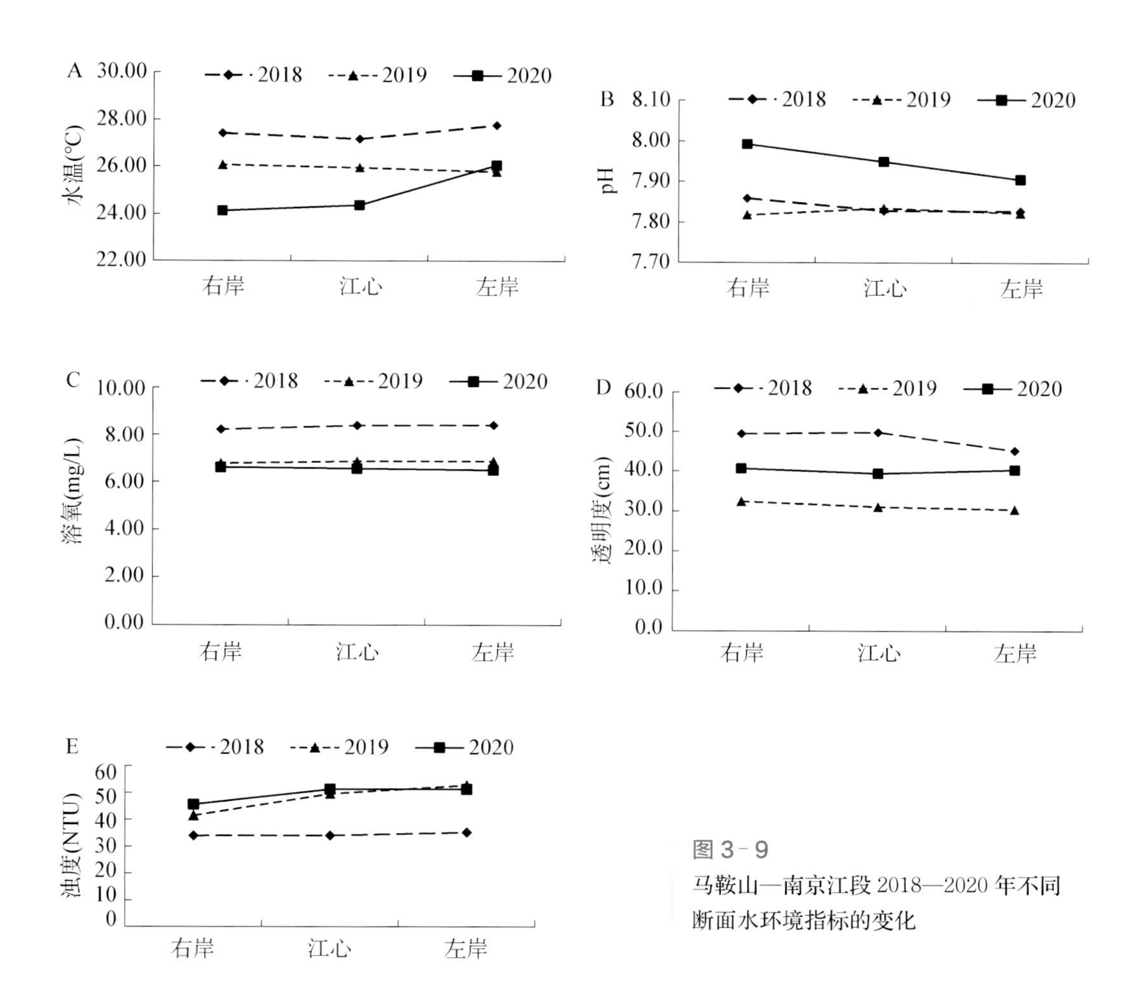


图 3-9
马鞍山—南京江段 2018—2020 年不同断面水环境指标的变化

对长江马鞍山—南京江段采样过程实时测定,记录了各点位环境因子水温(T)、溶氧(DO)、浊度(TUR)、pH 和透明度(SD)(表 3-1)。调查期间,透明度(19～67 cm)的变幅较大,与此对应的浊度(15.4～95.7 NTU)变化也较为明显;水温 5—8 月逐渐上升,最高水温(33.4 ℃)出现在 8 月,平均水温为 26.25 ℃±2.80 ℃;溶氧变幅为 5.10～9.13 mg/L,平均溶氧为 7.07 mg/L±1.10 mg/L。

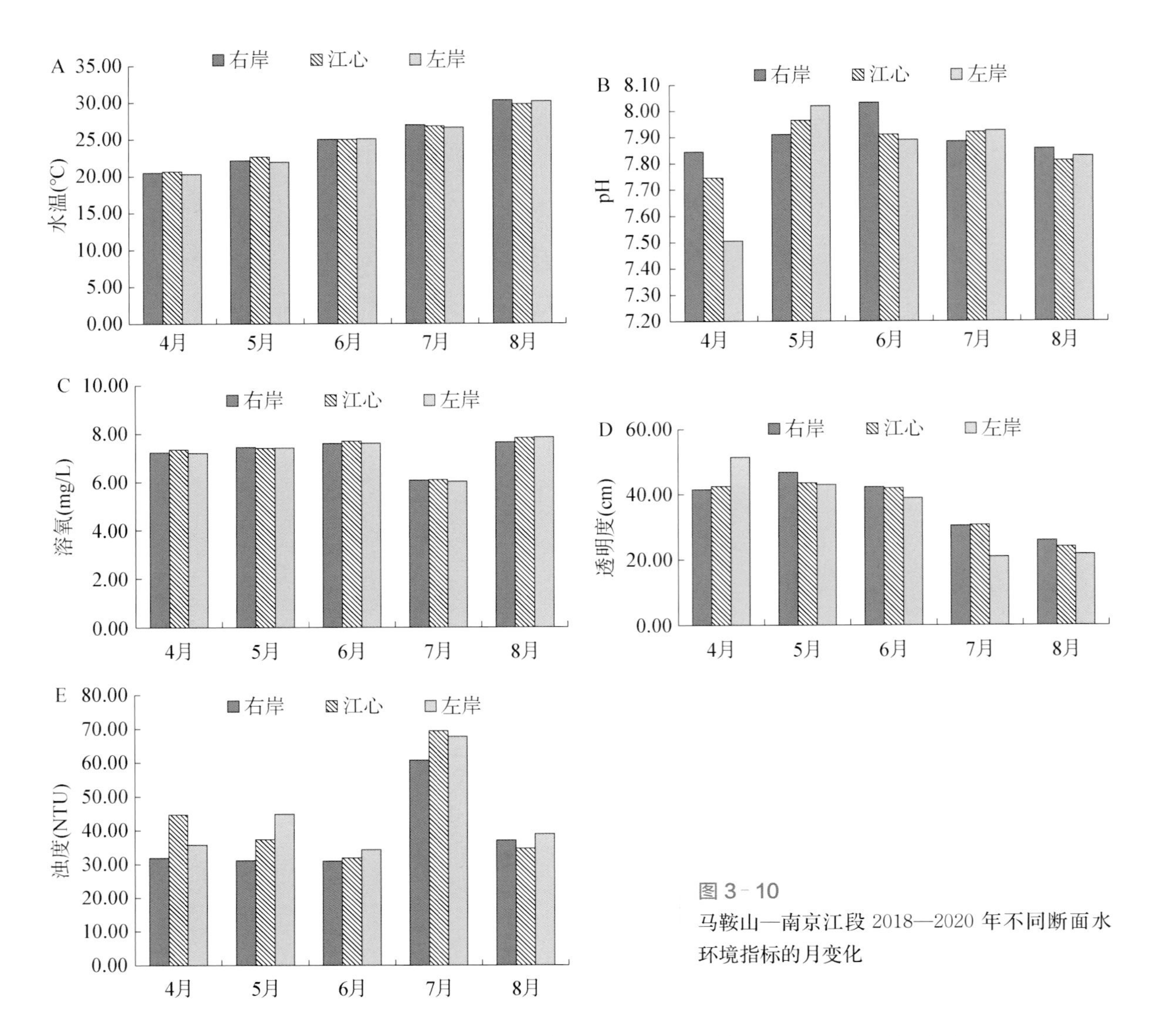


图 3-10
马鞍山—南京江段 2018—2020 年不同断面水环境指标的月变化

**表 3-1 马鞍山—南京江段 2018—2020 年水环境指标**

| 水环境指标 | 最大值 | 最小值 | 均值 |
|---|---|---|---|
| 浊度(NTU) | 95.70 | 15.40 | 47.40±20.97 |
| 水温(℃) | 33.40 | 19.6 | 26.25±2.80 |
| 溶氧(mg/L) | 9.13 | 5.10 | 7.07±1.10 |
| pH | 8.81 | 6.84 | 7.90±0.26 |
| 透明度(cm) | 67 | 19 | 44.86±11.96 |

## 第四节 · 江苏南通江段水环境特征

2018—2020 年 5—8 月的调查期间，江苏南通江段水环境指标在各采集年份的不同月份间均呈现出明显的变化。

2018 年水温变幅为 23.30～30.13 ℃，均值为 26.69 ℃；pH 变幅为 7.14～9.44，均值为 7.9；溶氧变幅为 7.40～9.44 mg/L，均值为 8.75 mg/L；浊度变幅为 14.4～177.00 NTU，均值为 55.37 NTU。

2019 年水温变幅为 21.50～30.24 ℃，均值为 26.03 ℃；pH 变幅为 7.91～7.99，均值为 7.80；溶氧变幅为 7.16～8.00 mg/L，均值为 7.44 mg/L；浊度变幅为 12.30～98.60 NTU，均值为 46.85 NTU。

2020 年水温变幅为 23.60～31.00 ℃，均值为 26.87 ℃；pH 变幅为 7.50～8.87，均值为 8.14；溶氧变幅为 6.08～8.29 mg/L，均值为 7.23 mg/L；浊度变幅为 11.4～124.00 NTU，均值为 46.54 NTU。

各年份水环境月变化如图 3-11 所示，pH 各年份数据显示，5 月较高，6—8 月逐渐下降到 8 左右；浊度各年份在 7—8 月较高，而此时正值雨季，长江水流量增大，水体携带大量泥沙而导致浊度增大、透明度降低，且在浊度增大的月份透明度明显降低；水温 5—8 月呈现逐渐上升的趋势，最高达 32.4 ℃，此时对部分鱼类的生长繁育产生较大影响。

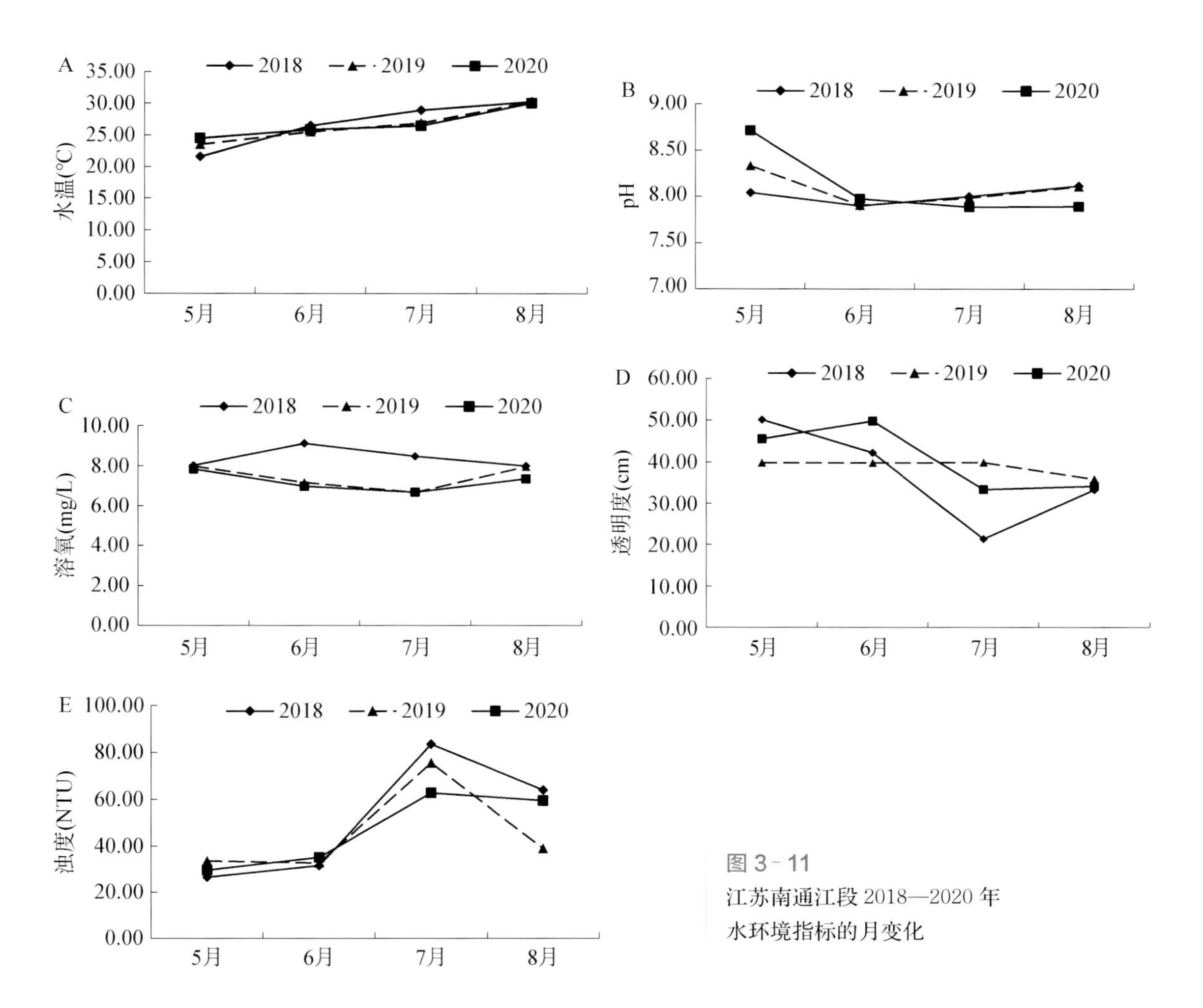


图 3-11
江苏南通江段 2018—2020 年水环境指标的月变化

空间上，各年份的不同采集断面间，在靠近如皋江段的长青沙和民主沙附近水域设置的断面(S9～S13)pH较其他断面偏高；浊度和透明度显示，在靠近河口区域的断面浊度增大、透明度降低，可能由于潮汐作用强所致；水温呈现出随着距河口距离的增加而下降的趋势；溶氧各断面间无明显变动(图3-12)。pH同一断面上均显示2018年小于2019年和2020年；浊度呈现出2018年高于2019年和2020年；透明度与浊度趋势相反；水温分析显示，右岸较江心和左岸高，可能由于右岸的岸线特征和分流作用导致水流较右岸缓所致(图3-13)。不同月份同一断面的空间上分析显示(图3-14)，pH在5月明显高于其他采集月份，左、右岸和江心无明显差异；7月和8月的浊度均值高于5月和6月；透明度同样呈现出相反的趋势；水温随采样月份的进行逐渐上升；溶氧在温度高位的7月和8月低于5月和6月，可能由于高水温导致水中溶氧下降。

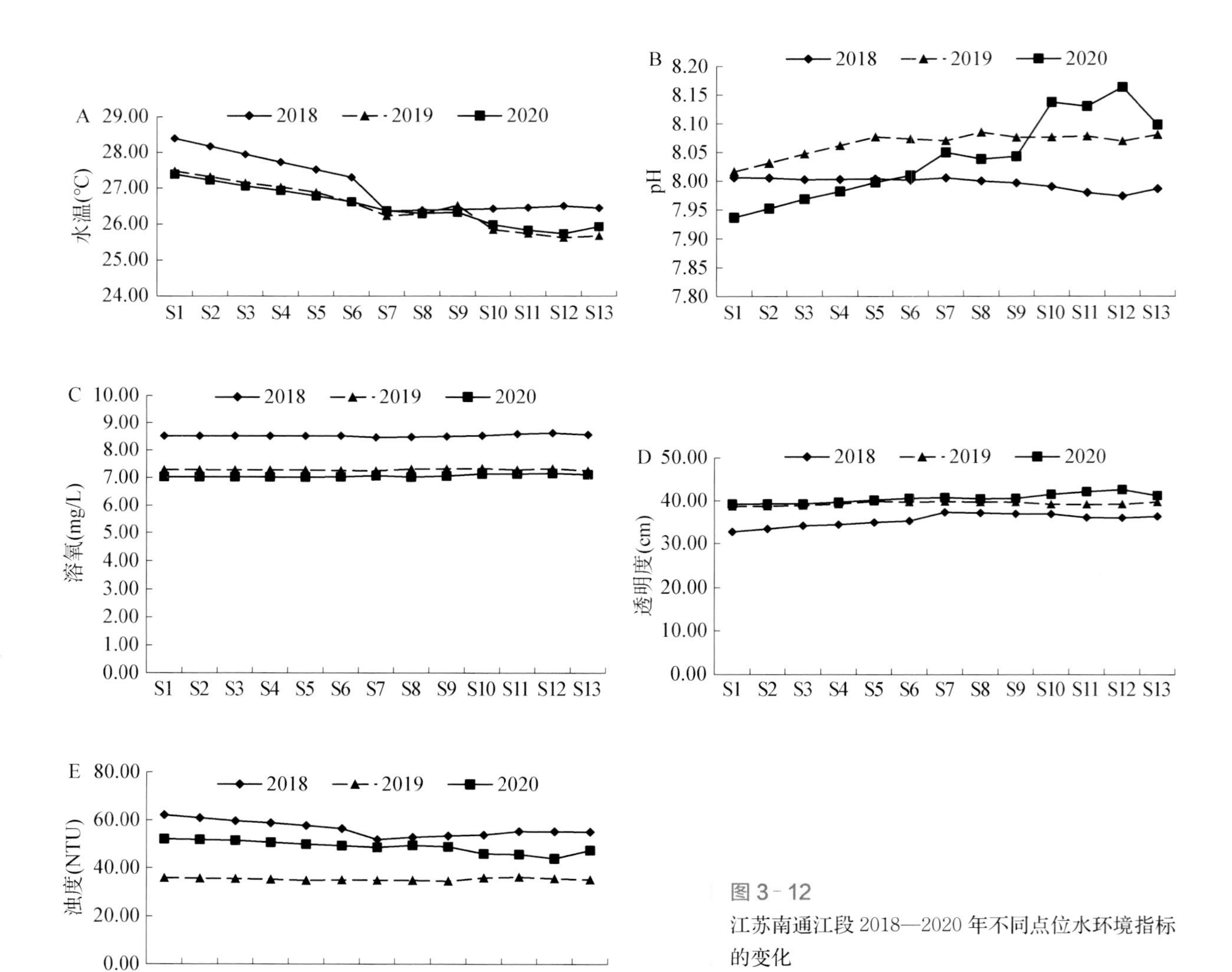


图3-12
江苏南通江段2018—2020年不同点位水环境指标的变化

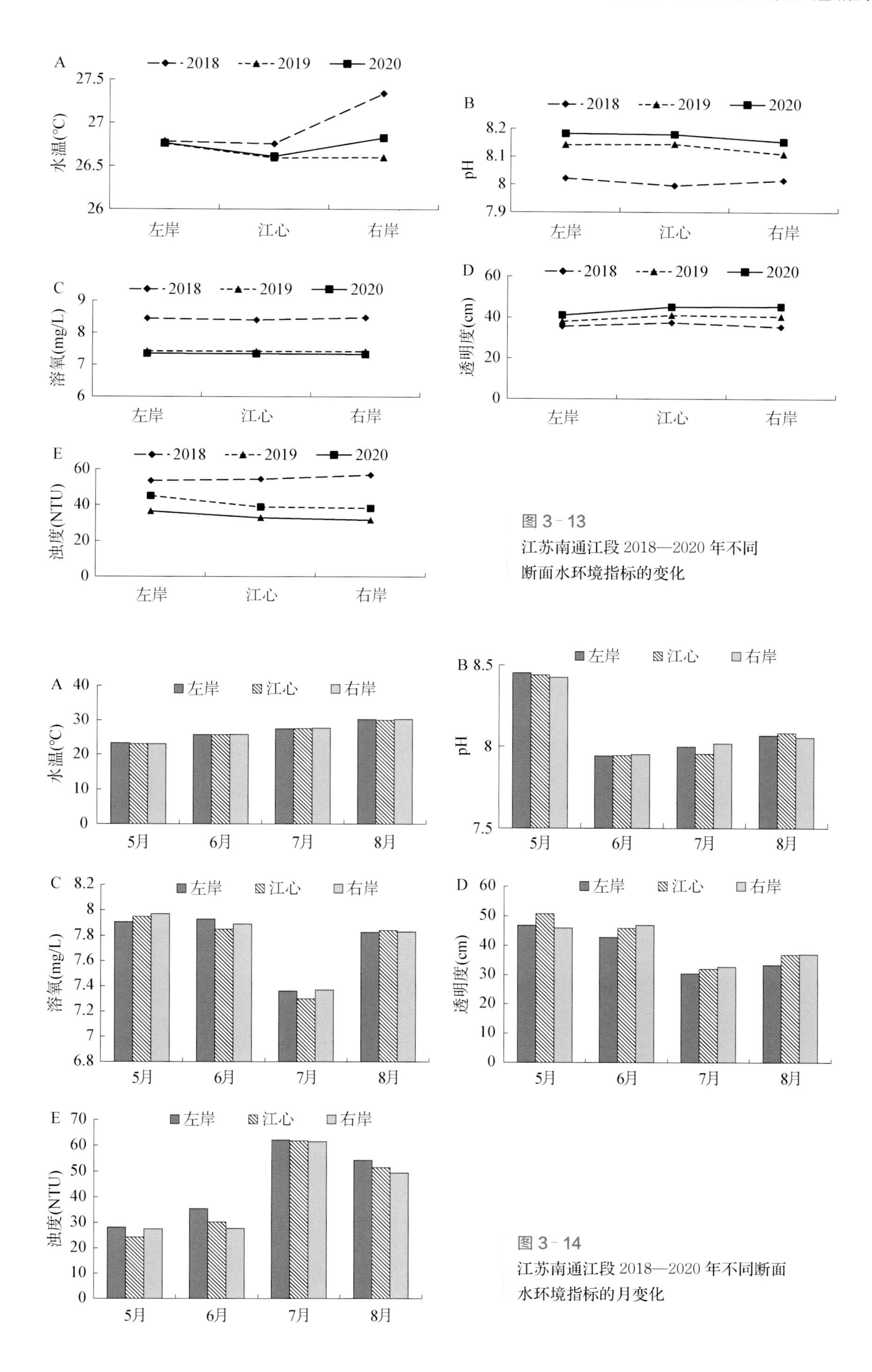


图 3-13
江苏南通江段 2018—2020 年不同断面水环境指标的变化

图 3-14
江苏南通江段 2018—2020 年不同断面水环境指标的月变化

对江苏南通江段采样过程实时测定，记录了各点位环境因子水温(T)、溶氧(DO)、浊度(TUR)、pH 和透明度(SD)(表 3-2)。调查期间，透明度(10～80 cm)的变幅较大，与此对应的浊度(5.2～163.00 NTU)变化也较为明显；水温5—8 月逐渐上升，最高水温达 32.4 ℃，平均水温为 26.84 ℃±2.77 ℃；浊度在 7 月呈现明显的增大，而此时正值长江雨季，江水流量普遍升高，水流带动泥沙沿江而下导致浊度较大；各采集月份 pH 和溶氧变幅较小，数据分析时发现在水温较高的月份溶氧呈现下降的趋势。

表 3-2 江苏南通江段 2018—2020 年水环境指标

| 水环境指标 | 最大值 | 最小值 | 均值 |
| --- | --- | --- | --- |
| 浊度(NTU) | 163 | 5.2 | 44.32±25.44 |
| 水温(℃) | 32.4 | 20.1 | 26.84±2.77 |
| 溶氧(mg/L) | 9.44 | 6.08 | 7.73±0.77 |
| pH | 8.87 | 6.92 | 8.09±0.29 |
| 透明度(cm) | 80 | 10 | 39.00±13.00 |

# 第四章

# 长江下游仔稚鱼资源群落结构特征

# 第一节 · 长江下游仔稚鱼物种组成

## 一、九江湖口江段仔稚鱼物种组成

2018 年九江湖口江段仔稚鱼资源调查采用逐月调查方式，在 2018 年 4 月 27 日至 2018 年 7 月 28 日期间共开展 4 次调查，每月 1 次，每次调查 5 天，共计调查 20 天。共鉴定仔稚鱼 42 种，隶属于 6 目 9 科。种类数分析结果显示，鲤科的种类数最多，为 29 种；银鱼科、鮨科、沙塘鳢科、鳅科和鲿科各 2 种；鳀科、鱵科和鰕虎鱼科各 1 种。

2019 年 4 月 19 日至 8 月 6 日期间进行蹲点逐日调查，合计调查 87 天。共鉴定仔稚鱼 43 种，隶属于 6 目 10 科。其中，鲤科的种类数最多，为 29 种；银鱼科、鮨科、沙塘鳢科、鳅科和鲿科各 2 种；鳀科、鱵科、鰕虎鱼科和鲇科各 1 种。

2020 年 5 月 12 日至 8 月 24 日期间采用逐月调查方式，每月 1 次，每次调查 5 天，共计调查 20 天。共鉴定仔稚鱼 33 种，隶属于 6 目 7 科。其中，鲤科的种类数最多，为 25 种；鲿科为 3 种；剩余 5 个科均仅为 1 种。

2018—2020 年九江湖口江段仔稚鱼调查所获的鱼类种类汇总如表 4－1 所示。

表 4－1 九江湖口江段 2018—2020 年仔稚鱼种类组成

| 鱼类物种 | 2018 年 | 2019 年 | 2020 年 |
|---|---|---|---|
| 鲱形目 Clupeiformes | | | |
| 鳀科 Engraulidae | | | |
| 刀鲚 *Coilia nasus* | + | + | + |
| 颌针鱼目 Beloniformes | | | |
| 鱵科 Hemirhamphidae | | | |
| 间下鱵 *Hyporhamphus intermedius* | + | + | + |
| 鲑形目 Salmoniformes | | | |
| 银鱼科 Salangidae | | | |
| 陈氏新银鱼 *Neosalanx tangkahkeii* | + | + | + |
| 鲤形目 Cypriniformes | | | |
| 鲤科 Cyprinidae | | | |
| 棒花鱼 *Abbottina rivularis* | + | + | + |

续表

| 鱼类物种 | 2018年 | 2019年 | 2020年 |
|---|---|---|---|
| 鳘 *Hemiculter leucisculus* | + | + | + |
| 贝氏鳘 *Hemiculter bleekeri* | + | + | + |
| 鳊 *Parabramis pekinensis* | + | + | + |
| 草鱼 *Ctenopharyngodon idellus* | + | + | + |
| 赤眼鳟 *Squaliobarbus curriculus* | + | + | |
| 达氏鲌 *Culter dabryi* | + | + | + |
| 大鳍鱊 *Acheilognathus macropterus* | + | + | |
| 团头鲂 *Megalobrama amblycephala* | | | + |
| 鳡鱼 *Elopichthysbambusa* | + | + | + |
| 高体鳑鲏 *Rhodeus ocellatus* | | | + |
| 寡鳞飘鱼 *Pseudolaubuca engraulis* | + | + | + |
| 黑鳍鳈 *Sarcocheilichthys nigripinnis* | + | + | |
| 红鳍原鲌 *Cultrichthys erythropterus* | | | |
| 花䱻 *Hemibarbus maculatus* | | | + |
| 华鳈 *Sarcocheilichthys sinensis* | + | + | + |
| 黄尾鲴 *Xenocypris davidi* | + | + | + |
| 鲫 *Carassius auratus* | + | + | + |
| 鲤 *Cyprinus carpio* | + | + | + |
| 鲢 *Hypophthalmichthys molitrix* | + | + | + |
| 麦穗鱼 *Pseudorasbora parva* | + | + | + |
| 蒙古鲌 *Culter mongolicus* | + | + | |
| 飘鱼 *Pseudolaubuca sinensis* | + | + | + |
| 翘嘴鲌 *Culter alburnus* | + | + | + |
| 青鱼 *Mylopharyngodon piceus* | + | + | |
| 蛇鮈 *Saurogobio dabryi* | + | + | + |
| 似鳊 *Pseudobrama simoni* | + | + | + |
| 似刺鳊鮈 *Paracanthobrama guichenoti* | + | + | |
| 细鳞鲴 *Plagiognathops microlepis* | + | + | |
| 兴凯鱊 *Acheilognathus chankaensis* | + | + | + |
| 银鲴 *Xenocypris argentea* | + | + | + |
| 银鮈 *Squalidus argentatus* | + | + | + |
| 鳙 *Aristichthys nobilis* | + | + | + |
| 鳅科 Cobitidae | | | |
| 泥鳅 *Misgurnus anguillicaudatus* | + | + | |
| 紫薄鳅 *Leptobotia taeniaps* | + | + | |

续表

| 鱼类物种 | 2018 年 | 2019 年 | 2020 年 |
| --- | --- | --- | --- |
| 鲈形目 Perciformes | | | |
| 鰕虎鱼科 Gobiidae | | | |
| 子陵吻鰕虎 *Rhinogobius giurinus* | + | + | + |
| 鮨科 Serranidae | | | |
| 大眼鳜 *Siniperca kneri* | + | + | |
| 鳜 *Siniperca chuatsi* | + | + | + |
| 沙塘鳢科 Odontobutidae | | | |
| 河川沙塘鳢 *Odontobutis potamophila* | + | + | |
| 小黄黝鱼 *Micropercops swinhonis* | + | + | |
| 鲇形目 Siluriformes | | | |
| 鲿科 Bagridae | | | |
| 黄颡鱼 *Pelteobaggrus fulvidraco* | + | + | + |
| 瓦氏黄颡鱼 *Pelteobaggrus vachelli* | + | + | + |
| 光泽黄颡鱼 *Pelteobaggrus nitidus* | | | + |
| 鲇科 Siluridae | | | |
| 鲇 *Silurus asotus* | | + | |

## 二、安庆皖河口江段仔稚鱼物种组成

2018 年 4 月 22 日至 8 月 10 日期间，对安庆皖河口江段仔稚鱼资源进行了逐日蹲点调查，共持续调查 108 天。共采集仔稚鱼 43 种，隶属于 7 目 10 科。种类数分析结果显示，鲤科的种类数最多，为 29 种；其余依次为鰕虎鱼科 3 种，鮨科、鳅科和银鱼科各 2 种，其他 5 个科均仅为 1 种。

2019 年 4 月 17 日至 8 月 7 日共持续蹲点调查 106 天，共采集仔稚鱼 43 种，隶属于 6 目 9 科。种类数分析结果显示，鲤科的种类数最多，为 32 种；银鱼科、鮨科、鲿科均为 2 种；鳀科、鱵科、鳅科、鰕虎鱼科和鲇科均仅为 1 种。

2020 年 5 月 3 日至 8 月 14 日共持续蹲点调查 98 天，共采集仔稚鱼 43 种，隶属于 6 目 9 科。种类数分析结果显示，鲤科的种类数最多，为 30 种；银鱼科、鮨科、鳅科、鲿科和鰕虎鱼科均为 2 种；鲇科、鳀科和鱵科均仅为 1 种。

2018—2020 年安庆皖河口江段仔稚鱼调查所获的鱼类种类汇总如表 4-2 所示。

表 4-2 安庆皖河口江段 2018—2020 年仔稚鱼种类组成

| 鱼类物种 | 2018 年 | 2019 年 | 2020 年 |
| --- | --- | --- | --- |
| 鲱形目 Clupeiformes | | | |
| 鳀科 Engraulidae | | | |
| 刀鲚 *Coilia nasus* | + | + | + |
| 颌针鱼目 Beloniformes | | | |
| 鱵科 Hemirhamphidae | | | |
| 间下鱵 *Hyporhamphus intermedius* | + | + | + |
| 鲑形目 Salmoniformes | | | |
| 银鱼科 Salangidae | | | |
| 陈氏新银鱼 *Neosalanx tangkahkeii* | + | + | + |
| 鳉形目 Cyprinodontiformes | | | |
| 青鳉科 Oryziatidae | | | |
| 青鳉 *Oryzias latipes* | + | | |
| 鲤形目 Cypriniformes | | | |
| 鲤科 Cyprinidae | | | |
| 棒花鱼 *Abbottina rivularis* | + | + | + |
| 贝氏䱗 *Hemiculter bleekeri* | + | + | + |
| 鳊 *Parabrami spekinensis* | + | + | + |
| 䱗 *Hemiculter leucisculus* | + | + | + |
| 草鱼 *Ctenopharyngodon idellus* | + | + | + |
| 赤眼鳟 *Squaliobarbus curriculus* | + | + | + |
| 达氏鲌 *Culter dabryi* | + | + | + |
| 大鳍鱊 *Acheilognathus macropterus* | | | + |
| 鳡鱼 *Elopichthys bambusa* | + | + | + |
| 寡鳞飘鱼 *Pseudolaubucaengraulis* | + | + | + |
| 黑鳍鳈 *Sarcocheilichthys nigripinnis* | + | + | + |
| 红鳍原鲌 *Cultrichthys erythropterus* | | + | + |
| 花䱻 *Hemibarbus maculatus* | + | + | + |
| 华鳈 *Sarcocheilichthys sinensis* | + | + | + |
| 黄尾鲴 *Xenocypris davidi* | + | + | + |
| 鲫 *Carassius auratus* | + | + | + |
| 鲤 *Cyprinus carpio* | + | + | + |
| 鲢 *Hypophthalmichthys molitrix* | + | + | + |
| 鳙 *Aristichthys nobilis* | + | + | + |
| 麦穗鱼 *Pseudorasbora parva* | + | + | + |
| 蒙古鲌 *Culter mongolicus* | + | + | |
| 飘鱼 *Pseudolaubuca sinensis* | + | + | + |

续表

| 鱼类物种 | 2018 年 | 2019 年 | 2020 年 |
|---|---|---|---|
| 翘嘴鲌 *Culter alburnus* | + | + | + |
| 青鱼 *Mylopharyngodon piceus* | + | + | + |
| 蛇鮈 *Saurogobio dabryi* | + | + | + |
| 似鳊 *Pseudobrama simoni* | + | + | + |
| 似刺鳊鮈 *Paracanthobrama guichenoti* | + | + | + |
| 细鳞鲴 *Plagiognathops microlepis* | + | + | |
| 兴凯鱊 *Acheilognathus chankaensis* | + | + | + |
| 银鲴 *Xenocypris argentea* | + | + | + |
| 银鮈 *Squalidus argentatus* | + | + | + |
| 铜鱼 *Coreius heterodon* | | + | + |
| 长蛇鮈 *Saurogobio dumerili* | | + | |
| 鳅科 Cobitidae | | | |
| 泥鳅 *Misgurnus anguillicaudatus* | + | | + |
| 紫薄鳅 *Leptobotia taeniaps* | + | + | + |
| 鲈形目 Perciformes | | | |
| 鰕虎鱼科 Gobiidae | | | |
| 波氏吻鰕虎 *Rhinogobius cliffordpopei* | + | | |
| 黏皮鲻鰕虎鱼 *Mugilogobius myxodermus* | + | | + |
| 子陵吻鰕虎 *Rhinogobius giurinus* | + | + | + |
| 鮨科 Serranidae | | | |
| 斑鳜 *siniperca scherzeri* | | + | + |
| 大眼鳜 *Siniperca kneri* | + | | + |
| 鳜 *Siniperca chuatsi* | + | + | |
| 沙塘鳢科 Odontobutidae | | | |
| 小黄黝鱼 *Micropercops swinhonis* | + | | |
| 鲇形目 Siluriformes | | | |
| 鲿科 Bagridae | | | |
| 黄颡鱼 *Pelteobaggrus fulvidraco* | + | + | + |
| 瓦氏黄颡鱼 *Pelteobaggrus vachelli* | | + | + |
| 鲇科 Siluridae | | | |
| 鲇 *Silurus asotus* | | + | + |

## 三、马鞍山—南京江段仔稚鱼物种组成

2018 年 6—8 月进行 3 次逐月仔稚鱼资源调查，共采样 13 天。共采集仔稚鱼 17 种，隶属于 5 目 7 科。种类数分析结果显示，鲤科的种类数最多，为 11 种；

鳀科、鱵科、鲻科、鳅科、鰕虎鱼科和银鱼科均为 1 种。

2019 年 4—8 月进行 5 次逐月仔稚鱼资源调查，共采样 19 天。共采集仔稚鱼 23 种，隶属于 5 目 7 科。种类数分析结果显示，鲤科的种类数最多，为 17 种；鳀科、鱵科、银鱼科、鲿科、鲻科和鰕虎鱼科均为 1 种。

2020 年因“新冠”疫情原因未进行仔稚鱼资源采样调查，仅对水文进行统计分析。

2018—2019 年马鞍山—南京江段仔稚鱼调查所获的鱼类种类汇总如表 4－3 所示。

表 4－3　马鞍山—南京江段 2018—2019 年仔稚鱼种类组成

| 鱼类物种 | 2018 年 | 2019 年 |
| --- | --- | --- |
| 鲱形目 Clupeiformes | | |
| 鳀科 Engraulidae | | |
| 刀鲚 *Coilia nasus* | + | + |
| 颌针鱼目 Beloniformes | | |
| 鱵科 Hemirhamphidae | | |
| 间下鱵 *Hyporhamphus intermedius* | + | + |
| 鲑形目 Salmoniformes | | |
| 银鱼科 Salangidae | | |
| 陈氏新银鱼 *Neosalanx tangkahkeii* | + | + |
| 鲤形目 Cypriniformes | | |
| 鲤科 Cyprinidae | | |
| 贝氏䱗 *Hemiculter bleekeri* | + | + |
| 䱗 *Hemiculter leucisculus* | + | + |
| 达氏鲌 *Culter dabryi* | + | |
| 寡鳞飘鱼 *Pseudolaubuca engraulis* | + | + |
| 黄尾鲴 *Xenocypris davidi* | | + |
| 鳊 *Parabramis pekinensis* | | + |
| 鲫 *Carassius auratus* | + | + |
| 草鱼 *Ctenopharyngodon idellus* | | + |
| 鲢 *Hypophthalmichthys molitrix* | | + |
| 麦穗鱼 *Pseudorasbora parva* | | + |
| 飘鱼 *Pseudolaubuca sinensis* | + | + |
| 翘嘴鲌 *Culter alburnus* | + | + |
| 蛇鮈 *Saurogobio dabryi* | | + |

续表

| 鱼类物种 | 2018 年 | 2019 年 |
|---|---|---|
| 细鳞鲴 *Plagiognathops microlepis* | + | + |
| 兴凯鱊 *Acheilognathus chankaensis* | + | + |
| 赤眼鳟 *Squaliobarbus curriculus* | | + |
| 银鲴 *Xenocypris argentea* | + | + |
| 中华细鲫 *Aphyocypris chinensis* | + | + |
| 鳅科 Cobitidae | | |
| 紫薄鳅 *Leptobotia taeniaps* | + | |
| 鲈形目 Perciformes | | |
| 鰕虎鱼科 Gobiidae | | |
| 子陵吻鰕虎 *Rhinogobius giurinus* | + | + |
| 鮨科 Serranidae | | |
| 鳜 *Siniperca chuatsi* | + | + |
| 鲇形目 Siluriformes | | |
| 鲿科 Bagridae | | |
| 黄颡鱼 *Pelteobaggrus fulvidraco* | | + |

## 四、江苏南通江段仔稚鱼物种组成

2018 年 5 月 8 日至 7 月 21 日进行 3 次逐月仔稚鱼调查。共计采集仔稚鱼 25 种，隶属于 6 目 8 科。种类数分析结果显示，鲤科的种类数最多，为 17 种；其次为鳅科，为 2 种；其余 6 个科各仅为 1 种。

2019 年 5 月 14 日至 8 月 15 日进行 4 次逐月仔稚鱼调查。共计采集仔稚鱼 25 种，隶属于 6 目 7 科。种类数分析结果显示，鲤科的种类数最多，为 19 种；剩余 6 个科各仅含 1 种。

2020 年 5 月 23 日至 8 月 12 日进行 4 次逐月仔稚鱼调查。共计采集仔稚鱼 27 种，隶属于 6 目 7 科。种类数分析结果显示，鲤科的种类数最多，为 20 种；鰕虎鱼科为 2 种；鳀科、鮨科、鱵科、银鱼科和鲿科各仅为 1 种。

2018—2020 年江苏南通江段仔稚鱼调查所获的鱼类种类汇总如表 4－4 所示。

表 4－4 江苏南通江段 2018—2020 年仔稚鱼种类组成

| 鱼类物种 | 2018 年 | 2019 年 | 2020 年 |
|---|---|---|---|
| 鲱形目 Clupeiformes | | | |
| 鳀科 Engraulidae | | | |

续表

| 鱼类物种 | 2018年 | 2019年 | 2020年 |
|---|---|---|---|
| 刀鲚 *Coilia nasus* | + | + | + |
| 颌针鱼目 Beloniformes | | | |
| 鱵科 Hemirhamphidae | | | |
| 间下鱵 *Hyporhamphus intermedius* | + | + | + |
| 鲑形目 Salmoniformes | | | |
| 银鱼科 Salangidae | | | |
| 陈氏新银鱼 *Neosalanx tangkahkeii* | + | + | + |
| 鲤形目 Cypriniformes | | | |
| 鲤科 Cyprinidae | | | |
| 贝氏䱗 *Hemiculter bleekeri* | + | + | + |
| 䱗 *Hemiculter leucisculus* | + | + | + |
| 红鳍原鲌 *Cultrichthys erythropterus* | + | + | + |
| 寡鳞飘鱼 *Pseudolaubuca engraulis* | + | + | + |
| 棒花鱼 *Abbottina rivularis* | + | + | + |
| 鲫 *Carassius auratus* | + | + | + |
| 鲂 *Megalobrama skolkovii* | | + | |
| 草鱼 *Ctenopharyngodon idellus* | | + | |
| 鲤 *Cyprinus carpio* | + | + | |
| 鳙 *Aristichthys nobilis* | | + | |
| 鲢 *Hypophthalmichthys molitrix* | + | | |
| 青鱼 *Mylopharyngodon piceus* | | + | + |
| 麦穗鱼 *Pseudorasbora parva* | + | + | + |
| 飘鱼 *Pseudolaubuca sinensis* | + | + | + |
| 翘嘴鲌 *Culter alburnus* | + | + | + |
| 鳊 *Parabramis pekinensis* | | + | + |
| 蛇鮈 *Saurogobio dabryi* | + | + | + |
| 似鳊 *Pseudobrama simoni* | + | + | + |
| 兴凯鱊 *Acheilognathus chankaensis* | + | | |
| 银鮈 *Squalidus argentatus* | | | + |
| 似刺鳊鮈 *Paracanthobrama guichenoti* | | | + |
| 鳡鱼 *Elopichthys bambusa* | | | + |
| 赤眼鳟 *Squaliobarbus curriculus* | | | + |
| 鲤 *Cyprinus carpio* | | | + |
| 黑鳍鳈 *Sarcocheilichthys nigripinnis* | | | + |
| 中华细鲫 *Aphyocypris chinensis* | | + | |
| 黄尾鲴 *Xenocypris davidi* | + | | |
| 细鳞鲴 *Plagiognathops microlepis* | + | | |
| 银鲴 *Xenocypris argentea* | + | + | + |

续表

| 鱼类物种 | 2018 年 | 2019 年 | 2020 年 |
|---|---|---|---|
| 鳅科 Cobitidae | | | |
| 泥鳅 *Misgurnus anguillicaudatus* | + | | |
| 紫薄鳅 *Leptobotia taeniaps* | + | | |
| 鲈形目 Perciformes | | | |
| 鰕虎鱼科 Gobiidae | | | |
| 子陵吻鰕虎 *Rhinogobius giurinus* | + | + | + |
| 鰕虎鱼 *Ctenogobiusgiurinus* | + | | + |
| 鮨科 Serranidae | | | |
| 鳜 *Siniperca chuatsi* | + | + | + |
| 鲇形目 Siluriformes | | | |
| 鲿科 Bagridae | | | |
| 黄颡鱼 *Pelteobagrus fulvidraco* | + | + | + |

## 第二节 · 长江下游仔稚鱼物种特征

### 一、九江湖口江段仔稚鱼物种特征

对 2018 年九江湖口江段调查的仔稚鱼科类水平上的数量进行分析，结果表明，鲤科仔稚鱼占有绝对优势，为 10 039 尾(占比 73.11%)；其次是鳀科，为 3 010 尾(21.92%)；其余仔稚鱼尾数与占比依次为鰕虎鱼科 573 尾(4.18%)，鮨科 12 尾(0.09%)，银鱼科 11 尾(0.08%)，鱵科 82 尾(0.60%)，鲿科 2 尾(0.01%)，鳅科 2 尾(0.01%)。2018 年九江湖口江段调查的仔稚鱼科类水平上的数量占比结果如图 4－1 所示。

对 2019 年 4 月 19 日至 8 月 6 日进行蹲点调查的仔稚鱼科类水平上的数量进行分析，结果表明，鲤科仔稚鱼占有绝对优势，为 126 061 尾(占比 89.03%)；其次是鰕虎鱼科，为 12 351 尾(8.72%)；其余仔稚鱼尾数和占比依次为鳀科 1 199 尾(0.85%)，鱵科 1 001 尾(0.71%)，银鱼科 659 尾(0.47%)，鮨科 260 尾(0.18%)，鳅科 39 尾(0.03%)，鲇科 14 尾、鲿科 14 尾、沙塘鳢科 2 尾和刺鳅科 1 尾(共计 0.01%)。2019 年九江湖口江段调查的仔稚鱼科类水平上的数量占比结果如图 4－2 所示。

对 2020 年 6 月 12 日至 8 月 24 日逐月调查的仔稚鱼科类水平上的数量进行分析，结果表明，鲤科仔稚鱼优势最大，为 30 086 尾(占比 92.68%)；其余仔稚鱼

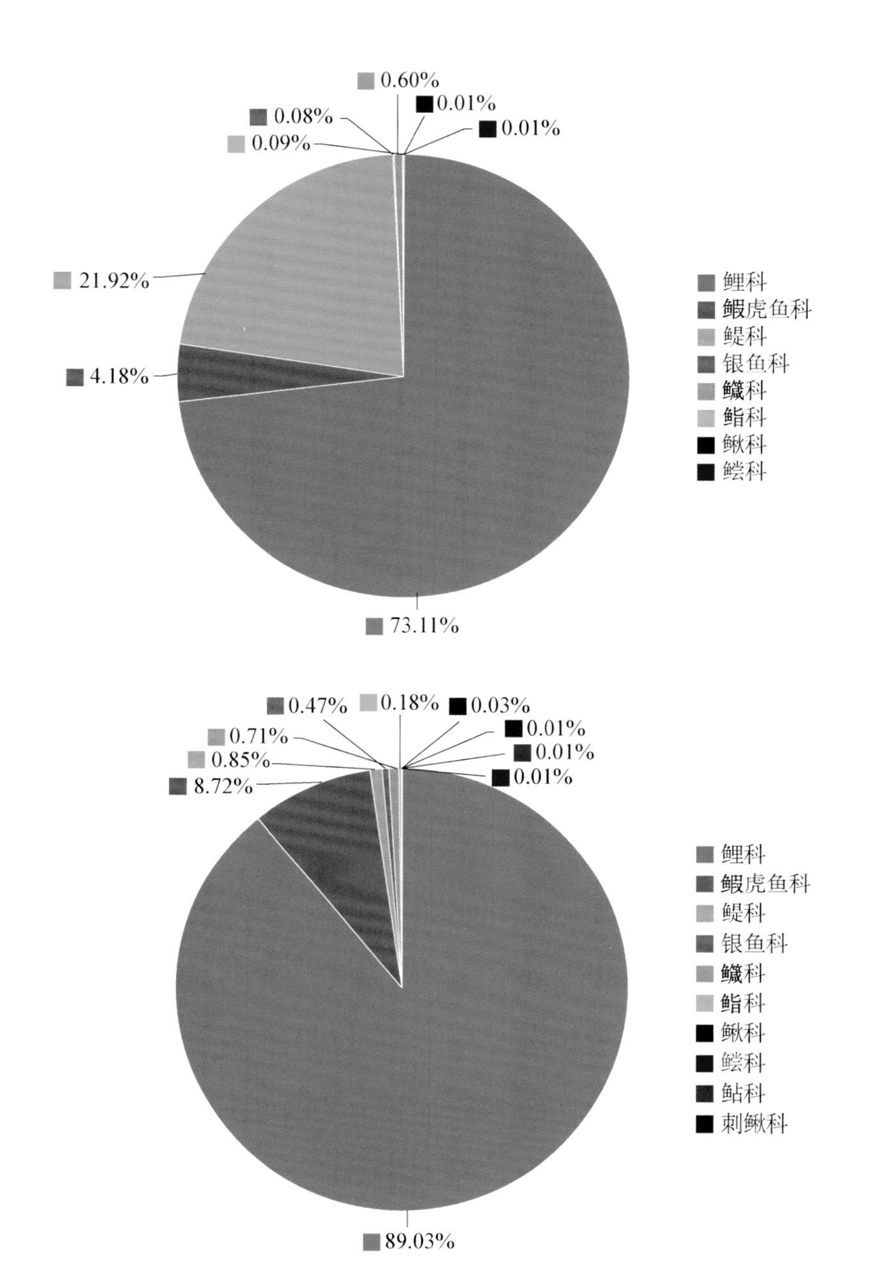


图 4-1
九江湖口江段 2018 年仔稚鱼数量占比

图 4-2
九江湖口江段 2019 年仔稚鱼数量占比

尾数和占比依次为鰕虎鱼科 1 026 尾(3.16%),鳀科 822 尾(2.54%),银鱼科 268 尾(0.83%),鱵科 126 尾(0.39%),鮨科 25 尾(0.07%),鳅科 12 尾(0.04%),未鉴定种类合计 96 尾(共计 0.29%)。

2020 年九江湖口江段调查的仔稚鱼科类水平上的数量占比结果如图 4-3 所示。

## 二、安庆皖河口江段仔稚鱼物种特征

对 2018 年 4 月 22 日至 8 月 10 日调查的仔稚鱼科类水平上的数量进行分析,结果表明,鲤科仔稚鱼占有绝对优势,为 92 359 尾(占比 92.25%);其余科相对非常少,依次为鳀科 3 630 尾(3.63%),鰕虎鱼科 1 680 尾(1.68%),银鱼科

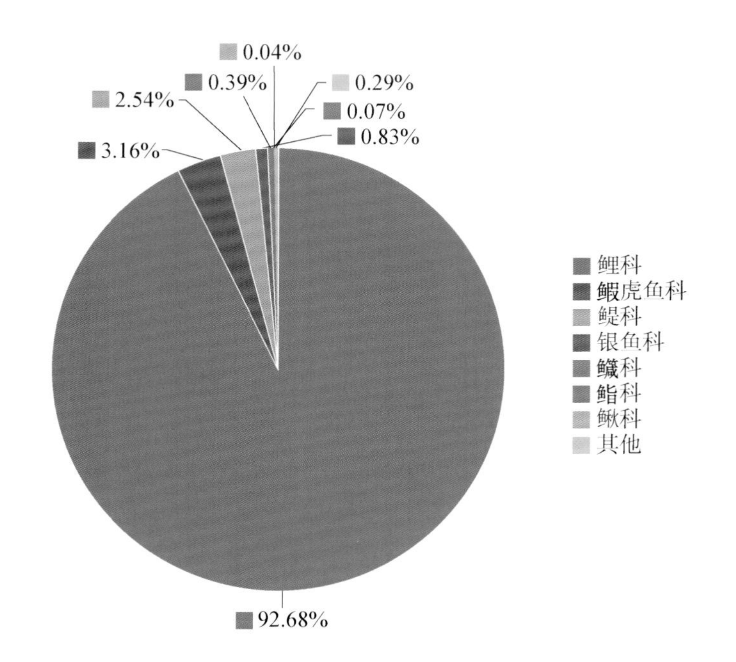


图 4-3
九江湖口江段 2020 年仔稚鱼数量占比

1 367 尾（1.36%），剩余 6 个科的数量占比仅为 1.08%。2018 年安庆皖河口江段调查的仔稚鱼科类水平上的数量占比结果如图 4-4 所示。

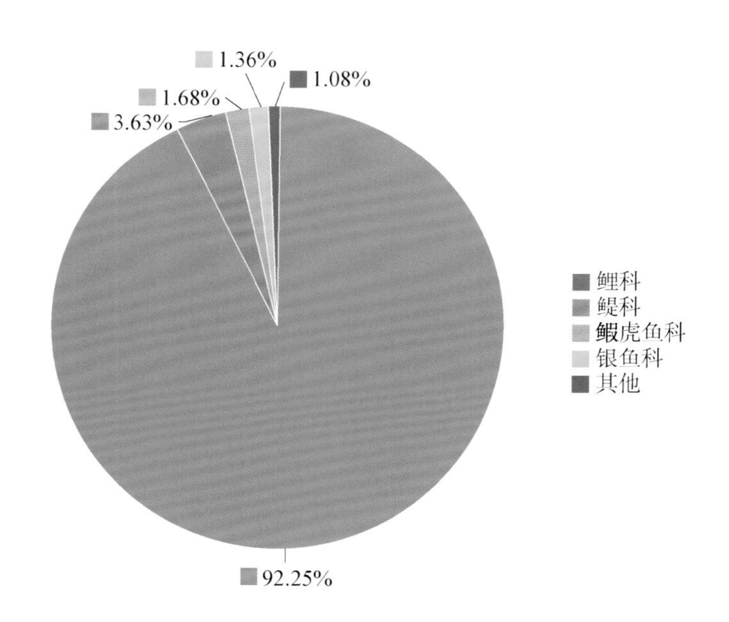


图 4-4
安庆皖河口江段 2018 年仔稚鱼数量占比

对 2019 年 4 月 17 日至 8 月 7 日调查的仔稚鱼科类水平上的数量进行分析，结果表明，鲤科仔稚鱼占绝对优势，为 87 545 尾（占比 92.28%）；其余鱼类数量相对较少，依次为鰕虎鱼科 3 544 尾（3.74%），银鱼科 1 826 尾（1.93%），鱵科 1 141 尾（1.20%），鳀科 554 尾（0.58%），其他四科占比 0.27%。2019 年安庆皖河口江段调查的仔稚鱼科类水平上的数量占比结果如图 4-5 所示。

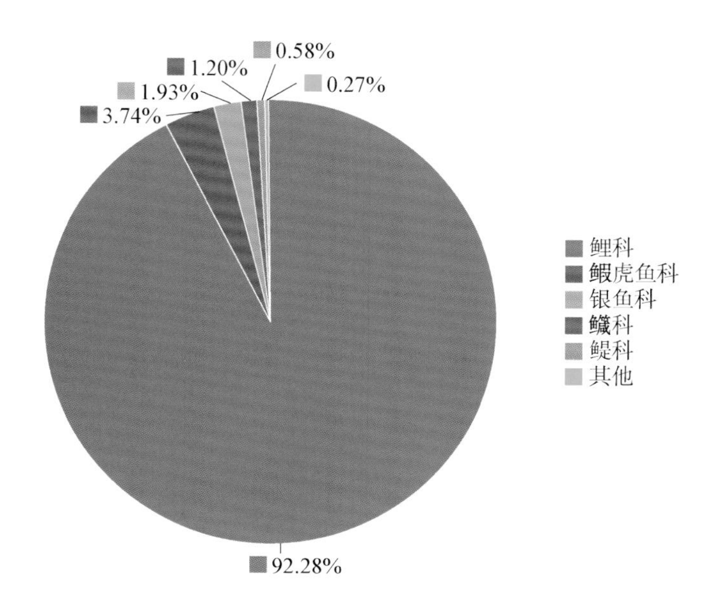


图 4-5
安庆皖河口江段 2019 年仔稚鱼数量占比

对 2020 年 5 月 3 日至 8 月 14 日调查的仔稚鱼科类水平上的数量进行分析，结果表明，鲤科仔稚鱼占绝对优势，为 226 265 尾(占比 90.07%)；其余鱼类数量相对较少，依次为银鱼科 11 034 尾(4.39%)，鰕虎鱼科 7 283 尾(2.90%)，鳀科 5 566 尾(2.22%)，鲻科 687 尾(0.27%)，鱵科 278 尾(0.11%)，其他三科总计占 0.04%。2020 年安庆皖河口江段调查的仔稚鱼科类水平上的数量占比结果如图 4-6 所示。

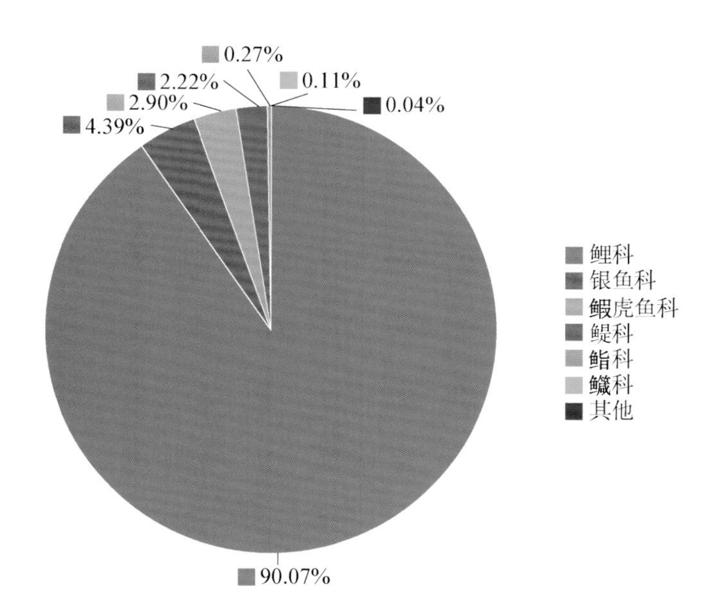


图 4-6
安庆皖河口江段 2020 年仔稚鱼数量占比

## 三、马鞍山—南京江段仔稚鱼物种特征

对 2018 年 6 月 9 日至 8 月 7 日调查的仔稚鱼科类水平上的数量进行分析，结果表明，鲤科仔稚鱼占绝对优势，为 5 558 尾(占比 81.68%)；其余科仔稚鱼相

对非常少，依次为鳀科 666 尾（11.98％），鰕虎鱼科 200 尾（3.6％），银鱼科 69 尾（1.24％），鲐科 28 尾（0.50％），其他科数量占比仅为 0.99％。2018 年马鞍山—南京江段调查的仔稚鱼科类水平上的数量占比结果如图 4－7 所示。

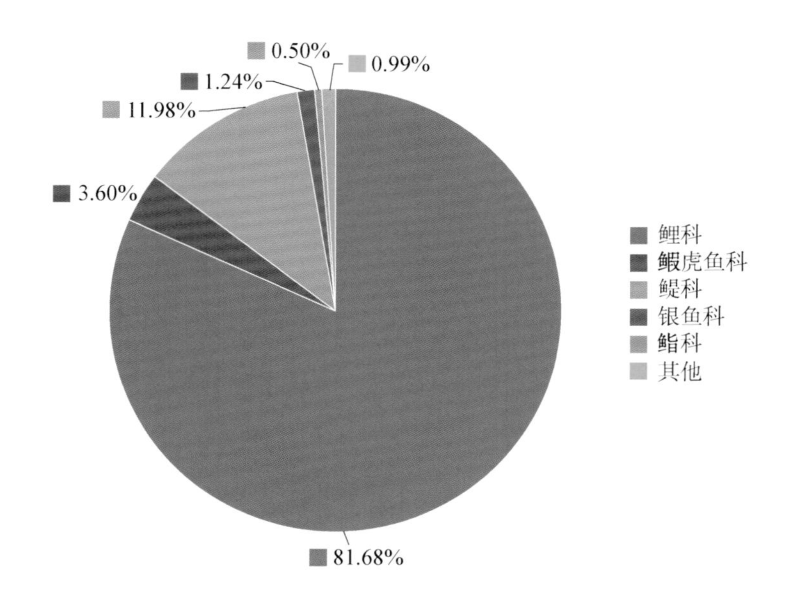


图 4－7
马鞍山—南京江段 2018 年仔稚鱼数量占比

对 2019 年 4 月 10 日至 7 月 22 日调查的仔稚鱼科类水平上的数量进行分析，结果表明，鲤科仔稚鱼占绝对优势，为 3586 尾（占比 93.14％）；其余科仔稚鱼相对非常少，依次为鰕虎鱼科 201 尾（5.22％），鳀科 43 尾（1.12％），鲐科 14 尾（0.36％），银鱼科 6 尾（0.16％）。2019 年马鞍山—南京江段调查的仔稚鱼科类水平上的数量占比结果如图 4－8 所示。

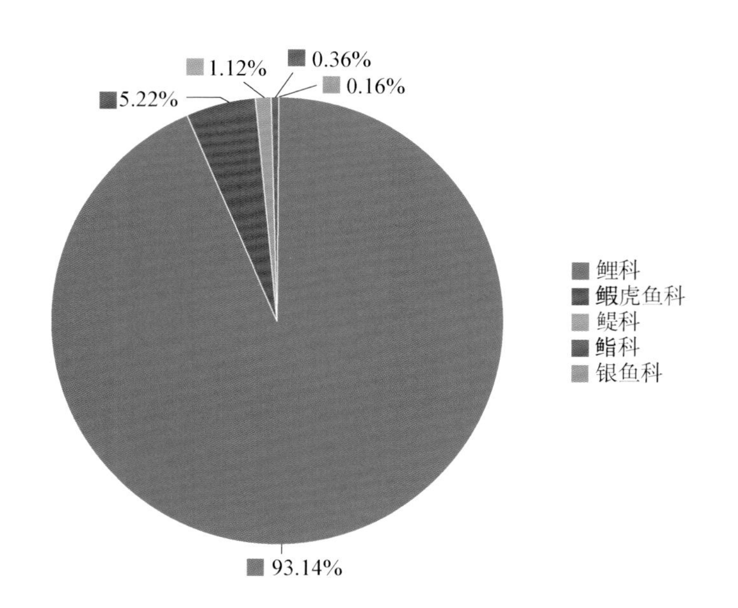


图 4－8
马鞍山—南京江段 2019 年仔稚鱼数量占比

## 四、江苏南通江段仔稚鱼物种特征

2018—2020 年每年的 5—8 月对江苏南通江段进行仔稚鱼调查，结果显示(图 4-9)：仔稚鱼的丰度高峰均出现在 7 月，其中 2019 年 7 月各采集断面的平均丰度最高(275.81 ind./100 m$^3$)；2018—2019 年 5 月仔稚鱼的平均丰度相对处于较低水平，最低丰度出现在 2018 年的 5 月(29.45 ind./100 m$^3$)；2020 年的 5 月丰度骤然升高，可能与长江流域相继进入雨季，导致长江水流量增大而引起仔稚鱼在 5 月出现小高峰。

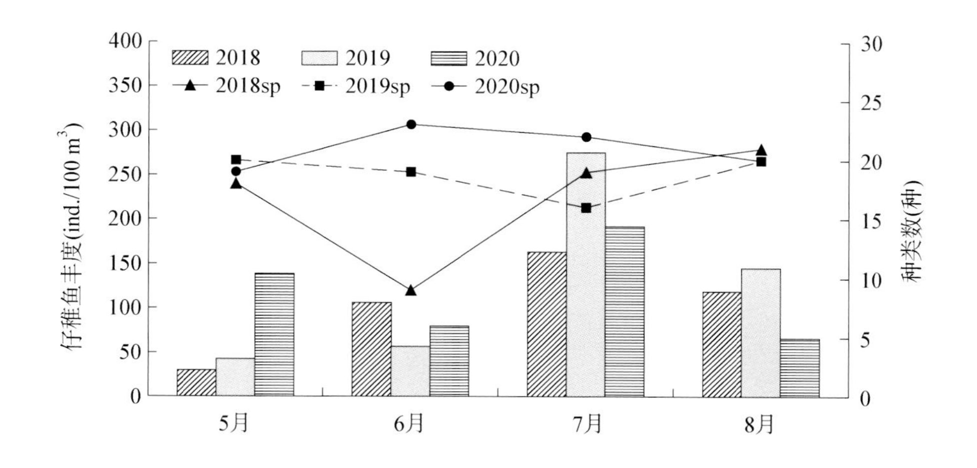


图 4-9 江苏南通江段 2018—2020 年各采集月份仔稚鱼丰度与种类变化

在种类水平上，除 2018 年 6 月采集数量偏少(采样期间遇特殊天气)，其他各月份仔稚鱼丰度无明显变化。

调查期间，各断面仔稚鱼的丰度呈波动变化，部分断面间丰度差异明显，体现出一定的区域偏好性。江苏南通江段 5—8 月不同断面各采集年份的仔稚鱼平均丰度显示(图 4-10)，7 月仔稚鱼的总体丰度占绝对优势，处于狭窄与宽阔江面衔接处的 S3、S4 及位于长青沙和民主沙附近水域的 S6、S8 和 S11 仔稚鱼的丰度较高，其中 S8 仔稚鱼的平均丰度最高(230.21 ind./100 m$^3$)。

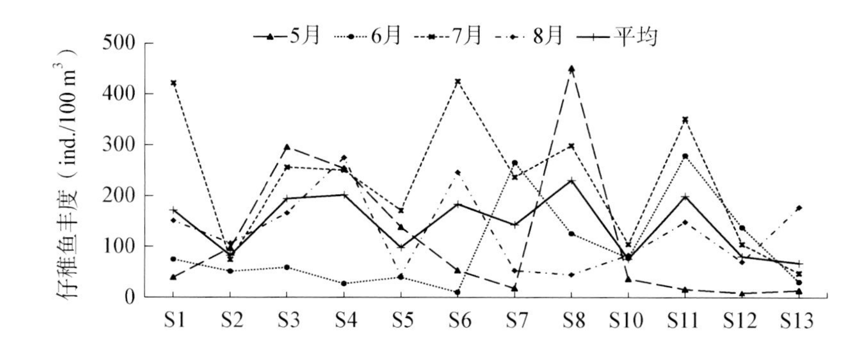


图 4-10 江苏南通江段 5—8 月不同断面位点仔稚鱼丰度变化

空间分布特征显示(图 4 - 11),各采样年江左岸仔稚鱼的丰度均高于江右岸和江心,其中江心仔稚鱼丰度的总体水平较低,现有数据分析在种类上也有所下降。

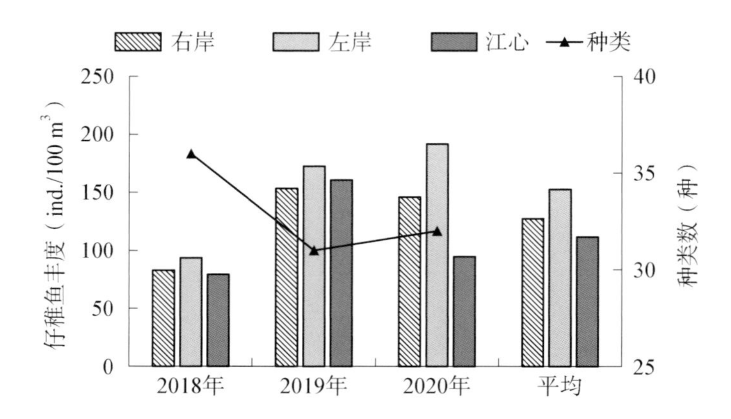


图 4 - 11
江苏南通江段 2018—2020 年不同断面仔稚鱼丰度与种类变化

## 第三节 · 长江下游仔稚鱼优势种与常见种

### 一、九江湖口江段仔稚鱼优势种与常见种

对 2018 年九江湖口江段定量采集的仔稚鱼进行相对重要性指数(IRI)分析,IRI 大于 100 的物种定性为优势种。分析发现,优势种有 4 种,常见种有 4 种,其余的都为少见种(表 4 - 5)。按相对重要性指数高低,优势种分别为贝氏䱗(*Hemiculter bleekeri*)、刀鲚(*Coilia nasus*)、子陵吻鰕虎(*Rhinogobius giurinus*)和翘嘴鲌(*Culter alburnus*),常见种依次为银鲴(*Xenocypris argentea*)、间下鱵(*Hyporhamphus intermedius*)、陈氏新银鱼(*Neosalanx tangkahkeii*)和飘鱼(*Pseudolaubuca sinensis*)。

表 4 - 5 九江湖口江段 2018 年仔稚鱼的相对重要性指数(IRI)

| 物种名称 | 左岸 | 江心 | 右岸 | 整个断面 |
|---|---|---|---|---|
| 贝氏䱗 *Hemiculter bleekeri* | 7 547.88 | 5 956.88 | 3 510.87 | 6 661.33 |
| 刀鲚 *Coilia nasus* | 112.44 | 782.95 | 861.44 | 923.07 |
| 子陵吻鰕虎 *Rhinogobius giurinus* | 182.72 | 288.48 | 857.23 | 369.26 |
| 翘嘴鲌 *Culter alburnus* | 293.15 | 30.66 | 494.80 | 202.02 |
| 银鲴 *Xenocypris argentea* | 28.11 | 14.74 | <10 | 28.44 |
| 间下鱵 *Hyporhamphus intermedius* | <10 | <10 | 151.98 | 25.15 |
| 陈氏新银鱼 *Neosalanx tangkahkeii* | <10 | 28.70 | <10 | 23.31 |
| 飘鱼 *Pseudolaubuca sinensis* | 16.06 | <10 | <10 | 12.34 |

由于2019年对九江湖口江段进行了蹲点逐日定量调查，分别对各个采样断面采集的仔稚鱼进行相对重要性指数分析，九江湖口江段2019年S1断面优势种有4种，常见种有7种，其余的都为少见种(表4-6)。按相对重要性指数高低，优势种分别为贝氏鳘(*Hemiculter bleekeri*)、鳘(*Hemiculter leucisculus*)、子陵吻鰕虎(*Rhinogobius giurinus*)和银鲴(*Xenocypris argentea*)，常见种依次为飘鱼(*Pseudolaubuca sinensis*)、达氏鲌(*Culter dabryi*)、鳊(*Parabramis pekinensis*)、蛇鮈(*Saurogobiodabryi*)、刀鲚(*Coilia nasus*)、间下鱵(*Hyporhamphus intermedius*)和黄尾鲴(*Xenocypris davidi*)。

表4-6 九江湖口江段2019年S1断面仔稚鱼的相对重要性指数(IRI)

| 物种名称 | 左岸 | 江心 | 右岸 | 整个断面 |
|---|---|---|---|---|
| 贝氏鳘 *Hemiculter bleekeri* | 3566.38 | 3663.93 | 4017.52 | 3749.28 |
| 鳘 *Hemiculter leucisculus* | 3353.14 | 1380.07 | 2914.42 | 2549.21 |
| 子陵吻鰕虎 *Rhinogobius giurinus* | 213.80 | 1420.86 | 717.77 | 784.14 |
| 银鲴 *Xenocypris argentea* | 710.70 | 915.53 | 495.39 | 707.21 |
| 飘鱼 *Pseudolaubuca sinensis* | 151.28 | 60.10 | 84.24 | 98.54 |
| 达氏鲌 *Culter dabryi* | 156.09 | 29.18 | 56.13 | 80.47 |
| 鳊 *Parabramis pekinensis* | 49.80 | 72.22 | 81.22 | 67.75 |
| 蛇鮈 *Saurogo biodabryi* | 77.53 | 34.90 | 82.55 | 64.99 |
| 刀鲚 *Coilia nasus* | 3.20 | 150.08 | 6.68 | 53.32 |
| 间下鱵 *Hyporhamphus intermedius* | 4.29 | 74.40 | 7.02 | 28.57 |
| 黄尾鲴 *Xenocypris davidi* | 14.07 | 9.74 | 8.19 | 10.67 |

九江湖口江段2019年S2断面优势种有6种，常见种有5种，其余的都为少见种(表4-7)。按相对重要性指数高低，优势种分别为贝氏鳘(*Hemiculter bleekeri*)、鳘(*Hemiculter leucisculus*)、银鲴(*Xenocypris argentea*)、子陵吻鰕虎(*Rhinogobius giurinus*)、飘鱼(*Pseudolaubuca sinensis*)和达氏鲌(*Culter dabryi*)，常见种依次为鳊(*Parabramis pekinensis*)、蛇鮈(*Saurogobio dabryi*)、间下鱵(*Hyporhamphus intermedius*)、鳜(*Siniperca chuatsi*)和黄尾鲴(*Xenocypris davidi*)。

表4-7 九江湖口江段2019年S2断面仔稚鱼相对重要性指数(IRI)

| 物种名称 | 左岸 | 江心 | 右岸 | 整个断面 |
|---|---|---|---|---|
| 贝氏鳘 *Hemiculter bleekeri* | 3822.40 | 3069.55 | 3570.59 | 3487.51 |
| 鳘 *Hemiculter leucisculus* | 3019.32 | 2483.22 | 2700.40 | 2734.31 |

续表

| 物种名称 | 左岸 | 江心 | 右岸 | 整个断面 |
|---|---|---|---|---|
| 银鲴 *Xenocypris argentea* | 325.24 | 1247.96 | 569.68 | 714.29 |
| 子陵吻鰕虎 *Rhinogobius giurinus* | 97.57 | 403.60 | 399.15 | 300.11 |
| 飘鱼 *Pseudolaubuca sinensis* | 208.62 | 104.33 | 66.90 | 126.62 |
| 达氏鲌 *Culter dabryi* | 129.41 | 135.63 | 109.37 | 124.80 |
| 鳊 *Parabramis pekinensis* | 101.55 | 46.00 | 125.09 | 90.88 |
| 蛇鮈 *Saurogobio dabryi* | 84.65 | 20.13 | 54.26 | 53.01 |
| 间下鱵 *Hyporhamphus intermedius* | 26.58 | 14.64 | 32.65 | 24.62 |
| 鳜 *Siniperca chuatsi* | 3.42 | 45.64 | 5.26 | 18.11 |
| 黄尾鲴 *Xenocypris davidi* | 20.76 | 21.35 | 1.38 | 14.50 |

九江湖口江段2019年S3断面优势种有7种，常见种有4种，其余均为少见种(表4-8)。按相对重要性指数高低，优势种分别为贝氏䱗(*Hemiculter bleekeri*)、䱗(*Hemiculter leucisculus*)、子陵吻鰕虎(*Rhinogobius giurinus*)、银鲴(*Xenocypris argentea*)、达氏鲌(*Culter dabryi*)、蛇鮈(*Saurogo biodabryi*)和鳊(*Parabramis pekinensis*)，常见种依次为飘鱼(*Pseudolaubuca sinensis*)、刀鲚(*Coilia nasus*)、间下鱵(*Hyporhamphus intermedius*)和鳜(*Siniperca chuatsi*)。

**表4-8 九江湖口江段2019年S3断面仔稚鱼相对重要性指数(IRI)**

| 物种名称 | 夹江 | 左岸 | 江心 | 右岸 | 整个断面 |
|---|---|---|---|---|---|
| 贝氏䱗 *Hemiculter bleekeri* | 2720.62 | 1341.39 | 2416.70 | 3887.93 | 2591.66 |
| 䱗 *Hemiculter leucisculus* | 2152.47 | 1036.01 | 1335.09 | 3499.64 | 2005.80 |
| 子陵吻鰕虎 *Rhinogobius giurinus* | 595.50 | 1308.28 | 1456.05 | 140.66 | 875.12 |
| 银鲴 *Xenocypris argentea* | 510.29 | 1051.25 | 975.98 | 311.86 | 712.35 |
| 达氏鲌 *Culter dabryi* | 415.53 | 117.74 | 162.78 | 25.05 | 180.28 |
| 蛇鮈 *Saurogobio dabryi* | 113.24 | 176.61 | 53.578 | 116.50 | 114.98 |
| 鳊 *Parabramis pekinensis* | 91.11 | 136.66 | 114.91 | 94.28 | 109.24 |
| 飘鱼 *Pseudolaubuca sinensis* | 117.67 | 86.73 | 25.64 | 90.14 | 80.04 |
| 刀鲚 *Coilia nasus* | 25.63 | 4.73 | 124.02 | 8.08 | 40.62 |
| 间下鱵 *Hyporhamphus intermedius* | 25.17 | 23.65 | 36.97 | 0.82 | 21.65 |
| 鳜 *Siniper cachuatsi* | 11.18 | 7.88 | 43.44 | 0.29 | 15.70 |

九江湖口江段2019年S4断面优势种有4种，常见种有6种，其余均为少见种(表4-9)。按相对重要性指数高低，优势种分别为贝氏䱗(*Hemiculter bleekeri*)、䱗(*Hemiculter leucisculus*)、子陵吻鰕虎(*Rhinogobius giurinus*)、银

鲴(*Xenocypris argentea*),常见种依次为飘鱼(*Pseudolaubuca sinensis*)、间下鱵(*Hyporhamphus intermedius*)、刀鲚(*Coilia nasus*)、陈氏新银鱼(*Neosalanx tangkahkeii*)、蛇鮈(*Saurogobio dabryi*)和鳊(*Parabramis pekinensis*)。

表 4-9 九江湖口江段 2019 年 S4 断面仔稚鱼相对重要性指数(IRI)

| 物种名称 | 左岸 | 江心 | 右岸 | 整个断面 |
| --- | --- | --- | --- | --- |
| 贝氏䱗 *Hemiculter bleekeri* | 3 526.96 | 3 329.29 | 3 081.99 | 3 312.75 |
| 䱗 *Hemiculter leucisculus* | 1 980.63 | 1 531.35 | 1 621.64 | 1 711.21 |
| 子陵吻虾虎 *Rhinogobius giurinus* | 1 876.56 | 1 280.30 | 1 771.67 | 1 642.85 |
| 银鲴 *Xenocypris argentea* | 615.42 | 762.10 | 701.56 | 693.03 |
| 飘鱼 *Pseudolaubuca sinensis* | 65.00 | 59.83 | 103.41 | 76.08 |
| 间下鱵 *Hyporhamphus intermedius* | 62.50 | 115.89 | 46.54 | 74.98 |
| 刀鲚 *Coilia nasus* | 39.03 | 42.07 | 48.00 | 43.03 |
| 陈氏新银鱼 *Neosalanx tangkahkeii* | 50.50 | 10.05 | 43.99 | 34.85 |
| 蛇鮈 *Saurogobio dabryi* | 38.38 | 31.47 | 19.96 | 29.94 |
| 鳊 *Parabramis pekinensis* | 15.02 | 31.86 | 17.09 | 21.32 |

对 2020 年九江湖口江段定量采集的仔稚鱼进行相对重要性指数(IRI)分析,IRI 大于 100 的物种定性为优势种,10<IRI<100 的物种定性为常见种,IRI<10 的定性为少见种。由于"新冠"疫情原因,2020 年仅开展 2 个航次的走航调查,以各个采样断面的加权平均计算九江湖口水域的仔稚鱼相对重要性指数,从而确定该江段的优势种和常见种。分析发现,优势种有 3 种,常见种有 4 种,其余的都为少见种(表 4-10)。按相对重要性指数高低,优势种分别为贝氏䱗(*Hemiculter bleekeri*)、䱗(*Hemiculter leucisculus*)和子陵吻虾虎(*Rhinogobius giurinus*),常见种依次为飘鱼(*Pseudolaubuca sinensis*)、银鲴(*Xenocypris argentea*)、间下鱵(*Hyporhamphus intermedius*)和黄尾鲴(*Xenocypris davidi*)。

表 4-10 九江湖口江段 2020 年仔稚鱼相对重要性指数均值(IRI)

| 物种名称 | 左岸 | 江心 | 右岸 | 整个断面 |
| --- | --- | --- | --- | --- |
| 贝氏䱗 *Hemiculter bleekeri* | 4 000.22 | 6 387.12 | 2 348.12 | 4 244.93 |
| 䱗 *Hemiculter leucisculus* | 1 875.13 | 1 050.12 | 3 496.19 | 2 140.44 |
| 子陵吻虾虎 *Rhinogobius giurinus* | 3.57 | 128.12 | 233.12 | 121.54 |
| 飘鱼 *Pseudolaubuca sinensis* | 8.15 | 113.23 | 23.45 | 48.27 |
| 银鲴 *Xenocypris argentea* | 13.16 | 90.19 | 20.56 | 41.33 |
| 间下鱵 *Hyporhamphus intermedius* | 3.56 | 75.17 | 8.21 | 28.40 |
| 黄尾鲴 *Xenocypris davidi* | 7.52 | 11.18 | 25.27 | 14.06 |

## 二、安庆皖河口江段仔稚鱼优势种与常见种

对 2018 年安庆皖河口江段定量采集的仔稚鱼进行相对重要性指数(IRI)分析(表 4－11),IRI＞100 的物种定性为优势种。数据显示,调查期间优势种有 7 种,总数量为 79 603 尾,占总捕捞数的 92.45%。其中,贝氏䱗为绝对优势种,捕捞数量为 57 221 尾,出现频率高达 98.80%;第二优势种为䱗,捕捞数量为 11 294 尾,出现频率为 89.16%;其余为似鳊、银鲴、子陵吻鰕虎、寡鳞飘鱼和鳊。

表 4－11　安庆皖河口江段 2018 年仔稚鱼相对重要性指数(IRI)

| 物种名称 | 相对重要性指数 | 物种定性 |
| --- | --- | --- |
| 贝氏䱗 *Hemiculter bleekeri* | 6 565.50 | 优势种 |
| 䱗 *Hemiculter leucisculus* | 1 169.44 | 优势种 |
| 似鳊 *Pseudobrama simoni* | 434.60 | 优势种 |
| 银鲴 *Xenocypris argentea* | 314.78 | 优势种 |
| 子陵吻鰕虎 *Rhinogobius giurinus* | 141.67 | 优势种 |
| 寡鳞飘鱼 *Pseudolaubuca engraulis* | 114.25 | 优势种 |
| 鳊 *Parabramis pekinensis* | 110.72 | 优势种 |
| 陈氏新银鱼 *Neosalanx tangkahkeii* | 84.06 | 常见种 |
| 间下鱵 *Hyporhamphus intermedius* | 60.62 | 常见种 |
| 飘鱼 *Pseudolaubuca sinensis* | 55.36 | 常见种 |
| 鲢 *Hypophthalmichthys molitrix* | 37.88 | 常见种 |
| 刀鲚 *Coilia nasus* | 26.35 | 常见种 |
| 黄尾鲴 *Xenocypris davidi* | 25.84 | 常见种 |
| 鳡鱼 *Elopichthys bambusa* | 23.72 | 常见种 |
| 翘嘴鲌 *Culter alburnus* | 15.18 | 常见种 |
| 细鳞鲴 *Plagiognathops microlepis* | 11.13 | 常见种 |

10＜IRI＜100 的物种定性为常见种。数据显示,调查期间常见种有 9 种,共计 5 201 尾,占总捕捞量的 6.04%,分别为陈氏新银鱼、间下鱵、飘鱼、鲢、刀鲚、黄尾鲴、鳡、翘嘴鲌和细鳞鲴。

对 2019 年安庆皖河口江段定量采集的仔稚鱼进行相对重要性指数分析(表 4－12),IRI＞100 的物种定性为优势种。数据显示,调查期间优势种有 4 种,总数量为 84 202 尾,占总捕捞数的 88.71%。其中,贝氏䱗为绝对优势种,捕捞数量为 74 404 尾,出现频率高达 95.70%;第二优势种为子陵吻鰕虎,捕捞数量为 3 524 尾,出现频率为 88.17%;其余为银鲴和似鳊。

表 4－12　安庆皖河口江段 2019 年仔稚鱼相对重要性指数(IRI)

| 物种名称 | 相对重要性指数 | 物种定性 |
|---|---|---|
| 贝氏䱗 *Hemiculter bleekeri* | 7 502. 33 | 优势种 |
| 子陵吻鰕虎 *Rhinogobius giurinus* | 327. 39 | 优势种 |
| 银鲴 *Xenocypris argentea* | 274. 54 | 优势种 |
| 似鳊 *Pseudobrama simoni* | 177. 88 | 优势种 |
| 飘鱼 *Pseudolaubuca sinensis* | 66. 98 | 常见种 |
| 寡鳞飘鱼 *Pseudolaubuca engraulis* | 38. 18 | 常见种 |
| 䱗 *Hemiculter leucisculus* | 37. 84 | 常见种 |
| 花䱻 *Hemibarbus maculatus* | 27. 97 | 常见种 |
| 鲢 *Hypophthalmichthys molitrix* | 24. 18 | 常见种 |
| 刀鲚 *Coilia nasus* | 23. 64 | 常见种 |
| 陈氏新银鱼 *Neosalanx tangkahkeii* | 23. 28 | 常见种 |
| 黄尾鲴 *Xenocypris davidi* | 20. 57 | 常见种 |
| 鳊 *Parabramis pekinensis* | 19. 06 | 常见种 |
| 达氏鲌 *Culter dabryi* | 15. 28 | 常见种 |

10＜IRI＜100 的物种定性为常见种。数据显示，调查期间常见种有 10 种，共计 8 844 尾，占总捕捞量的 9. 32%，分别为飘鱼、寡鳞飘鱼、䱗、花䱻、鲢、刀鲚、陈氏新银鱼、黄尾鲴、鳊和达氏鲌。

对 2020 年安庆皖河口江段定量采集的仔稚鱼进行相对重要性指数分析(表 4－13)，IRI＞100 的物种定性为优势种。数据显示，调查期间优势种有 6 种，总数量为 186 008 尾，占总捕捞数的 83. 09%。其中，贝氏䱗为绝对优势种，捕捞数量为 103 208 尾，出现频率为 78. 57%；第二优势种为䱗，捕捞数量为 59 384 尾，出现频率为 66. 67%；其余依次为陈氏新银鱼、子陵吻鰕虎、飘鱼和银鲴。

表 4－13　安庆皖河口江段 2020 年仔稚鱼相对重要性指数(IRI)

| 物种名称 | 相对重要性指数 | 物种定性 |
|---|---|---|
| 贝氏䱗 *Hemiculter bleekeri* | 3 622. 22 | 优势种 |
| 䱗 *Hemiculter leucisculus* | 1 768. 38 | 优势种 |
| 陈氏新银鱼 *Neosalanx tangkahkeii* | 241. 54 | 优势种 |
| 子陵吻鰕虎 *Rhinogobius giurinus* | 213. 83 | 优势种 |
| 飘鱼 *Pseudolaubuca sinensis* | 123. 01 | 优势种 |
| 银鲴 *Xenocypris argentea* | 111. 93 | 优势种 |

续表

| 物种名称 | 相对重要性指数 | 物种定性 |
| --- | --- | --- |
| 鳊 *Parabramis pekinensis* | 98.63 | 常见种 |
| 细鳞鲴 *Plagiognathopsmicrolepis* | 89.81 | 常见种 |
| 刀鲚 *Coilia nasus* | 87.96 | 常见种 |
| 达氏鲌 *Culter dabryi* | 80.523 | 常见种 |
| 似鳊 *Pseudobrama simoni* | 55.31 | 常见种 |
| 翘嘴鲌 *Culter alburnus* | 50.73 | 常见种 |
| 黄尾鲴 *Xenocypris davidi* | 24.44 | 常见种 |
| 寡鳞飘鱼 *Pseudolaubuca engraulis* | 23.93 | 常见种 |

10<IRI<100 的物种定性为常见种。数据显示，调查期间常见种有 8 种，共计 27 084 尾，占总捕捞量的 12.10%，分别为鳊、细鳞鲴、刀鲚、达氏鲌、似鳊、翘嘴鲌、黄尾鲴和寡鳞飘鱼。

## 三、马鞍山—南京江段仔稚鱼优势种与常见种

对 2018 年马鞍山—南京江段采集的仔稚鱼进行相对重要性指数(IRI)分析(表 4-14)。IRI>100 的物种定性为优势种。数据显示，调查期间优势种有 5 种，总数量为 5 079 尾，占总捕捞数的 91.68%。其中，鳘在整个调查期间为绝对优势种，捕捞数量为 3 667 尾(66.19%)，出现频数为 11 次(84.62%)；第二优势种均为刀鲚，捕捞数量为 682 尾(12.31%)，出现频数为 10 次(76.92%)、27 次(96.43%)、98 次(90.74%)；其余优势种分别为银鲴、子陵吻虾虎和翘嘴鲌。

表 4-14 马鞍山—南京江段 2018 年仔稚鱼相对重要性指数(IRI)

| 物种名称 | 相对重要性指数 | 物种定性 |
| --- | --- | --- |
| 鳘 *Hemiculter leucisculus* | 5 600.81 | 优势种 |
| 刀鲚 *Coilia nasus* | 946.96 | 优势种 |
| 银鲴 *Xenocypris argentea* | 396.56 | 优势种 |
| 子陵吻虾虎 *Rhinogobius giurinus* | 361.01 | 优势种 |
| 翘嘴鲌 *Culter alburnus* | 101.64 | 优势种 |
| 贝氏鳘 *Hemiculter bleekeri* | 94.42 | 常见种 |
| 鲫 *Carassius auratus* | 91.09 | 常见种 |
| 飘鱼 *Pseudolaubuca sinensis* | 79.14 | 常见种 |

续表

| 物种名称 | 相对重要性指数 | 物种定性 |
| --- | --- | --- |
| 陈氏新银鱼 *Neosalanx tangkahkeii* | 38.88 | 常见种 |
| 鳜 *Siniperca chuatsi* | 17.91 | 常见种 |

10<IRI<100 的物种定性为常见种。数据显示，调查期间常见种有 5 种，共计 422 尾，占总捕捞数的 7.62%，分别为贝氏䱗、鲫、飘鱼、陈氏新银鱼和鳜。

对 2019 年马鞍山—南京江段采集的仔稚鱼进行相对重要性指数（IRI）分析（表 4-15），IRI>100 的物种定性为优势种。数据显示，调查期间优势种有 4 种，总数量为 1 968 尾，占总捕捞数的 93.89%。其中，贝氏䱗在整个调查期间为绝对优势种，捕捞数量为 1 308 尾（62.40%），频数为 35 次（97.22%）；第二优势种为银鲴，捕捞数量为 296 尾（14.12%），频数为 27 次（75%）；其余优势种分别为䱗和子陵吻鰕虎。

表 4-15 马鞍山—南京江段 2019 年仔稚鱼相对重要性指数（IRI）

| 物种名称 | 相对重要性指数 | 物种定性 |
| --- | --- | --- |
| 贝氏䱗 *Hemiculter bleekeri* | 6 067.11 | 优势种 |
| 银鲴 *Xenocypris argentea* | 1 059.16 | 优势种 |
| 䱗 *Hemiculter leucisculus* | 447.15 | 优势种 |
| 子陵吻鰕虎 *Rhinogobius giurinus* | 407.52 | 优势种 |
| 鳙 *Aristichthys nobilis* | 51.02 | 常见种 |
| 飘鱼 *Pseudolaubuca sinensis* | 29.29 | 常见种 |
| 鲫 *Carassius auratus* | 14.31 | 常见种 |

10<IRI<100 的物种定性为常见种。数据显示，调查期间常见种有 3 种，共计 64 尾，占总捕捞数的 3.05%，分别为飘鱼、鲫和鳙。

## 四、江苏南通江段仔稚鱼优势种与常见种

对 2018—2020 年江苏南通江段仔稚鱼的相对重要性指数（IRI）分析（表 4-16）。IRI>100 的物种定性为优势种，10<IRI<100 的物种定性为常见种。数据显示，该江段优势种组成有䱗、贝氏䱗、刀鲚、子陵吻鰕虎和寡鳞飘鱼。其中，䱗为绝对优势种，其次为贝氏䱗，两者均为鲤科鱼类，占采集样品总数的 85.15%。由于调查水域位于河口区，刀鲚仔稚鱼数量占比较高，相对重要性指数为 182.73，作为优势种存在于该江段。常见种有银鲴、翘嘴鲌和鳜。对江苏南通段

优势种与常见种出现频率分析显示(图 4-12),处于第一位的䱗在整个采样期出现频率达 77.35%,普遍存在于采样江段;子陵吻鰕虎(48.29%)和寡鳞飘鱼(41.67%)出现频率均超过第三位的刀鲚(38.03%),产生此现象一方面可能由于这两种鱼相比刀鲚拥有更长的产卵周期,另一方面可能是在某一时段刀鲚产卵规模暴发而引起的数量激增所致。

表 4-16 江苏南通江段 2018—2020 年仔稚鱼相对重要性指数(IRI)

| 物种名称 | 相对重要性指数 | 物种定性 |
|---|---|---|
| 䱗 *Hemiculter leucisculus* | 4821.00 | 优势种 |
| 贝氏䱗 *Hemiculter bleekeri* | 1033.92 | 优势种 |
| 刀鲚 *Coilia nasus* | 182.73 | 优势种 |
| 子陵吻鰕虎 *Rhinogobius giurinus* | 117.74 | 优势种 |
| 寡鳞飘鱼 *Pseudolaubuca engraulis* | 111.05 | 优势种 |
| 银鲴 *Xenocypris argentea* | 34.44 | 常见种 |
| 翘嘴鲌 *Culter alburnus* | 31.39 | 常见种 |
| 鳜 *Siniperca chuatsi* | 10.22 | 常见种 |

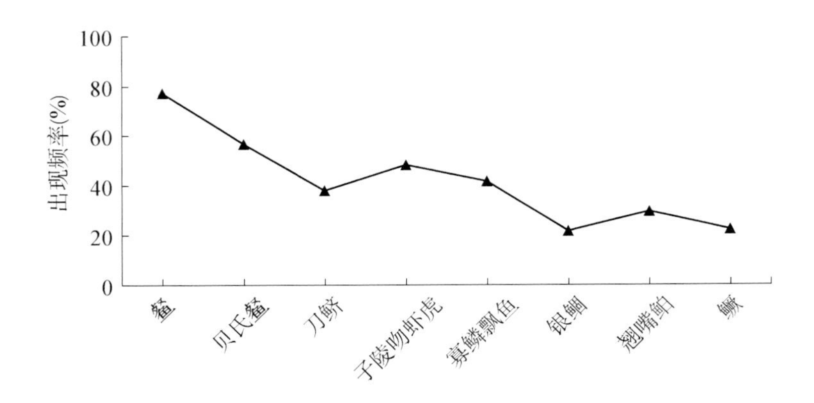


图 4-12
江苏南通江段仔稚鱼优势种与常见种出现频率

## 第四节 · 长江下游仔稚鱼多样性指数

### 一、九江湖口江段仔稚鱼多样性指数

九江湖口江段 2018 年 4—7 月共计进行 4 个频次的仔稚鱼调查,每个频次维持 1 周的逐日采样,即 4 月(第 1 周)、5 月(第 2 周)、6 月(第 3 周)和 7 月(第 4 周)。对九江湖口 2018 年各月份仔稚鱼群聚组成及渔获尾数分析四类多样性特征值,数据显示(表 4-17),Shannon-Wiener 指数($H'$)变幅为 0.27～1.17,最大

值在5月(第2周),最小值在4月(第1周);Pielou均匀度指数($J$)变幅为0.11～0.43,最大值在5月(第2周),最小值在4月(第1周);Simpson优势度指数($C$)变幅为0.48～0.90,最大值在4月(第1周),最小值在6月(第3周);Margalef丰富度指数($M$)变幅为1.02～1.82,最大值在5月(第2周),最小值在4月(第1周)。整体上九江湖口江段仔稚鱼群聚多样性水平在5月最好,4月最差。

表4-17 九江湖口江段2018年仔稚鱼多样性特征值

| 多样性指数 | 4月 | 5月 | 6月 | 7月 |
|---|---|---|---|---|
| Margalef丰富度指数($M$) | 1.02 | 1.82 | 1.46 | 1.29 |
| Shannon-Wiener指数($H'$) | 0.27 | 1.17 | 1.06 | 0.86 |
| Pielou均匀度指数($J$) | 0.11 | 0.43 | 0.35 | 0.38 |
| Simpson优势度指数($C$) | 0.9 | 0.68 | 0.48 | 0.57 |

对九江湖口江段2019年5—8月进行蹲点调查,按照月份统计分析多样性特征值,数据显示(表4-18),Shannon-Wiener指数($H'$)变幅为1.53～1.87,最大值在7月,最小值在6月;Pielou均匀度指数($J$)变幅为0.44～0.64,最大值在8月,最小值在5月;Simpson优势度指数($C$)变幅为0.21～0.35,最大值在5月,最小值在8月;Margalef丰富度指数($M$)变幅为1.38～2.59,最大值在7月,最小值在6月。

表4-18 九江湖口江段2019年仔稚鱼多样性特征值

| 多样性指数 | 5月 | 6月 | 7月 | 8月 |
|---|---|---|---|---|
| Margalef丰富度指数($M$) | 1.78 | 1.38 | 2.59 | 2.21 |
| Shannon-Wiener指数($H'$) | 1.64 | 1.53 | 1.87 | 1.69 |
| Pielou均匀度指数($J$) | 0.44 | 0.52 | 0.61 | 0.64 |
| Simpson优势度指数($C$) | 0.35 | 0.30 | 0.23 | 0.21 |

对九江湖口2020年6—8月开展4次走航调查,依据仔稚鱼群聚组成及渔获尾数分析四类多样性特征值,数据显示(表4-19),Shannon-Wiener指数($H'$)变幅为0.03～1.82,最大值在8月,最小值在6月;Pielou均匀度指数($J$)变幅为0.03～0.85,最大值在8月,最小值在6月;Simpson优势度指数($C$)变幅为0.17～0.26,最大值在6月,最小值在8月;Margalef丰富度指数($M$)变幅为0.07～1.26,最大值在8月,最小值在6月。

表 4-19 九江湖口江段 2020 年仔稚鱼多样性特征值

| 多样性指数 | 6 月 | 7 月 | 8 月 |
|---|---|---|---|
| Margalef 丰富度指数(*M*) | 0.07 | 1.12 | 1.26 |
| Shannon-Wiener 指数(*H'*) | 0.03 | 1.29 | 1.82 |
| Pielou 均匀度指数(*J*) | 0.03 | 0.56 | 0.85 |
| Simpson 优势度指数(*C*) | 0.26 | 0.19 | 0.17 |

## 二、安庆皖河口江段仔稚鱼多样性指数

对 2018 年各月份仔稚鱼群聚组成及渔获尾数分析四类多样性特征值，数据显示(表 4-20)，Shannon-Wiener 指数(*H'*)变幅为 1.12～1.89，最大值在 7 月，最小值在 5 月；Margalef 丰富度指数(*M*)变幅为 1.89～3.23，最大值在 7 月，最小值在 5 月；Pielou 均匀度指数(*J*)变幅为 0.29～0.56，最大值在 6 月，最小值在 7 月；Simpson 优势度指数(*C*)变幅为 0.23～0.60，最大值在 6 月，最小值在 8 月。

表 4-20 安庆皖河口江段 2018 年仔稚鱼多样性特征值

| 多样性指数 | 5 月 | 6 月 | 7 月 | 8 月 |
|---|---|---|---|---|
| Margalef 丰富度指数(*M*) | 1.89 | 1.97 | 3.23 | 2.05 |
| Shannon-Wiener 指数(*H'*) | 1.12 | 1.67 | 1.89 | 1.25 |
| Pielou 均匀度指数(*J*) | 0.33 | 0.56 | 0.29 | 0.46 |
| Simpson 优势度指数(*C*) | 0.41 | 0.60 | 0.32 | 0.23 |

对 2019 年各月份仔稚鱼群居组成及渔获尾数分析四类多样性特征值，数据显示(表 4-21)，Shannon-Wiener 指数(*H'*)变幅为 0.76～1.31，最大值在 7 月和 8 月，最小值在 6 月；Margalef 丰富度指数(*M*)变幅为 1.77～2.51，最大值在 7 月，最小值在 5 月；Pielou 均匀度指数(*J*)变幅为 0.28～0.49，最大值在 8 月，最小值在 6 月；Simpson 优势度指数(*C*)变幅为 0.23～0.60，最大值在 6 月，最小值 8 月。

表 4-21 安庆皖河口江段 2019 年仔稚鱼多样性特征值

| 多样性指数 | 5 月 | 6 月 | 7 月 | 8 月 |
|---|---|---|---|---|
| Margalef 丰富度指数(*M*) | 1.77 | 2.01 | 2.51 | 2.05 |
| Shannon-Wiener 指数(*H'*) | 1.05 | 0.76 | 1.31 | 1.31 |
| Pielou 均匀度指数(*J*) | 0.43 | 0.28 | 0.45 | 0.49 |
| Simpson 优势度指数(*C*) | 0.38 | 0.60 | 0.45 | 0.23 |

对 2020 年各月份仔稚鱼群聚组成及渔获尾数分析四类多样性特征值，数据显示(表 4-22)，Shannon-Wiener 指数($H'$)变幅为 1.19～2.45，最大值在 8 月，最小值在 5 月；Margalef 丰富度指数($M$)变幅为 2.44～3.36，最大值在 8 月，最小值在 5 月；Pielou 均匀度指数($J$)变幅为 0.36～0.73，最大值在 8 月，最小值在 5 月；Simpson 优势度指数($C$)变幅为 0.23～0.60，最大值在 6 月，最小值在 8 月。

表 4-22　安庆皖河口江段 2020 年仔稚鱼多样性特征值

| 多样性指数 | 5 月 | 6 月 | 7 月 | 8 月 |
|---|---|---|---|---|
| Margalef 丰富度指数($M$) | 2.44 | 2.81 | 3.34 | 3.36 |
| Shannon-Wiener 指数($H'$) | 1.19 | 1.46 | 2.19 | 2.45 |
| Pielou 均匀度指数($J$) | 0.36 | 0.42 | 0.69 | 0.73 |
| Simpson 优势度指数($C$) | 0.38 | 0.60 | 0.45 | 0.23 |

## 三、马鞍山—南京江段仔稚鱼多样性指数

对 2018—2019 年马鞍山—南京江段仔稚鱼多样性特征值(表 4-23)分析显示，调查期间 Margalef 丰富度指数($M$)变幅为 1.19～2.74，最大值在 7 月，最小值在 5 月；Shannon-Wiener 指数($H'$)范围为 0.61～1.36，最大值在 7 月，最小值在 5 月；Pielou 均匀度指数($J$)变幅为 0.23～0.46，最大值在 6 月，最小值在 7 月；Simpson 优势度指数($C$)变幅为 0.28～0.75，最大值在 6 月，最小值在 8 月。各项特征值均呈现波动性变化，特征值越高表明该江段仔稚鱼数量增多、物种丰度较大。

表 4-23　马鞍山—南京江段 2018 年仔稚鱼多样性特征值

| 多样性指数 | 2018 年 | 2019 年 |
|---|---|---|
| Margalef 丰富度指数($M$) | 1.26～2.74 | 1.19～2.28 |
| Shannon-Wiener 指数($H'$) | 0.61～1.36 | 0.83～1.29 |
| Pielou 均匀度指数($J$) | 0.25～0.48 | 0.32～0.48 |
| Simpson 优势度指数($C$) | 0.35～0.75 | 0.32～0.38 |

## 四、江苏南通江段仔稚鱼多样性指数

对 2018—2020 年江苏南通江段仔稚鱼物种多样性特征值(表 4-24)分析显

示，调查期间 Margalef 丰富度指数($M$)变幅为 2.08～2.74，Shannon-Wiener 指数($H'$)范围为 0.70～1.48，Pielou 均匀度指数($J$)变幅为 0.24～0.46。各项特征值均呈现增长的趋势，可能由于长江禁渔的实施使渔业资源得到初步恢复，该江段产卵群体数量增多，各物种丰度增大提高了物种的捕获概率。对南、北汊江各项群落多样性特征值进行单因素方差分析，结果显示均无显著差异($P>0.05$)。

表 4-24 江苏南通江段 2018—2020 年仔稚鱼多样性特征值

| 年份 | 南汊江 | | | 北汊江 | | | 总断面 | | |
|---|---|---|---|---|---|---|---|---|---|
| | $M$ | $H'$ | $J$ | $M$ | $H'$ | $J$ | $M$ | $H'$ | $J$ |
| 2018 | 1.86 | 0.762 | 0.28 | 1.92 | 0.59 | 0.21 | 2.08 | 0.70 | 0.24 |
| 2019 | 2.18 | 1.14 | 0.38 | 1.93 | 0.83 | 0.301 | 2.32 | 1.02 | 0.34 |
| 2020 | 2.57 | 1.47 | 0.48 | 2.53 | 1.39 | 0.46 | 2.74 | 1.48 | 0.46 |
| 总年份 | 3.40 | 1.35 | 0.39 | 2.69 | 1.33 | 0.41 | 3.38 | 1.35 | 0.38 |

# 第五章

# 长江下游鱼类仔稚鱼物种特征

# 第一节 · 长江下游仔稚鱼检索表

## 仔稚鱼分类检索表

1－1 蝌蚪形:身体壮硕,头圆且大,身体至肛门后急剧变小

2－1 吻部有明显长须向前伸出;口极大;臀鳍约为全身的一半

—鲇

2－2 吻部有中长须向侧后方伸出;口大;臀鳍较短

—鲿科

3－1 头背部黑色素呈“王”字形排列;尾鳍上有燕尾形黑纹;肛门后肌节数 25 条

—黄颡鱼

3－2 头背部色素和尾鳍色素无明显排列规律;肛门后肌节数 33 条

—瓦氏黄颡鱼

1－2 卵圆形:身体较短;侧视体高明显较大

2－1 吻尖;口裂大,直至眼后缘,上有小齿

—鳜属

1－3 长条形:身体细长如带

2－1 体色呈暗绿色;吻尖且下颌突出于吻端;背部两条黑色虚线;背鳍靠后与臀鳍相对

—间下鱵

2－2 死亡后体色呈乳白色

3－1 背鳍位于身体后半部;臀鳍较短,体圆呈棒状

—银鱼科

4－1 吻尖、扁;腹侧各一列黑色素细胞

—大银鱼

4－2 吻钝,下弧;胸部至肛门每侧可见一列黑色素,肛门至尾基有一列(6 个)黑色素

—陈氏新银鱼

3-2 背鳍靠前,位于身体45%处;臀鳍长,篦刀状,约为背鳍的5倍

—刀鲚

1-4 匀称形:鱼苗头尾匀称,为常见鱼苗形状

2-1 肛门约位于身体中点处;鳔大,呈不规则三角状;臀鳍与第二背鳍相对

—鰕虎鱼科

3-1 鳔上色素呈红褐色

—黏皮鲻鰕虎

3-2 鳔上色素呈灰黑色

—吻鰕虎

2-2 肛门位于身体约1/3处

3-1 身体有明显颜色,有较多色素斑点或较深的颜色;

4-1 头平扁、圆钝;头部与身体分界处体宽变化明显;眼小

5-1 体大;背鳍有凹形缺口;胸鳍末端不超过鳔后端

—铜鱼

5-2 体小;背鳍平滑;胸鳍后伸超过鳔后缘

6-1 头侧有黑色纵纹,横穿眼球,自吻端至听囊

—花斑副沙鳅

4-2 身体呈楔状;头部与身体交界处体宽变化平缓;眼大

5-1 体短粗,全长在体宽的5倍以下

6-1 有3对或3对以上的口须;体侧中线有两行黑色素

—泥鳅、大鳞副泥鳅

3-2 体色透明或极淡一层颜色,有少量色素斑点

—华鳈、似刺鳊鮈

4-1 鳔不明显;胸鳍大而平整,近圆形,宽约等于该处体高

—蛇鮈

4-2 鳔明显;胸鳍较小

5-1 体侧边缘有透明感觉毛

6-1 臀鳍褶长;肛门位于鳔和尾椎骨末端的中点;尾椎骨无黑色素丛

7-1 鳔高与鳔长近乎相等,或大于鳔长

—红鳍原鲌

7-2 头背部隆起；吻部凹陷；鳔一室前钝后尖，5个肌节长度

—翘嘴鲌

7-3 眼大，半边出现黑色素；黑色素带自肠管至肛门

—蒙古鲌

7-4 口下位；鳔呈椭圆形，黑色素自鳔后延伸至尾部

—达氏鲌

7-5 鳔呈卵圆形，鳔高显著小于鳔长

8-1 眼间距较宽；头内部色素呈倒“八”字形

—鳊

8-2 眼间距较窄；听囊与胸鳍间有4～6朵黑色素花，背面观呈V形；体侧有3纵列黑色素

—麦穗鱼

6-2 臀鳍褶短；肛门靠近尾椎骨末端；尾椎骨有黑色素

7-1 体长；尾鳍呈颗粒状辐射纹；鳔一室沿卵黄囊至尾部有1列黑色素

—花鲳

7-2 胸鳍后端以葵扇状伸出；脊椎和消化管背面有2行黑色素细胞

—棒花鱼

7-3 体短小；头钝圆；吻部凹陷；鳔一室呈纺锤形；尾椎骨处有1～2个明显黑色素丛；尾鳍下部出现1朵大黑色素花

—银鮈

5-2 体侧边缘无透明感觉毛

6-1 头部钝圆；体呈圆柱形；鳔呈气泡状，钝端向前；肌节在50个左右

—鳡

6-2 身体肥满；肌节约40个

—四大家鱼

6-3 身体纤细

7-1 胸鳍基部各有黑色素丛，腹面有一条纵行的黑色素

—寡鳞飘鱼

7－2 胸鳍基部无明显黑色素丛

8－1 尾椎骨下方有一大块黑色素；体修长；眼间距狭；鳔位于全长的 2/5 处；肛门靠后

—似鳊

8－2 尾部无明显大黑色素斑

9－1 肩带与眼睛距离小于肩带与鳔的距离；鳔小且呈长圆形

—鲴属

9－2 肩带与眼睛距离大于肩带与鳔的距离

10－1 腹鳍褶大于背鳍褶的 2 倍；鳔大，呈长圆形，与身体两侧相切；体色素较少

—赤眼鳟

10－2 腹鳍褶和背鳍褶高度相等；卵黄囊与肌节之间有一列点状色素带，体色素较多

—鲤、鲫

## 第二节 · 长江下游主要仔稚鱼种类的形态特征

### 一、刀鲚 *Coilia nasus* (Temminck et Schlegel, 1846)

刀鲚（*Coilia nasus*）属鲱形目（Clupeiformes）鳀科（Engraulidae）鱼类。根据其生活类型主要可分为淡水定居型和江海洄游型。长江洄游型刀鲚属于典型的溯河洄游鱼类。据历史资料报道，长江洄游型刀鲚从每年 2 月就开始集群并形成一定规模洄游，沿长江逆流而上进入各产卵场，持续时间较长，直至 9 月仍能发现零星洄游个体。长江下游刀鲚洄游群体的繁殖期多集中于每年的 5—8 月，部分繁殖期可以延长至 9 月。长江刀鲚溯河洄游，产浮性卵，卵内具有油球。刀鲚仔稚鱼整个发育时期躯干修长、侧扁，背部较为平直，口位斜；身体细长，体型类似于银鱼，但肛门后的肌节数目显著多于银鱼，肌节数为 16＋23＋38。头部扁平，眼较大、易脱落，口裂较大，胸鳍鳍褶为半圆形，卵黄囊呈泡状；通体色素较少，无鳔，消化道高度约占体高的 38%，吻端至肛门的躯干长度约占全长的 74%，肛门后的躯干部较细长，肌节数较多，鳍褶连续、较脆弱。随着进入脊索弯

曲前期，体形细长，色素较少，肌节数较多，背鳍较银鱼靠前，背鳍起点约位于躯干前45%处。头部呈长方形，头长约为头高的1.6倍，眼高约占头高的37%，吻部较尖；鳔不明显，消化道较长，密布纵纹，吻端至肛门的躯干长度约占全长的73%，背鳍开始发育，背鳍起点较银鱼靠前，肛门后的躯干部细长，脊索未发生弯曲。随着发育，脊索上弯，头背部开始隆起，此时略有色素沿消化道分布，但颜色较浅，尾鳍、臀鳍也出现分化隐约可见，此时的尾鳍像一个展开的圆形扇，尾部脊索略向上弯曲。当进入脊索弯曲后期，识别特征类似于脊索弯曲中期仔鱼，但躯体开始向上弯曲。头部呈楔形，头背部显著隆起，通体色素较少，背鳍基部有肉质隆起，消化道较高且密布纵纹；背鳍短小，位于身体前半部分，臀鳍较长、分支鳍条很多，尾鳍很小、不分叉。到稚鱼期时刀鲚身体细长，侧扁，呈弯刀状；腹面有锯齿；尾鳍不分页，上缘较长，下缘较短，呈刀尖状，基部有点状色素密布。刀鲚仔稚鱼各阶段发育特征如图5-1所示。

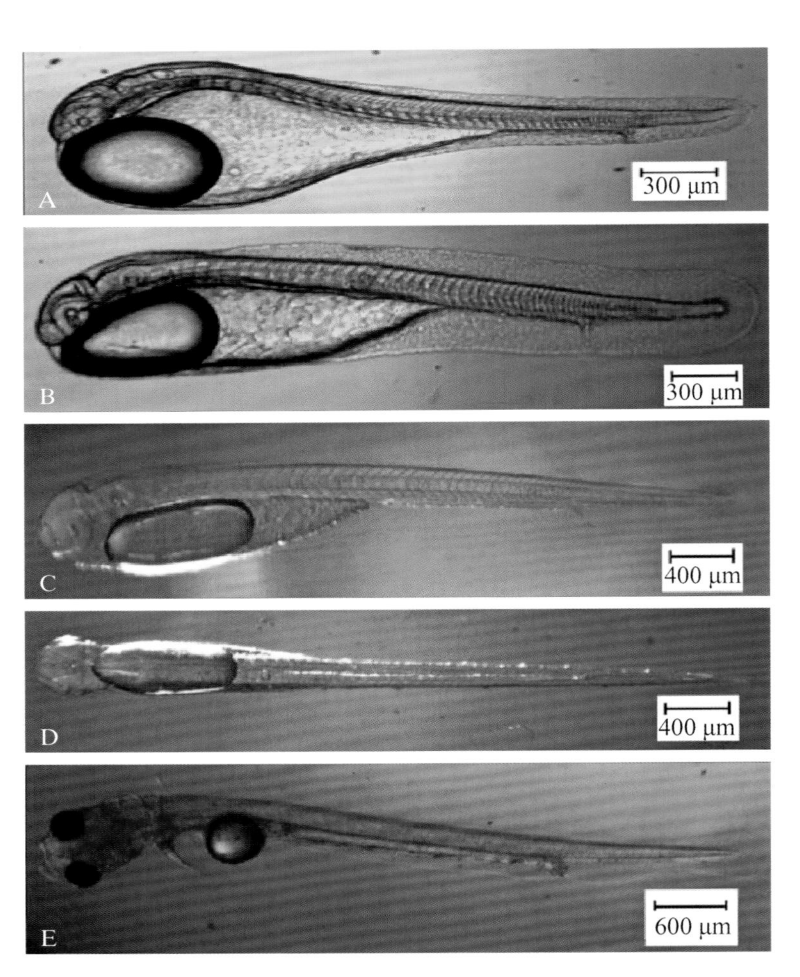


图5-1
刀鲚仔稚鱼各阶段发育特征
（引自徐钢春）

A. 初孵仔鱼；B. 2日龄仔鱼；C. 3日龄仔鱼；D. 3日龄仔鱼背面观；E. 8日龄仔鱼

## 二、间下鱵 *Hemiramphus intermedius* (Cantor, 1842)

间下鱵(*Hyporhamphus intermedius*)属颌针鱼目(Beloniformes)鱵科(Hemirhamphiade)鱼类。该物种为中上层小型鱼类,以水体中浮游动物为食。多分布于长江中下游水域,尤其长江下游水域及附属湖泊等。繁殖期为5—8月,高峰期在长江水体不同江段存在一定的差异性。间下鱵卵黄期的下颌暂无明显特征,但身体色素已经开始出现,尾鳍透明但隐约可见呈圆扇形;随着进入脊索弯曲前期,有别于大多鱼类的侧扁,间下鱵较为立体,与银鱼体形相似、呈棒状,但没有银鱼修长与纯净,身体色素较多,颜色加深,仔细观察躯干有一些色素包裹,色素多集中于两个区域,背上沿头部一直延伸至尾鳍色素大小较不规则,消化道上侧密集分布黑色素延伸至肛门,鳔一室,眼径大、约占头高3/5,此时尾鳍呈蒲扇状,臀鳍的弧度高于背鳍发育程度,下颌微微前倾并有伸出的趋势;进入脊索弯曲后期,下颌明显长于上颌,呈针状向前伸出,下颌上具色素,身体也呈现出明显的上中下三行色素,背鳍和臀鳍对称分布,但臀鳍依然高于背鳍。间下鱵稚鱼期特征明显,易辨认。间下鱵仔稚鱼各阶段发育特征见图5-2。

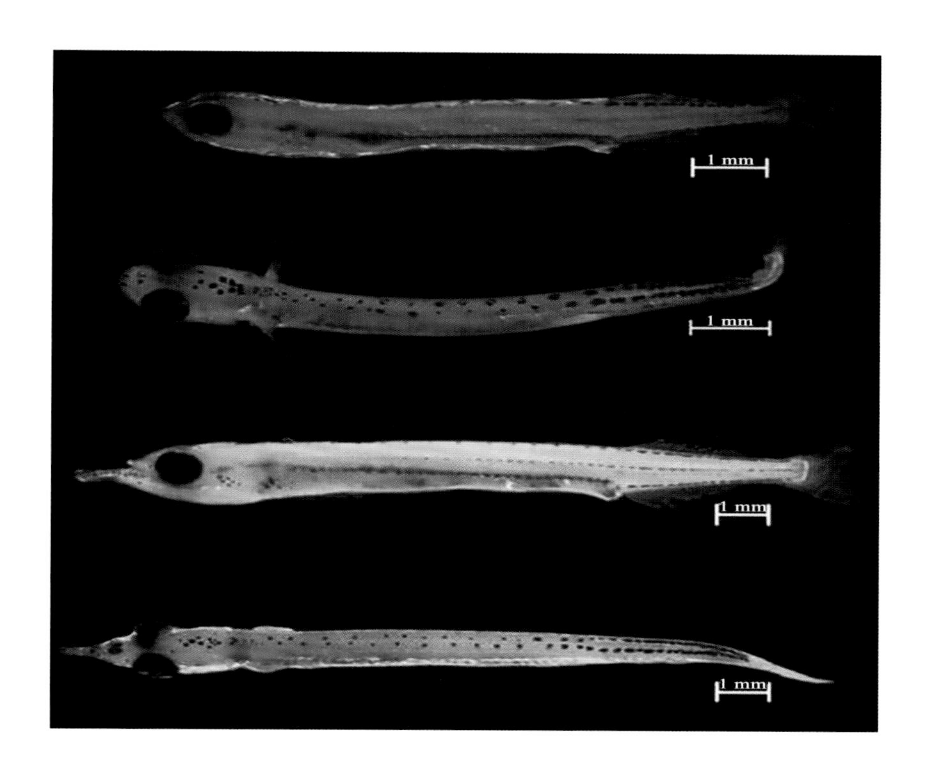


图5-2
间下鱵仔稚鱼各阶段发育特征

## 三、陈氏新银鱼 *Neosalanx tangkahkeii* (Chen 1956)

陈氏新银鱼(*Neosalanx tangkahkeii*)产卵多集中于春季(3—5月)和秋季

(9—11月)。产卵场存在于底质为沙石、水草的浅水区。陈氏新银鱼出膜胚胎躯体细长,鳍尚未显露;发育至头部伸直,卵黄囊腹面有两列黑色素。相较于大银鱼,该种类头短钝、扁平,口中大,背鳍的末端与臀鳍的起始位置对称相连,前部圆筒形,后部侧扁。陈氏新银鱼仔稚鱼发育特征见图5-3。

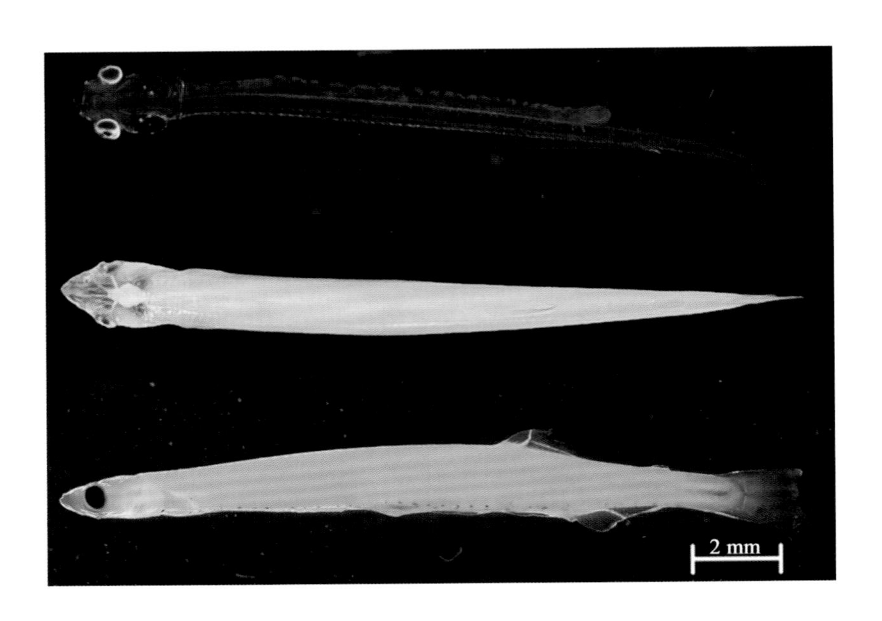


图5-3
陈氏新银鱼仔稚鱼发育特征

## 四、贝氏䱗 *Hemiculter bleekeri*(Warpachowski, 1887)

贝氏䱗(*Hemiculter bleekeri*)属鲤形目(Cypriniformes)鲤科(Cyprinidae)鱼类。贝氏䱗繁殖持续时间较长,4—8月甚至到9月中旬仍能采集到贝氏䱗仔稚鱼,其高峰期集中在5—6月。贝氏䱗产漂流性卵,刚孵化出膜时通体透明。卵黄囊期,体型细小,通体半透明,肌节数9+19+15,无色素,卵黄囊均质、呈透明状,头部前端半圆形,眼前缘的吻端具凹陷,眼上缘的头部有隆起,眼大,眼高约占头高的37%,吻端至肛门的躯干长度约占全长的69%,背部鳍褶较长、连接至尾端。脊索弯曲前期,特征类似于卵黄囊期仔鱼,体形细长,色素主要集中于鳔上缘和消化道上,腮后缘也有零星分布,胸鳍基部有"八"字形色素。脊索弯曲后期,头背部隆起、呈弧形,吻部变尖,肌节数28+14;通体色素较少,零星分布于消化道处;尾鳍分化出鳍条、尚不分页;体形细长、侧扁;色素仅分布于头背部和躯干背部,体侧仅侧线处明显;鳍条数与成鱼无异;鳔两室,前小后大,均呈棒状;体侧色素主要分布于上下颌、眼后缘的鳃盖处、侧线及臀鳍基部。稚鱼期,体形细长、侧扁;色素仅分布于头背部和躯干背部,体侧仅侧线处明显;头部呈三角形,上下颌等长,端口位;鳔两室,前室小、后室大,均呈棒状;体侧色素主要分布于上下颌、眼后缘的鳃盖处、侧线及臀鳍基部,鳔上缘和消化道颜色较深;背鳍、臀鳍和腹鳍均细小，且鳍条已分化；尾鳍长、高约相等，尾叉较深。贝氏䱗仔稚鱼各阶段发育特征见图 5-4。

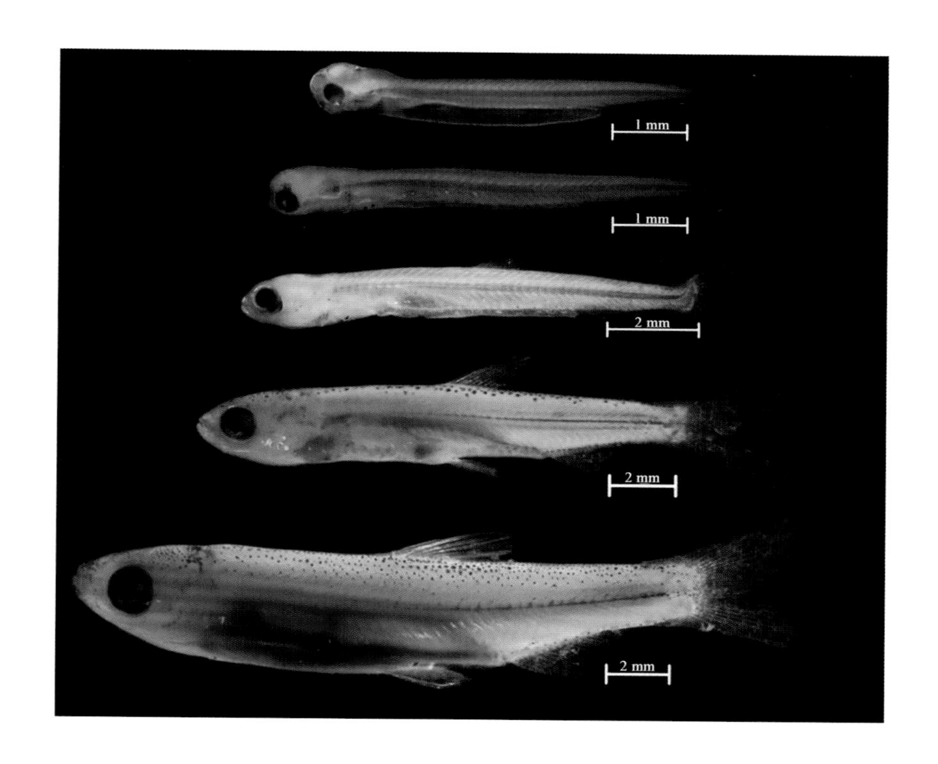


图 5-4
贝氏䱗仔稚鱼各阶段发育特征

## 五、䱗 *Hemiculter leucisculus* (Basilewsky, 1855)

䱗(*Hemiculter leucisculus*)属鲤形目(Cypriniformes)鲤科(Cyprinidae)鱼类。䱗繁殖持续时间长，产浮性卵，在长江下游的调查期间(4—8 月)均能采集到，产卵高峰期正值夏季。处于胚胎期的仔鱼，身体包裹在形似“杵”的卵黄囊上，躯干笔直，此时鳍条和眼点还未显现分化，仅在尾部有一圈隐约可见的“鳍”的雏形。卵黄囊期，卵黄囊由黄色逐渐变淡，“杵”状也悄然消失，肠管变得透明，头部向上隆起明显，脊椎骨和肌节清晰可见，背部约 1/2 处出现凹陷，尾鳍也渐张开。随着卵黄囊的持续消耗吸收逐渐进入脊索弯曲期，此时眼点明显大于卵黄囊期。脊索弯曲前期，脊椎向下还不太明显，但头部向上隆起已消失，到弯曲期时尾椎可见明显下弯，尾鳍也更加清晰可见，沿尾椎基部辐射展开，沿身体一侧的尾鳍轮廓更明显，此时鳔在镜下已清晰可见，色素在鳔上缘和肠管上分布。脊索弯曲后期，整个脊椎向下弯曲、似月牙，肌节和鳔清晰分认，鳔呈椭圆形，尾鳍内凹、有分上下两页趋势，吻相比弯曲期时更尖一些。稚鱼期，䱗肠道内容物明显增多，身体色素成行排列，主要集中在头部、沿脊索和腹部排列，鳍条轮廓已接近幼鱼，但此时鳞片尚未形成。䱗仔稚鱼各阶段发育特征见图 5-5。

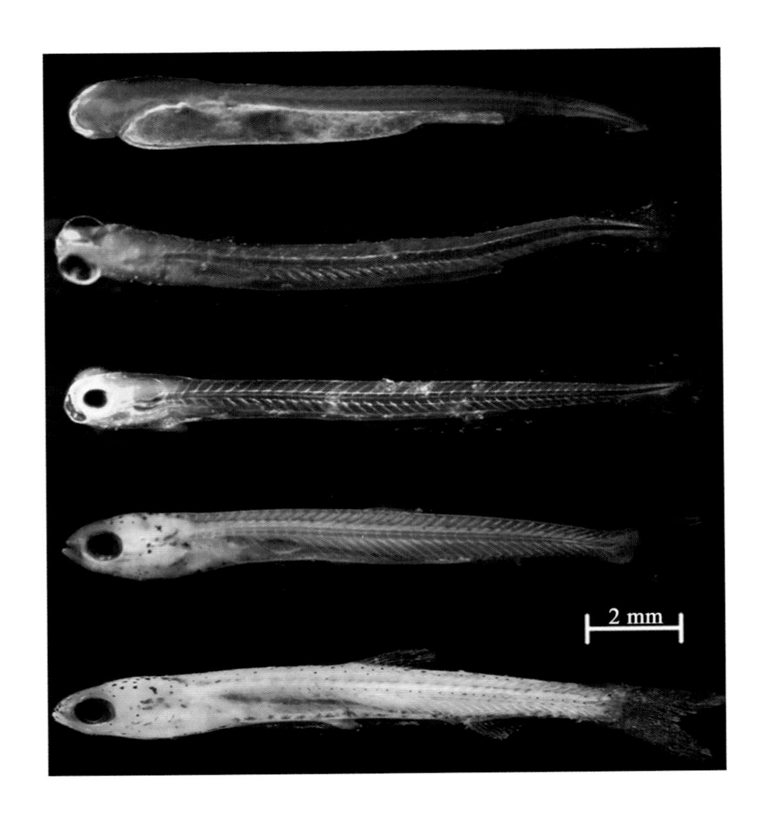


图 5-5
鳘仔稚鱼各阶段发育特征

## 六、寡鳞飘鱼 *Pseudolaubuca engraulis* (Nichols, 1925)

寡鳞飘鱼（*Pseudolaubuca engraulis*）属鲤形目（Cypriniformes）鲤科（Cyprinidae）鱼类。寡鳞飘鱼繁殖期在5—8月，高峰期集中在6—7月，产漂流性卵。寡鳞飘鱼卵黄囊期仔鱼沿头部向后逐渐变窄，头部较大，吻钝，身体沿脊椎笔直。随着卵黄囊逐渐消失，身体变得更加修长，脊索有略向上弯曲，黑色素沿眼点下缘向脊索分布一行黑色素，肛门后的躯干部分肌节数较多，躯干部透明，色素较少，消化道上缘也有零星色素，鳔一室，肠道折叠被腹膜包裹。脊索弯曲期，仔鱼头部特征类似于卵黄囊期仔鱼，躯干部变厚；头长约为头高的1.4倍；躯干部分变高、变厚，不再透明；鳔一室，不明显；通体色素很少，脊索开始向上弯曲，脊索下缘出现星芒状的雏形尾鳍条。脊索弯曲后期，仔鱼上下颌等长，口裂小，端口位，肛门以后躯体占全长比例较大，背鳍起点较靠后；头部长高比进一步变大，吻部变尖，通体色素较少，主要集中于头背部；鳔两室，后室末端细长，背鳍起点较靠后，臀鳍三角形，已形成鳍条，腹鳍尚未分化出鳍条，尾鳍发育不完善。稚鱼期，形态识别特征类似于脊索弯曲后期仔鱼，头背部色素明显。头部呈半梭形；通体色素较少，主要集中于眼后缘的头背部和臀鳍基部；鳔两室，前室短小，后室狭长，呈三角形；摄食明显，消化道前端膨胀；腹鳍已形成、鳍褶尚存，背鳍较小、鳍条数较少，臀鳍鳍条数较多，尾鳍鳍条分化完全，尾叉很浅、呈弧形。寡鳞飘鱼仔稚鱼各阶段发育特征见图 5-6(1)。

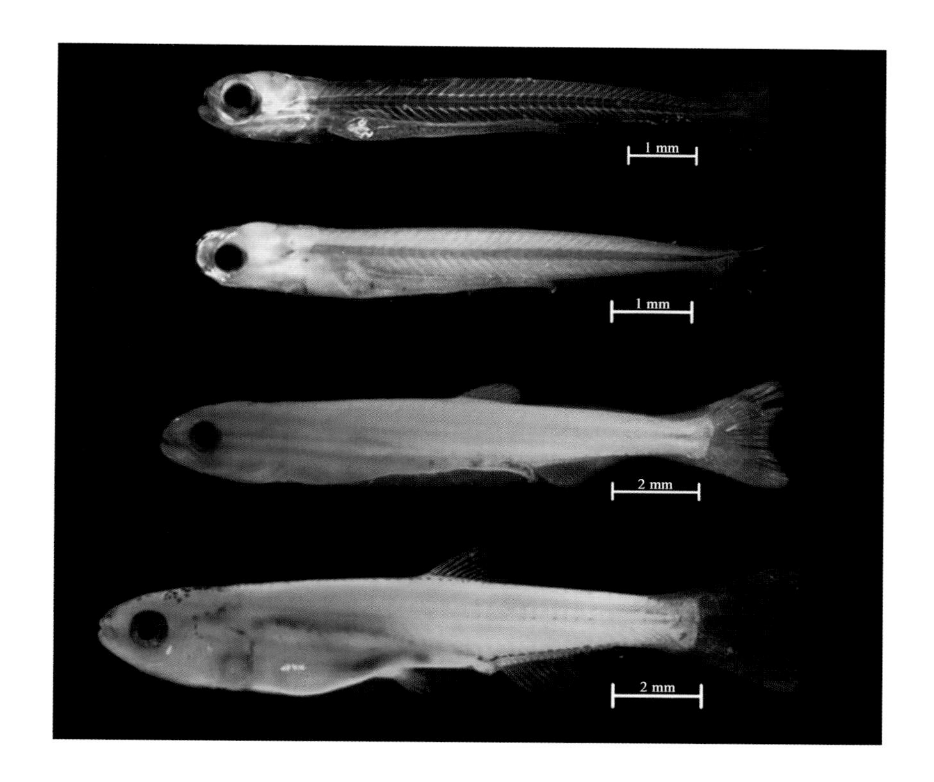


图 5-6(1)
寡鳞飘鱼仔稚鱼各阶段发育特征

飘鱼(*Pseudolaubuca sinensis*)属鲤形目(Cypriniformes)鲤科(Cyprinidae)鱼类。产卵期为5—6月,产黏性卵。飘鱼在仔鱼期的主要特点:背鳍起点于全长中位,较靠近肛门,尾鳍如蒲扇,肠皱褶较密;脊索弯曲期,仔鱼黑色素在肠道呈点状分布,眼点大。飘鱼仔稚鱼各阶段发育特征见图 5-6(2)。

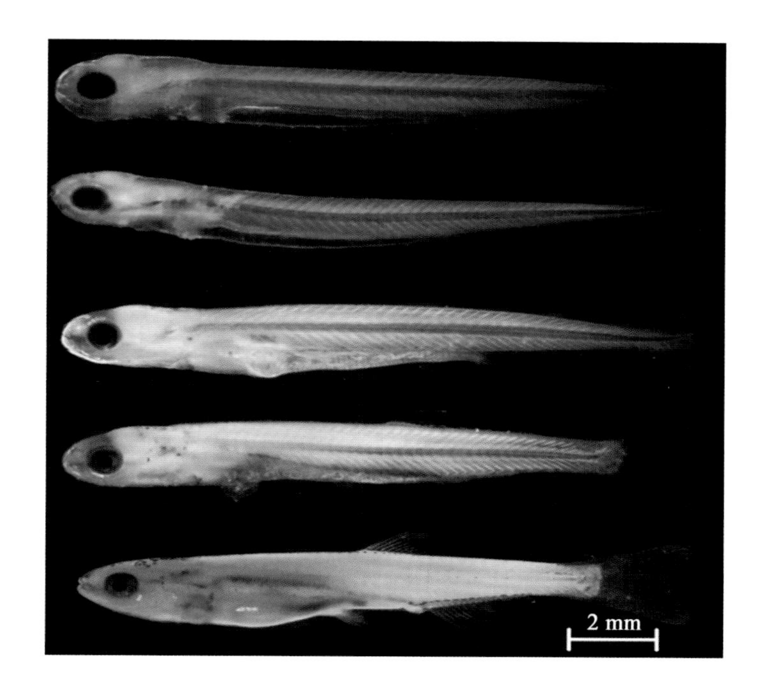


图 5-6(2)
飘鱼仔稚鱼各阶段发育特征

## 七、鳊 *Parabramis pekinensis* (Basilewsky, 1855)

鳊(*Parabramis pekinensis*)属鲤形目(Cypriniformes)鲤科(Cyprinidae)鱼类。繁殖期持续时间较长，在长江下游水域繁殖期在4—8月，盛期在6—7月。鳊卵黄囊期，眼相对较大，头背部略隆起，卵黄囊半透明，色素较少。随着卵黄囊基本消耗殆尽，眼大，鳔一室并充气；肠管出现褶皱，已可摄食，肠道内可见食物碎片；在体侧下部沿肠管至尾褶后部有色素分布，尾褶下部也有一大色素花，头部色素从背面观呈两个倒"八"字。稚鱼期，肛门以前身体颜色较深，沿脊索色素分布明显；鳍条分化完整。鳊仔稚鱼各阶段发育特征见图5-7。

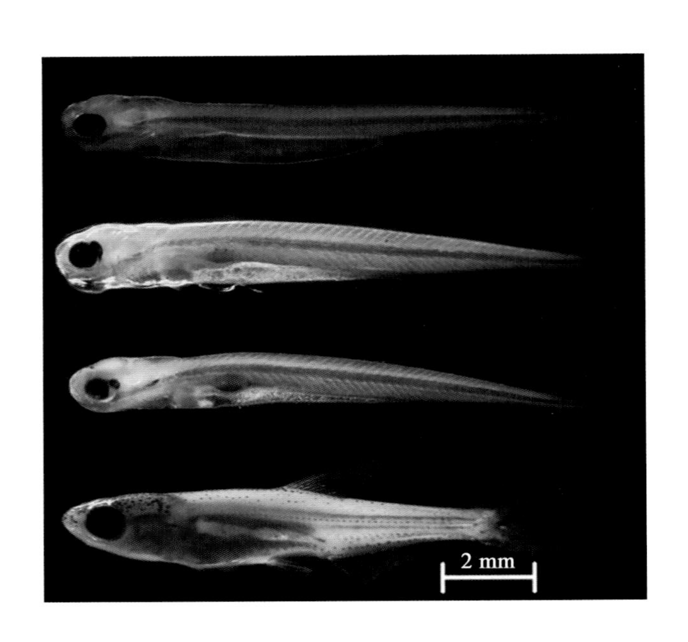


图5-7
鳊仔稚鱼各阶段发育特征

## 八、似鳊 *Pseudobrama simony* (Bleeker, 1864)

似鳊(*Pseudobrama simony*)属鲤形目(Cypriniformes)鲤科(Cyprinidae)鱼类。似鳊繁殖持续时间较长，多集中在5—6月，江湖洄游性鱼类，喜食藻类和植物碎片，偶尔也以枝角类、桡足类及甲壳动物为食。似鳊出膜初期，游动缓慢、震动型运动模式。脊索弯曲前期体形细长，类似于贝氏䱗，但个体较小，肌节数9+18+13。体长约为体高的10倍，头部呈长方形，头长为头高的1.8倍，吻端较钝，眼高约占头高的45%；通体半透明，几乎无色素，消化道细长，吻端至肛门的躯干部约占全长的70%，肛门后逐渐变细，鳍褶连续，脊索未弯曲。随着发育鳊仔鱼体形变得细长，头部向腹面弯曲，头部至肛门的躯干部分高度几乎相同，肌节数27+13。吻部变尖；鳔一室，极狭长，约占5个肌节长度；体侧色素仅分布于消化道腹面，呈点状；已开口摄食，但消化道不膨胀；吻部至肛门的躯干长占全长的73%；脊索开始向上弯曲，下缘出现尾鳍条的雏形。脊索弯曲后期，身体长度与高度比显著缩小，躯干部色素很少，眼后缘至胸鳍呈淡红色，鳔很大。头部背腹面均呈弧形，与吻端连成三角形，眼径约占头长的29%，头长约为头高的1.5倍；头部色素主要分布于上下颌、眼后缘和头背部，躯干部的色素仅分布于臀鳍基部和消化道内部；吻端至肛门的躯干占全长的57%，鳔两室，均宽大，后室较长；各鳍均分化出鳍条，尾鳍长约等于尾高，上下页等长，尾叉不深。似鳊稚鱼期鳔在身体中点略后，背鳍中位，眼后方有色素堆积，吻钝。似鳊仔稚鱼各阶段发育特征见图5-8。

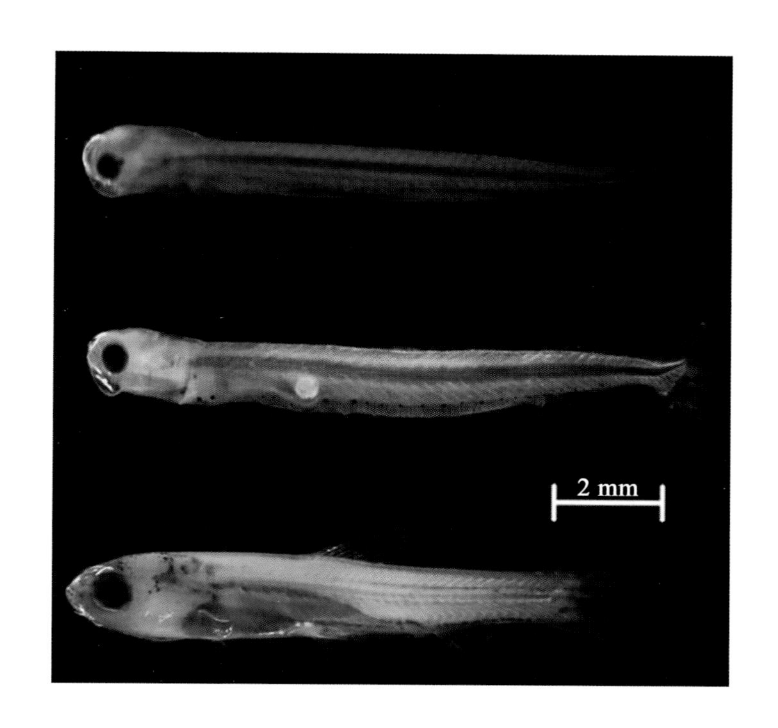


图5-8
似鳊仔稚鱼各阶段发育特征

## 九、青鱼 *Mylopharyngodon piceus*（Richardson, 1846）

青鱼（*Mylopharyngodon piceus*）属鲤形目（Cypriniformes）鲤科（Cyprinidae）鱼类。一般在4月下旬至7月中旬繁殖，比草鱼、鲢稍迟，产卵场选择与草鱼类似，要求一定的流水及水温条件。产漂流性卵，吸水膨胀后卵膜径多为4.9～6.0 mm，卵黄径为1.5～1.7 mm，卵黄为篾黄色，细胞深黄色，原生质网灰黄色。出膜胚胎时，卵黄囊前部宽大、后部尖细，整体呈锥形，末端呈蓝灰色。鳔呈雏形状，口位于正前方，卵黄囊呈棒状，吻部背面轮廓呈弧形，体侧有一行色素，自卵黄囊前端沿肠管直达尾静脉，肉眼可见一条浓黑色素（比草鱼深），在尾静脉后部的鳍褶上有一朵大且黑的色素花。仔鱼期肌节数为8+18+15，鳔充气，已开始摄食,部分个体卵黄囊尚有残余、呈长条状。躯干部在背褶起点处略隆起,头顶色素背面观呈倒"八"字形,实际由听囊及鳃部各一行色素及胸鳍基部前上方的大色素花组成;"青筋"更显著,脊索末端下方的大黑色素花随后连接零散的色素。青鱼仔稚鱼各阶段发育特征见图 5-9。

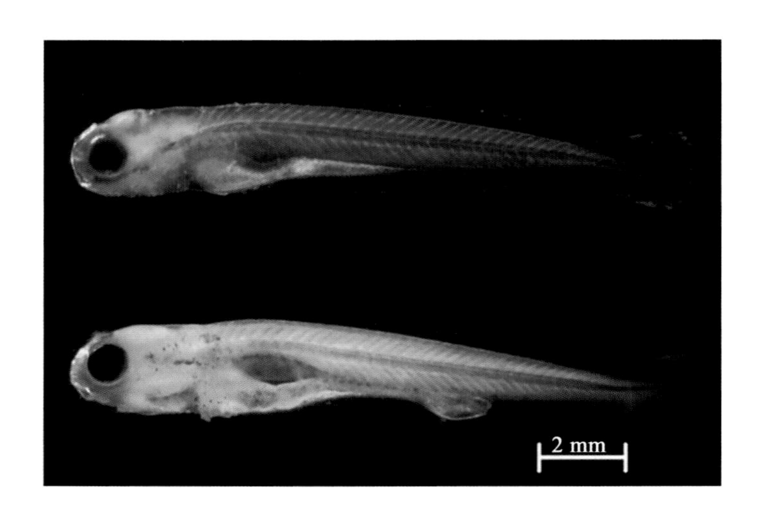


图 5-9
青鱼仔稚鱼各阶段发育特征

## 十、草鱼 *Ctenopharyngodon idellus*(Valenciennes, 1844)

草鱼(*Ctenopharyngodon idellus*)属鲤形目(Cypriniformes)鲤科(Cyprinidae)鱼类。草鱼繁殖期在 4 月下旬至 7 月上旬。卵黄囊期,草鱼体型较其他种类仔鱼粗壮,肌节数为 10+20+15;通体淡黄色,色素很少,头部较大,头高近似于头长,头部高度略小于体高;头后的躯干部分体高和体宽达到最大值;鳔一室、椭圆形、较大,占 6~7 个肌节长度;卵黄囊前端较粗、后端细长,吻端至肛门的躯干长约占全长的 68%;肛门后躯干部逐渐变细至尾端,鳍褶连续、未分化,尾鳍褶为扇形。脊索弯曲前期,草鱼头部吻端钝圆,头后的躯干部体高最高,听囊明显、内部有成对的耳石;胸鳍基部具色素,躯干前半部分为淡黄色、后半部分半透明;吻端到肛门的躯干长约占全长的 70%;鳔一室,细长,两端变尖;鳍褶连续,各鳍条均未分化;脊索尚未弯曲。稚鱼期,草鱼躯干圆筒状,吻部较钝,点状色素均匀分布于体侧和背部,各鳍分化完全;头部呈半椭圆形,头背部色素丰富,吻端较钝,口裂大;眼高约为头高的 47%,吻端至肛门的躯干长度约为全长的 62%,消化道前端极度膨胀,腹鳍以后变细,腹部色素较少;各鳍发育基本完善;尾鳍长约等同于尾鳍高,上下叶等大,尾叉不深。草鱼仔稚鱼各阶段发育特征见图 5-10。

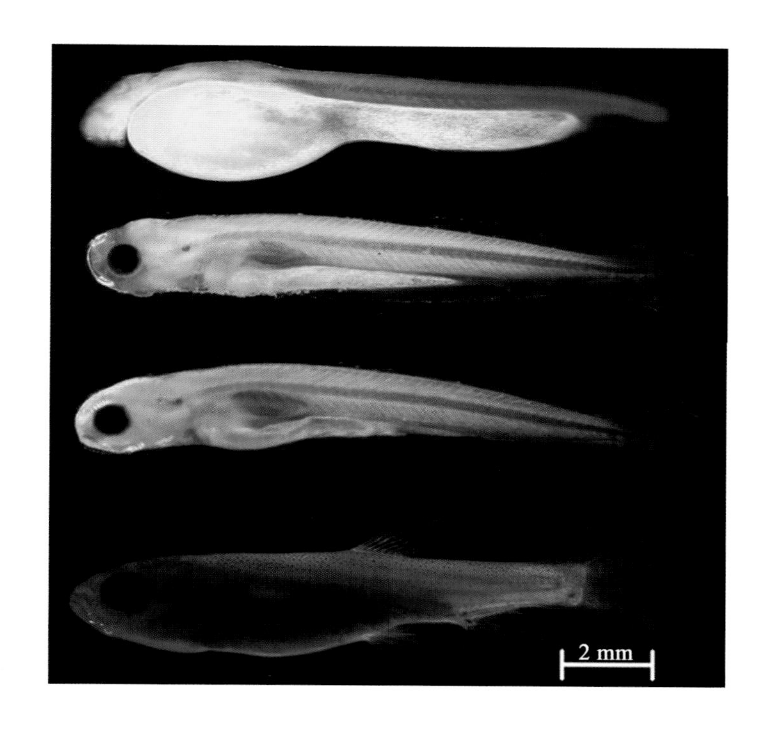


图 5-10
草鱼仔稚鱼各阶段发育特征

## 十一、鲢 *Hypophthalmichthys molitrix* (Valenciennes, 1844)

鲢（*Hypophthalmichthys molitrix*）属鲤形目（Cypriniformes）鲤科(Cyprinidae)鱼类。江湖洄游性鱼类，繁殖期为5—8月，溯河产卵，产漂流性卵。刚孵出的仔鱼无色素分布，躯干部肌节数25～26对，尾部接近为全长的1/3。呼吸器官为古维氏管和尾下静脉。脊索弯曲前期，通体淡黄色，身体前半部分较为粗壮，色素在"四大家鱼"中最丰富，肌节数为8+16+15；吻端呈半圆形，眼较大；眼高约占头高的50%，吻端至肛门的躯干长度占全长的65%，头长约占全长的19%；鳔一室，梭形，约5个肌节长度；卵黄囊未完全吸尽；色素富集于鳔上缘和消化道上缘，并沿臀鳍基部至尾端围绕脊索末端分布。此外，色素呈星芒状弥散分布于头背部和体侧轴线以上，尾部鳍褶呈截形。脊索弯曲期，点状色素密布于全身，颜色显著深于其他相同发育期的种类；体形细长，头部高度已经超越躯干部；头部向腹面弯曲，通体密布点状色素，头背部和体侧轴线以上色素点较大，腮部的色素呈多列弧形分布；吻部变尖，鳔一室、纺锤形，消化道内出现食物残留，吻端至肛门的躯干长约占全长的67%；脊索开始弯曲，下缘出现星芒状尾鳍条雏形。脊索弯曲后期，点状色素密布于全身，颜色显著深于其他种类，眼后缘的头背部出现隆起，躯体长度与高度比减小。此期侧线以上的体侧和背部色素较密集，颜色较深，消化道上的色素花较大，吻端至肛门的躯体长度占全长的68%，鳔一室、长梭形；背鳍、尾鳍和臀鳍开始分化出鳍条雏形，但各部分鳍褶仍存在。稚鱼期，头部显著高于躯干部，体型近似于成鱼，通体颜色较深；头长约为头高的4.4倍，背鳍以前的躯干部显著高于背鳍以后；大型点状色素密集于头背部和侧线以上的躯干背部，侧线以下色素点较小，侧线上的色素沿肌节呈箭头状分布；消化道颜色较深，摄食明显，腹鳍之前的消化道显著膨胀；尾长约等于尾高。鲢仔稚鱼各阶段发育特征见图5-11。

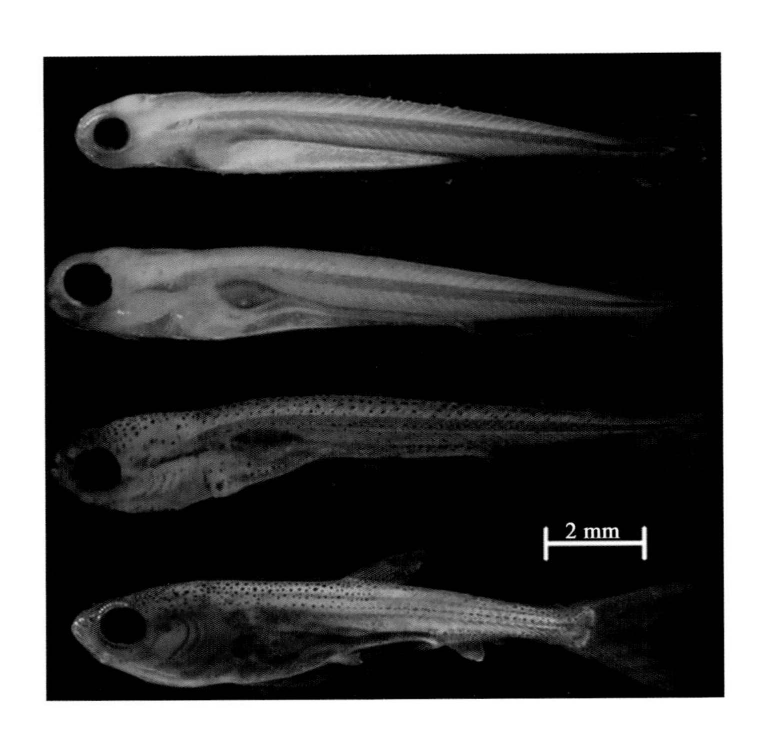


图5-11
鲢仔稚鱼各阶段发育特征

## 十二、鳙 *Aristichthys nobilis* (Richardson, 1845)

鳙(*Aristichthys nobilis*)属鲤形目(Cypriniformes)鲤科(Cyprinidae)鱼类。江湖洄游鱼类，溯河产卵，产漂流性卵。刚孵出的仔鱼长度为7～8 mm，较鲢苗粗壮，躯干部肌节为24～25对，尾部较长、接近全长的1/3。孵出后2～3天，全长7.5～9.3 mm，头圆，眼间距宽，体侧出现稀疏而呈花状的黑色素；尾静脉细小，与青鱼、草鱼仔鱼尾静脉有明显的不同。孵出后4～6天，鳔1室，肌节数为7+15+15，卵黄尚未吸尽，即开始摄食；腹鳍褶和臀鳍褶均有黑色素，尾鳍褶下叶有弧状黑色素。鳙仔稚鱼各阶段发育特征见图5-12。

## 十三、鲫 *Carassius auratus* (Linnaeus, 1758)

鲫(*Carassius auratus*)属鲤形目(Cypriniformes)鲤科(Cyprinidae)鱼类。繁殖期在长江上游为3—5月，在长江中下游为4—6月，繁殖开始时间较其他种

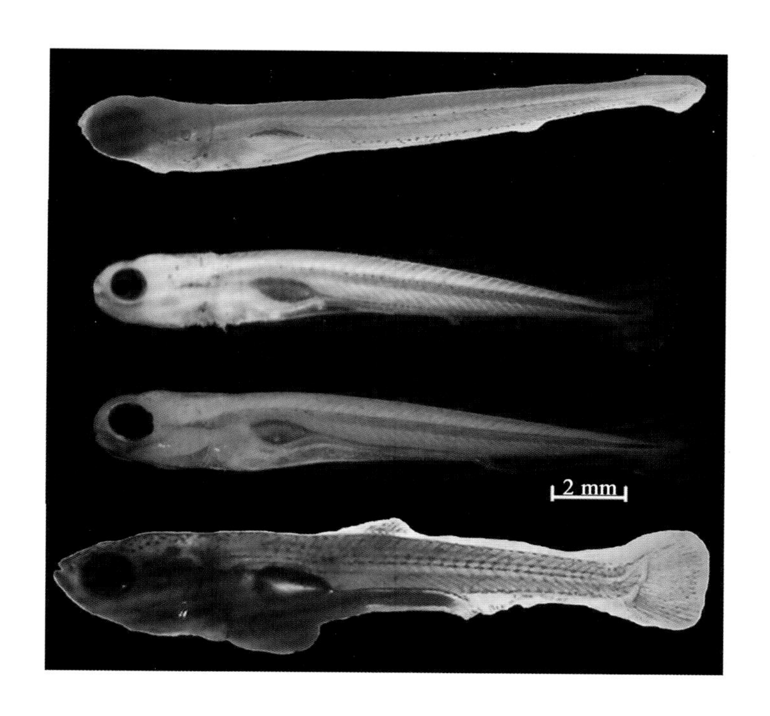


图 5 - 12
鳙仔稚鱼各阶段发育特征

类早。初孵仔鱼，头部和身体背部有少量黑色素；卵黄囊位于身体前端，大而呈椭圆形，半透明，内有黄色的卵黄颗粒，没有油球；消化管无色透明、细长，末端90°弯曲；头尾向卵黄囊弯曲，脊索稍弯曲；背鳍及尾部有较窄的鳍褶，无色透明；没有口裂。脊索弯曲前期，头向卵黄囊方向弯曲；卵黄囊明显缩小，卵黄囊后端渐渐向尾部伸展，前端呈椭圆形、后端呈棒状；鱼体形似蝌蚪，鱼体透明，身体的背部有黑色斑点，且以头部较多；眼点色素增加，颜色变深；口裂没有形成，鳍褶增大，尾鳍不分叉，鳔还未出现，肠管加粗。脊索弯曲期，卵黄囊明显变小，长度随身体的生长而加长；口已开张，胸鳍原基形成，鳔已形成，用肉眼即可观察到胸腹部脊索下方、卵黄囊上方有一个椭圆形的亮点；身体色素增加，鳍条未形成。脊索弯曲后期，卵黄囊继续缩小；鳔膨大，但没有分室；全身颜色加深，透明度开始降低；奇鳍褶均有所增大，胸鳍原基进一步发育、呈叶状；消化管直而细长，末端呈90°弯曲。稚鱼期，卵黄囊几乎完全吸收，由椭圆形变成细长条状或棒状；鳔继续增大，仍未分室；全身颜色继续加深，透明度明显降低，在显微镜下呈淡黄色，在水中观察鱼体呈淡灰色，且由头部向尾部颜色逐渐变淡。鲫仔稚鱼各阶段发育特征见图 5 - 13。

## 十四、鲤 *Cyprinus carpio*(Linnaeus, 1758)

鲤(*Cyprinus carpio*)属鲤形目(Cypriniformes)鲤科(Cyprinidae)鱼类。产卵期在长江中下游为 4—6 月，在长江上游为 3—5 月，相对大多种类的繁殖时间

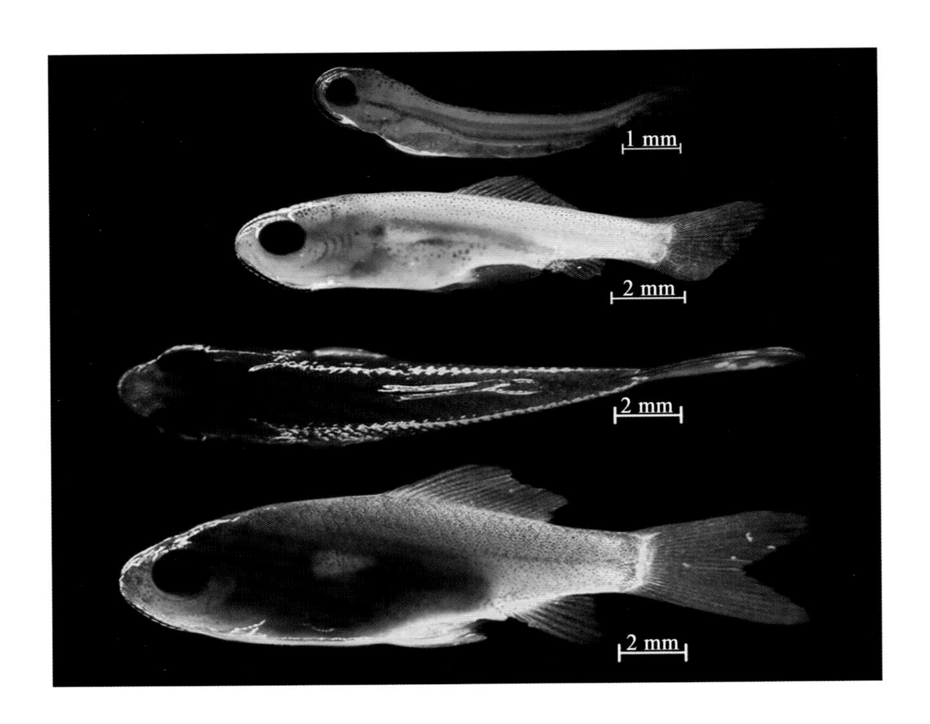


图 5-13
鲫仔稚鱼各阶段发育特征

开始较早，但数量较少。产黏性卵，在河流及湖泊中均可产卵。吸水膨胀后卵膜径为 1.4～1.8 mm，卵径为 1.20～1.45 mm，卵膜较坚韧、微泛黄色，在水温 20.5～24.6℃时，仔鱼经 53 h 孵出。初孵仔鱼的胚体前部散布有星状细胞，密布于眼球各部以及耳囊以前的部位；尾鳍褶细小、不发达；胸鳍上翘，腹褶出现，眼色素变深；下颌原基出现，口凹形成，尾鳍褶向体前端延长，鳃丝出现，下颌形成；鳔一室，其周围色素细胞密集；棒状卵黄囊上有一排色素，另外在脊索的背方有零星的色素；尾鳍鳍膜褶变宽，并向前延伸至鳔的末端；卵黄囊继续缩小，呈细棒状，前钝后尖，两侧星状色素细胞排列成 2 列，肛门前鳍褶已延伸到鳔中央。脊索弯曲前期，背鳍分化，头背方从眼球后方至耳囊前有零星点状色素和 2 个星状色素细胞色减淡，嗅囊上有 2 个较大的色素细胞，背鳍条原基出现，肛门前腹鳍膜上有色素沉积。脊索弯曲期，臀鳍原基出现，头部色素加深，腹鳍原基出现、位于背鳍最前端正下方，鳔前室充气，肌节呈“W”形排列。脊索弯曲后期，全身背面皮肤中的黑色素细胞收缩为圆点状，鳍条上色素较淡并成排排列，鳔前室呈椭圆形，腹方肌节色素细胞变大(星状)，头部色素较多且分散(星状)。出膜 19 天时，背鳍和腹鳍形成；体侧腹方色素细胞密集，星状，较大，成一排，靠近肛门处侧线出现。鳞片形成期后，鳞片出现，腹褶完全消失，腹鳍形成。幼鱼期，体色素加深，体色淡黄，吻须原基出现，鳞被覆盖完毕。鲤仔稚鱼各阶段发育特征见图 5-14。

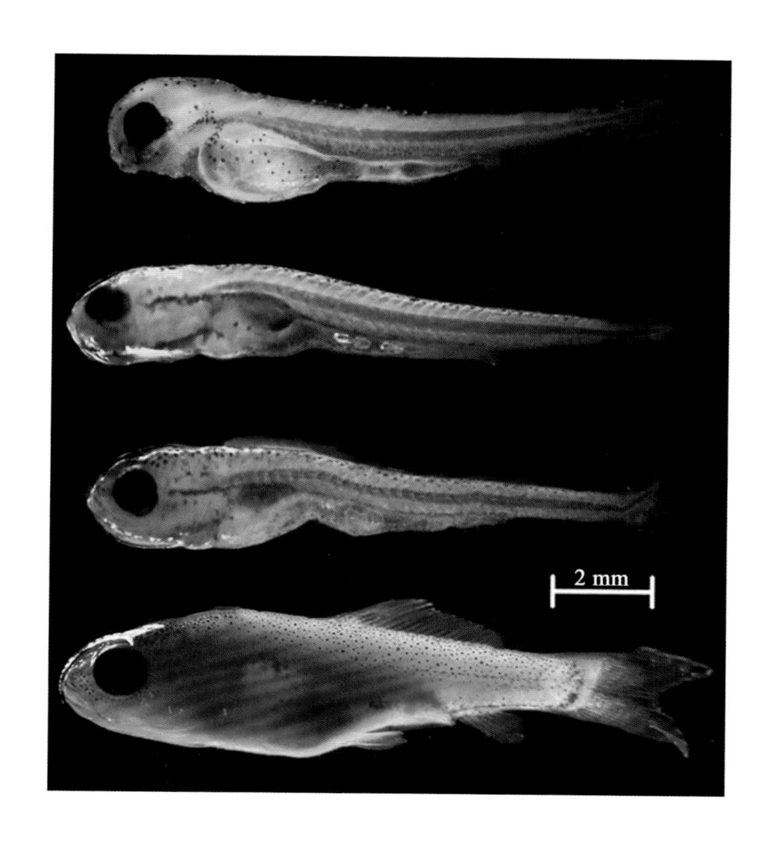


图 5-14
鲤仔稚鱼各阶段发育特征

## 十五、鳡 *Elopichthys bambusa*(Richardson, 1845)

鳡(Elopichthys bambusa)繁殖期为5—7月,5月为高峰期,江湖洄游性鱼类,产漂流性卵。卵黄囊期,体形极细长,仔鱼肌节数明显多于其他种类,吻端至肛门的躯干长占全长的比例较高;身体圆柱形,细长,淡黄色,无色素,肌节数为13+25+15;头部钝圆,头长与头高近似相等;眼中等大小,眼高约占头高的42%;吻端至肛门的躯干部较长,约占全长的74%;卵黄囊较粗大,半透明状,约占全长的56%;鳔不明显;肛门以后躯干部逐渐变细;尾鳍褶扇形,无上下叶分化。脊索弯曲期类似卵黄囊期,但吻部变尖,鳔形成;身体细长,无色素;头部至吻部变尖,头长约为头高的2倍;眼圆形,眼径约占头长的23%,头部至肛门的躯干部较长,消化道细长;鳔位于消化道前端、气泡状,约占5个肌节长度;肛门以后的躯干部细长;尾鳍扇形,分化为等大的上下叶。稚鱼期,头部呈锐三角形,吻部尖锐,口裂大,尾鳍上下叶等大,尾叉很深;体形细长,侧扁,色素密集于上下颌口裂处和眼上缘的头背部;鳔两室,位于侧线以下,均呈棒状,后室较大;体侧色素只分布于侧线和臀鳍基部;背鳍、胸鳍、腹鳍、臀鳍均较小,鳍条数目较少;消化道前端膨胀,后端细长;色素在躯干背部集中状分布;尾鳍较细长、上下叶等大,尾叉很深。鳡仔稚鱼各阶段发育特征见图5-15。

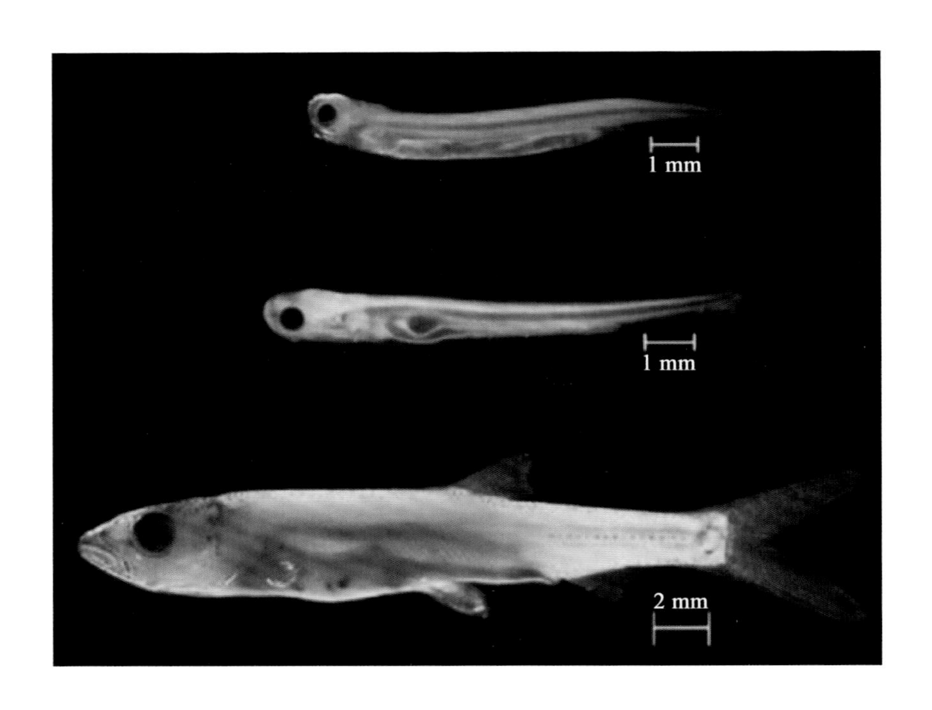


图 5-15
鳡仔稚鱼各阶段发育特征

## 十六、赤眼鳟 *Squaliobarbus curriculus*(Richardson, 1846)

赤眼鳟（*Squaliobarbus curriculus*）属鲤形目（Cypriformes）鲤科(Cyprinidae)鱼类，俗称红眼鱼。体呈长筒形，腹圆，后部较侧扁；体色银白，背部略呈深灰，眼的上缘有一显著红斑，故名红眼。赤眼鳟繁殖期为 6—8 月，7 月下旬到 8 月为高峰期，江湖洄游性鱼类，产漂流性卵。脊索弯曲前期，体型和"四大家鱼"相似，但个体较小，头部较躯干部粗大；通体半透明，只有鳔的上、下缘和消化道上缘有色素分布；肌节数为 11＋19＋16；头长约为头高的 1.25 倍，吻端较钝；眼较大，眼高约占头高的 46%；鳔一室，呈椭圆形，约占 6 个肌节长度；吻端至肛门的躯干部分约占全长的 69%；背、腹部鳍褶细长，连接至尾端。脊索弯曲期，头部淡黄色，躯干部半透明，色素较少，主要分布于鳔上缘和消化道上缘；鳔一室，气泡状；头部较躯干高，头长约为头高的 1.6 倍；眼后缘有零星点状色素；头后的躯干部分至尾端均匀变细；鳍褶连续，未分化出鳍条；脊索开始弯曲。稚鱼期，身体呈圆筒形，吻部较尖，头部呈半梭形；体侧色素特征明显，侧线以上色素富集较多、颜色较深，侧线以下较少、颜色较浅；外形类似于青鱼，但鳍条色素较少；头部呈半梭形，色素集中于眼后缘的头背部，侧线以上色素较密集、颜色深，有按肌节向背部射出的虚线色素；鳔两室，前室粗短、后室细长；各鳍条数较少，中等大；尾鳍较长、约占体长的 20%，尾鳍长约为高的 1.2 倍，尾叉较浅；鳞片逐渐形成。赤眼鳟仔稚鱼各阶段发育特征见图 5-16。

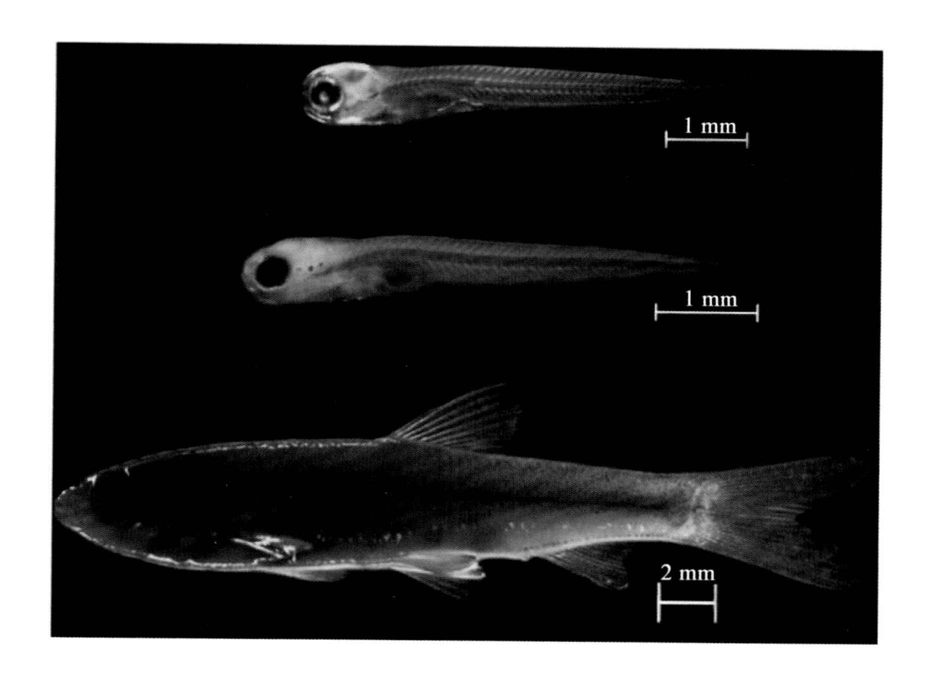


图 5-16
赤眼鳟仔稚鱼各阶段发育特征

## 十七、银鮈 *Squalidus argentatus*(Sauvage et Dabry, 1874)

银鮈(*Squalidus argentatus*)属鲤形目(Cypriniformes)鲤科(Cyprinidae)鱼类。繁殖季节一般为5—8月,江河涨水时在流水中产漂流性卵。卵吸水膨胀后,外膜直径一般为3～4 mm,内膜直径为2 mm。初孵仔鱼,在鳃弧期眼上缘出现少许点状黑色素,眼后方出现4片鳃弧,居维氏管和尾静脉清晰;在口裂期眼下方出现口裂,鳃弧略现丝芽;眼呈黑色,卵黄囊下缘出现一行色素。肠管形成期,肠管贯通;听囊稍大于眼睛,胸鳍褶增大至头部的1/2。鳔雏形期,肠前段上方隆起,明显可见鳔的雏形,眼呈明黄色,胸鳍基与肩隔之间出现一片状黑色素。卵黄囊期,体型短小,眼中等大、椭圆状,肌节数7+16+14;头部钝圆,吻部开口处凹陷,位于眼前下方;眼径约为眼高的1.4倍,眼高约占头高的24%,头长约为头高的1.4倍;通体半透明,无色素,卵黄囊较高,吻端至肛门的长度约占全长的67%,鳍褶较窄。脊索弯曲前期,头背部稍微隆起,头部变长,头长约为头高的1.5倍,眼径约占头长的24%,体侧色素很少,吻端至肛门的长度约占全长的65%;鳔一室,较小,呈纺锤形,约占3个肌节长度;鳍褶连续,脊索末端尚未弯曲。脊索弯曲后期,仔鱼体形呈橄榄球状,中间粗,两端细,背部隆起,尾鳍基部有两个黑色斑块;头部至吻端变尖,头长约为头高的1.3倍,眼移至头背部,头部色素仅分布于上下颌及眼后缘的鳃盖处;躯干部较高,色素很少,仅分布于臀鳍基部和消化道内部;鳔两室,后室稍大,均呈棒状;消化道前端膨胀;吻端至肛门的长度约占全长的53%；背鳍较宽，胸鳍、腹鳍和臀鳍均较小，尾鳍基部有两个黑色斑块，尾长约等于尾高。稚鱼期，类似脊索弯曲后期。躯干部肥厚，背部显著隆起，通体色素较少，仅吻端、眼后缘和臀鳍基部具色素，各鳍条上也有零星色素分布，尾鳍基部具有两个大型黑色斑块；背面观双眼突出于头部两侧，呈椭圆状，眼后缘的色素富集成横"V"字形，其后的躯干部仅背鳍起点处和尾鳍基部有色素分布。银鮈仔稚鱼各阶段发育特征见图5-17。

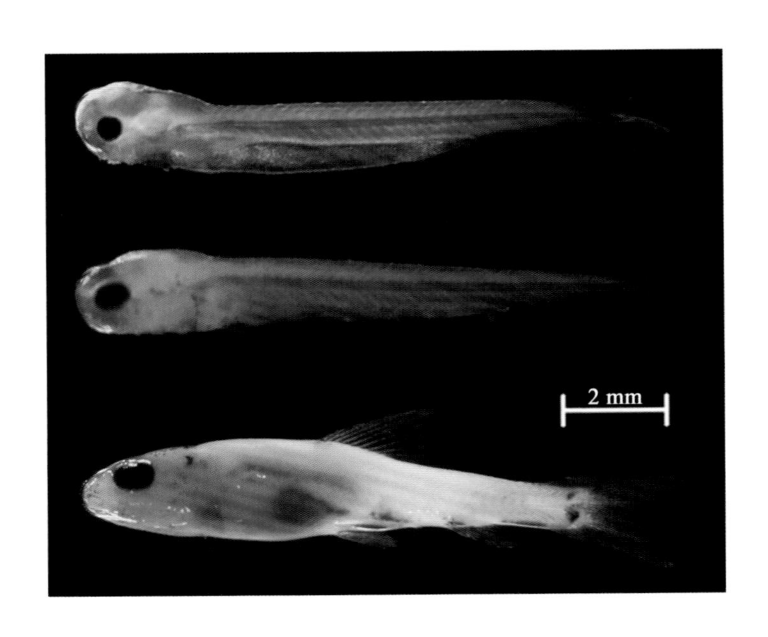


图5-17
银鮈仔稚鱼各阶段发育特征

## 十八、麦穗鱼 *Pseudorasbora parva* (Temminck et Schlegel, 1846)

麦穗鱼(*Pseudorasbora parva*)属鲤形目(Cypriniformes)鲤科(Cyprinidae)鱼类。繁殖季节一般为3—6月，在此期间水温变幅为12.5～27℃，分批次产卵。初孵仔鱼体透明，鱼体匀称，略显细长；卵黄囊、听囊背上方及体中部上方至脊索末端均有成列色素；口裂出现，腹位；听囊长方形，卵黄囊前部略高；鳍褶未分化，尾鳍褶有辐射纹，胸鳍小；心脏位于卵黄囊前方。脊索弯曲前期，鳔一室充气，椭圆形，上有环形黑色素；头部完全伸直，口端位，肠贯通，色素比前期稍增多，听囊与胸鳍间有4～6朵黑色素花，背面观呈V形。仔鱼期，背鳍褶深分化，黑色素细胞增多，体侧各有3纵列黑色素；口裂亚上位，鳃盖向后延伸，鳔稍后移。脊索弯曲期，鳔前室形成。脊索弯曲后期，尾鳍形成分叉。稚鱼期，开始出现鳞片，尾鳍分叉已完成。麦穗鱼仔稚鱼各阶段发育特征见图5-18。

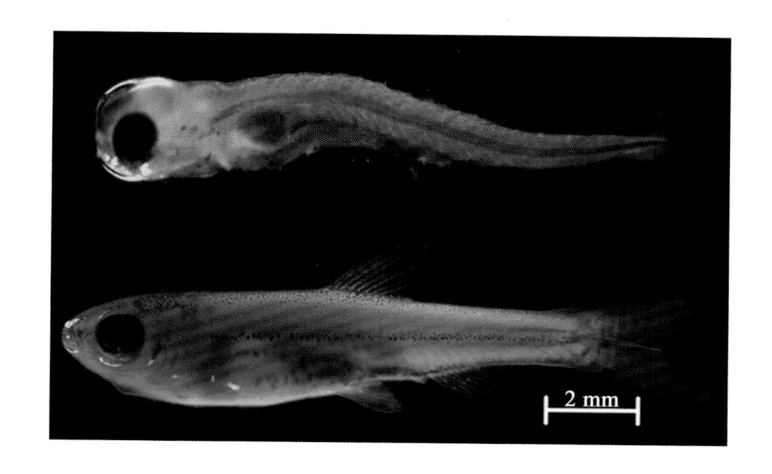


图 5-18
麦穗鱼仔稚鱼各阶段发育特征

## 十九、棒花鱼 *Abbottina rivulari*(Basilewsky, 1855)

棒花鱼(*Abbottina rivularis*)属鲤形目(Cypriniformes)鲤科(Cyprinidae)鱼类。繁殖季节一般为4—5月,5月份为高峰。繁殖期内雄性具婚姻色,头部具珠星。产沉性卵,卵黄为浅褐色。初孵仔鱼体表黑色素细胞少许显现,卵黄囊下缘有7朵或8朵黑色素花。卵黄囊期,体型短小,色素较同期其他种类多,卵黄囊上具弥散分布的色素花,背部鳍褶前的长度较小,肌节数为6+17+13;头部呈半圆形,眼高约占头高的35%,头长约为头高的1.3倍,色素花主要分布于头背部和卵黄囊腹面,吻端至肛门的长度约占全长的70%,鳍褶较窄。脊索弯曲前期,体型短小,头部和消化道色素较丰富,肌节数8+16+13;吻端钝圆,头长约为头高的1.5倍,点状色素在头背部和消化道较丰富;已开口摄食;吻端至肛门的长度约占全长的70%,肛门后的躯干部分较细短;鳍条尚未形成。稚鱼期,色素富集很有特点,背部和体侧有7~8列大型斑块状色素,侧面尾鳍基部具有一个点状黑色素斑,背鳍和尾鳍宽大,鳍条上具有2列较宽的纵行色素带;鳞片开始在侧线附近生成,肌节35(21+14)对。侧面观,吻部较钝,吻端至眼前缘有斜行色素,眼靠近头背部,眼后缘及鳃盖周围色素丰富,头长约为头高的1.2倍,头部背面观吻端较尖,两眼呈椭圆形,两眼之间及眼后缘色素丰富;体侧中轴线上具5~6个大型斑块状色素,尾鳍基部具颜色较深、较大的黑色素斑,其余部分色素较少;消化道膨胀,吻端至肛门的长度约占全长的62%;各鳍条均宽大,胸鳍与躯体腹面平行,背鳍和尾鳍上具有两列较宽的纵行色素带。棒花鱼仔稚鱼各阶段发育特征见图5-19。

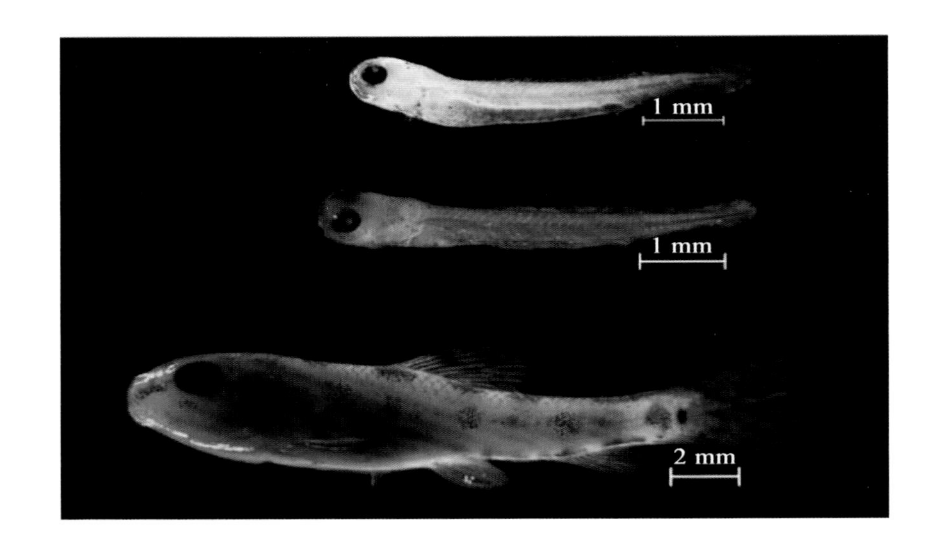


图 5-19
棒花鱼仔稚鱼各阶段发育特征

## 二十、华鳈 *Sarcocheilichthys sinensis*(Bleeker, 1871)

华鳈（*Sarcocheilichthys sinensis*）为鲤形目（Cypriniformes）鲤科(Cyprinidae)鱼类。华鳈为江河、湖泊中常见鱼类，一般生活在水流缓慢的中下层水体。华鳈在繁殖季节多集中于河道支流入江口地带，流水可能是刺激其产卵的重要条件之一；繁殖群体主要由1～2龄鱼组成，繁殖季节为4月下旬至7月中旬，水温在16℃即开始繁殖，29℃仍能正常进行产卵活动；精母细胞和卵母细胞都有分批成熟现象，属分批产卵鱼类。产漂流性卵，卵膜无黏性。孵出时眼已黑，胸鳍原基形成，居维氏管发达，肌节数为38(10+15+13)对；体较修长，淡黄色，较透明；卵黄囊前部为圆球形，后部明显收缩变得狭长；在第2～3对肌节处已出现胸鳍原基；头部出现鳃弧，尚未形成鳃丝；围心腔罩在卵黄囊前端，心脏有节律地跳动，居维氏管和尾下静脉可见血液流动，血液无颜色。仔鱼每隔1～2 s向上或向前蹿动，下沉时总以卵黄囊先着底。脊索弯曲前期，鳔一室充气，头部出现黑色素，卵黄囊已明显变小，肠管出现，沿脊索上有一行黑色素，脊索末端上翘，肌节40(10+15+15)对。脊索弯曲期，肠管已贯通，在解剖镜下可见食物；卵黄尚未吸尽；胸鳍运动迅速，可在中层活动；尾鳍褶出现放射状纹，肌节数目没有改变；背鳍褶开始分化时，卵黄已吸尽，沿椎骨和肠管各有一行黑色素。脊索弯曲后期，鳔形成2室，均已充气；脊索末梢色素增多，背部前端、鳃盖骨及胸鳍基部均有大的色素花，背鳍褶上逐渐出现鳍条雏形，在其基部出现一团黑色素；尾鳍形成，腹鳍芽出现。稚鱼期，鳞片在体侧出现，并从头后向尾部延伸；全长26 mm时，鳞片形成，鱼体形态已近成鱼，体侧出现4个黑色斑块，呈现成鱼的体色。华鳈仔稚鱼各阶段发育特征见图5-20。

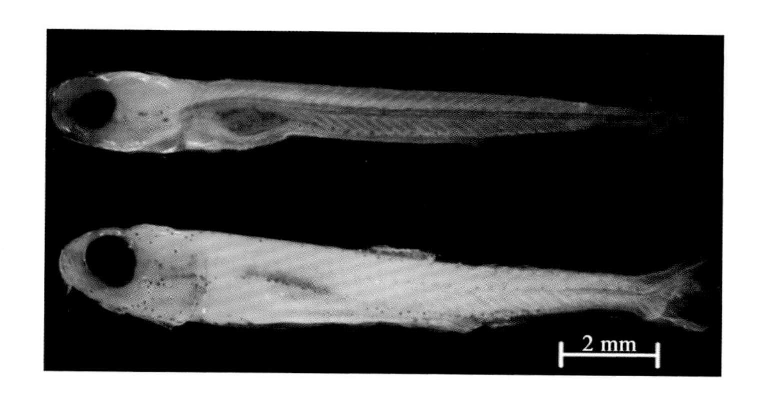


图 5-20
华鳈仔稚鱼各阶段发育特征

## 二十一、蛇鮈 *Saurogobio dabryi* (Bleeker, 1871)

蛇鮈(*Saurogobio dabryi*)为鲤形目(Cypriniformers)鲤科(Cyprinidae)鱼类。蛇鮈为中下层小型鱼类,喜生活于缓水沙底处。体延长,略呈圆筒形,背部稍隆起,腹部略平坦,尾柄稍侧扁。头较长,大于体高。吻突出,在鼻孔前下凹。口下位,马蹄形。唇发达,具有显著的乳突,下唇后缘游离。蛇鮈繁殖期为4—7月,高峰期为4—5月,在河流中产漂浮性小卵。卵黄囊期,体型短小,头部和眼睛均呈椭圆形,肌节数7+22+15;头部呈椭圆形,头长约为头高的1.6倍,口裂小、位于眼睛前下方,眼睛呈椭圆形、眼高约为眼高的1.4倍;体侧色素较少,头部的腹面、卵黄囊与肌节之间有稀疏的点状色素分布,消化道细长,吻端至肛门的长度约占全长的70%,鳍褶较窄。脊索弯曲前期,体型细长,头部高于躯干部,胸鳍的鳍褶较宽、呈卵圆形,肌节数29+15;头部变长成为长方形,头长约为头高的2倍;色素主要分布于眼后缘和胸鳍基部,卵黄囊已经吸尽,消化道细长,尚未开口摄食;肛门之后的躯干较细,各部分鳍条仍未形成,脊索尚未弯曲。脊索弯曲后期,头背部色素呈横"V"形,胸鳍较宽大、呈卵圆形,背鳍靠前,其后有类似脂鳍的鳍褶。脊索弯曲后期,头部变尖,腹面平直,背面斜行,侧面色素仅分布于眼后缘的鳃盖处;背鳍较靠前,吻端至背鳍起点的长度约占全长的36%,背鳍后有类似于"脂鳍"的鳍褶;胸鳍宽大,鳍条正在萌芽,呈卵圆形;背面观两眼位于头外侧,眼后缘的色素呈一个长长的横"V"字,之后色素排列成两行虚线过背鳍至尾端,尾鳍尚不分上下页。稚鱼期,特征类似于脊索弯曲后期,背面观两眼呈半球形,头背部色素丰富,两条色素带于眼前缘交叉,鱼眼间距形成梭形,其后汇合;背鳍后的鳍褶消失,体侧腹面平整,消化道显著膨胀,各鳍发育趋于完善。蛇鮈仔稚鱼各阶段发育特征见图5-21。

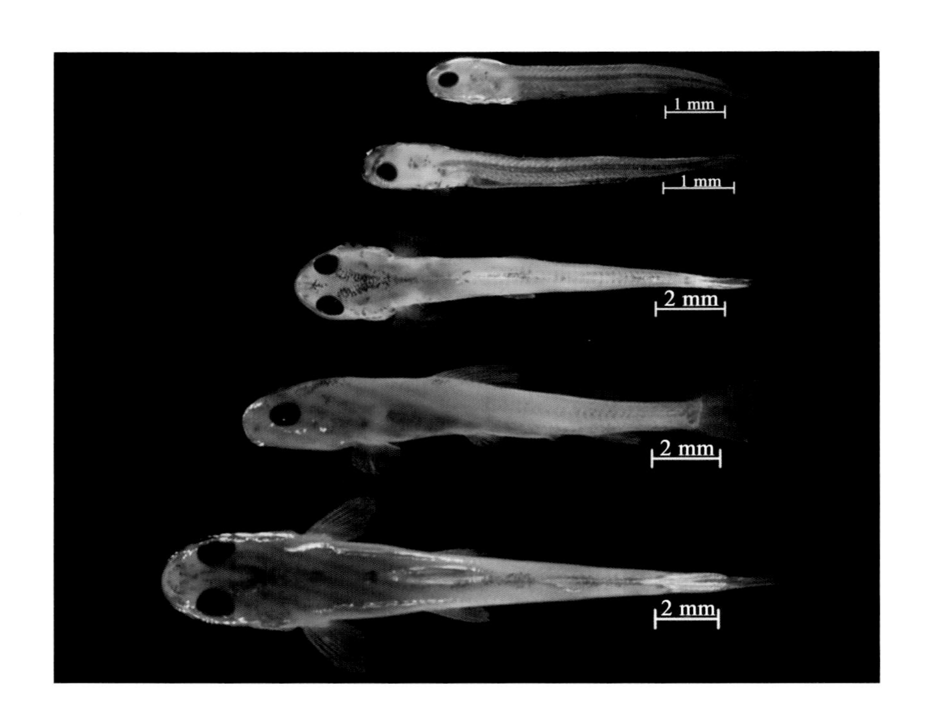


图 5-21
蛇鮈仔稚鱼各阶段发育特征

## 二十二、翘嘴鲌 *Culter alburnus*(Basilewsky, 1855)

翘嘴鲌(*Culter alburnus*)属鲤形目(Cypriniformes)鲤科(Cyprinidae)鱼类。产卵时期一般为 6 月上旬至 8 月,卵淡绿色,微黏性,吸水膨胀后卵膜径为 3.5～4.5 mm、卵径 1～1.2 mm。初孵仔鱼体透明,全身除眼外无色素;卵黄囊长柱形,前端稍膨大;头部弯向卵黄囊的前腹面;肌节 44(25+19)对。卵黄囊期,体型和肌节数类似于鳊仔鱼,但眼较小,肌节数 45(9+16+20);头部较尖,吻部内凹,头长约为头高的 1.8 倍;眼中等大小,眼高约为头高的 35%;无鳔,卵黄囊透明状、较高,吻端至肛门的躯干长度占全长的 62%;各鳍褶连续,通体无色素。脊索弯曲前期,类似于卵黄囊期,头部略向腹面弯曲,头背部稍有隆起,吻端较钝,下颌短于上颌,吻端至肛门的躯干长度占全长的 63%,尚未开口摄食;鳔一室,前钝后尖,约占 5 个肌节长度;卵黄囊未吸尽,未分化出鳍条。脊索弯曲后期,头部至吻端显著变尖;躯干细长、侧扁,无色素;头背部呈弧形,上下颌等长,端口位;鳔两室,均成卵圆形,前室较大;背鳍、臀鳍已分化出鳍条但仍不完善,腹鳍在萌芽,尾鳍上下页等大。稚鱼期,身体呈梭形,臀鳍鳍条数较多,体型类似于鳊,但头部至吻端更尖且色素较少;头部呈三角形,眼大,眼径约占头长的 36%,吻端较尖,下颌已向上弯曲,色素仅分布于头背部和眼后缘的鳃盖处;鳔两室,后室较大、较狭长;消化道前端显著膨胀,呈淡黄色;各鳍条发育完善,腹鳍起点较背鳍起点稍靠前,臀鳍宽大、鳍条数目众多,尾鳍下页稍长,尾叉开叉较大。翘嘴鲌仔稚鱼各阶段发育特征见图 5-22。

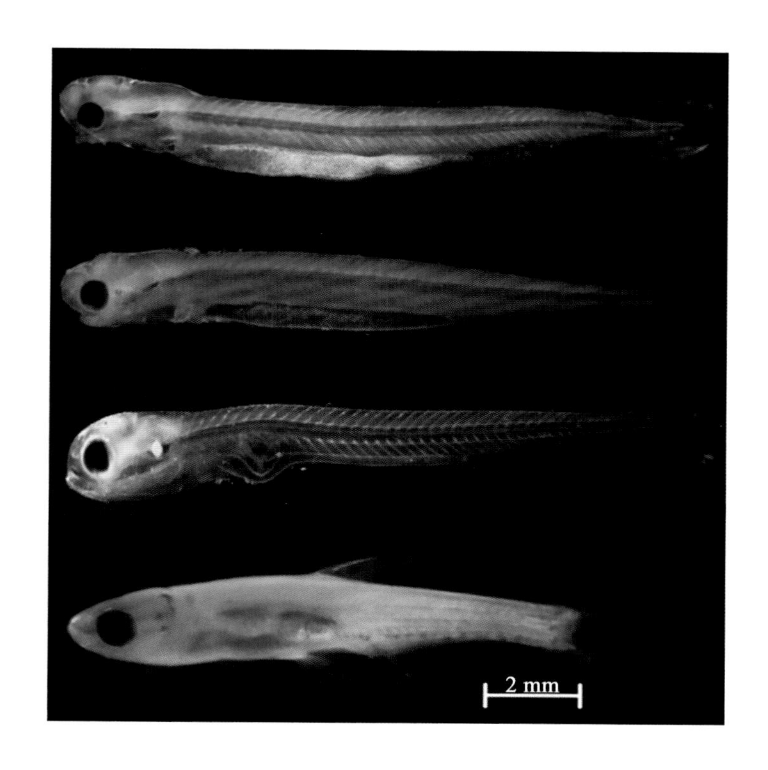


图 5-22
翘嘴鲌仔稚鱼各阶段发育特征

## 二十三、鲌属 *Culter* Basilewsky, 1855 与原鲌属 *Cultrichthys* Smith, 1938

(1) 达氏鲌

达氏鲌(*Culter dabryi*)属鲤形目(Cypriniformes)鲤科(Cyprinidae)鱼类。繁殖季节一般为 4 月底至 7 月初，当水温达到 18 ℃以上时分批产卵。卵为沉性卵，具黏性，卵膜径 1.37～1.42 mm，卵径 0.9～1 mm。初孵仔鱼肌节 45 对，无色透明，头部稍带淡黄；眼无色，眼下缘有一黑点；卵黄囊前端的居维氏管宽大，已出现胸鳍芽。全长 5.4 mm 时，肌节 50(30＋20)对，身体和眼仍没有色素，鳃裂出现，肠管贯通。仔鱼期，全长 6.1 mm 时，卵黄囊吸收完毕，有一个椭圆形鳔，从鳔后一直延伸到尾部有一条黑色素；全长 6.7 mm 时，在胸鳍基部、听囊下后方、鳃盖后方均分布有黑色素；全长 7.8 mm 时，鳔前室出现，从头背部沿身体背部直到尾鳍部有黑色素分布，尾鳍叉形、出现鳍条。稚鱼期，全长 30 mm 时，鳞被形成，各鳍完全分化，身体背部满布黑色素，腹部银白色，鳔 3 室、椭圆形。

(2) 蒙古鲌

蒙古鲌(*Culter mongolicus*)属鲤形目(Cypriniformes)鲤科(Cyprinidae)鱼类。繁殖季节一般在 5—7 月，产微黏性卵，吸水膨胀后卵膜径为 1.4～1.45 mm，卵径为 1.09～1.1 mm。耳石明显，眼前下缘出现黑色素。初孵仔鱼肌节 48(28＋19)对，头弯曲、紧贴在卵黄囊上，眼大、在其正下方有一堆黑色素，卵黄囊很大。全长6.4 mm时，鳃弧出现，肌节48(29+19)对，眼半边出现黑色素；全长7.0 mm时，眼已全黑，在卵黄囊上以及肌节和尾静脉交界处出现少数黑色素。仔鱼期，鳔一室，卵黄囊吸尽，在胸鳍基部下方、鳔的上缘和尾部肌节下缘都有黑色素细胞分布，一条明显的黑色素带沿着肠管延伸到肛门。全长8.5 mm时，身体上侧、头背、尾鳍褶的下叶都有了黑色素细胞，头、背还出现黄色素。

(3) 红鳍原鲌

红鳍原鲌(*Cultrichthys erythropterus*)属鲤形目(Cypriniformes)鲤科(Cyprinidae)鱼类。繁殖期一般在5—7月，产黏性卵，卵膜径1.2～1.48 mm，卵径1～1.04 mm，卵黄常偏向于一侧。初孵仔鱼全长4.4～4.8 mm，肌节42(25+17)对；除眼呈灰黑色外，其余均透明无色；卵黄囊较狭长；前半部较高，肛前褶不发达，狭长呈长条状；胸鳍甚小。全长5.2 mm时出现雏形鳔，头顶、体侧及尾部出现若干黑色素；全长6.2～7.2 mm时鳔已充气，体背缘出现颗粒状黄色素，鳔背缘有一行黑色素，自鳔后端起至尾端出现一行黑色素；肛前褶渐扩大，向前延伸至鳔后室中部下方。仔鱼期，全长7.5 mm，卵黄吸收完毕，头顶黑色素增加，体前部开始出现黄色素；随着不断发育，头部及鳔前后黄色素增加，腹鳍出现芽体，不久各鳍鳍条相继出现。稚鱼期，各鳍接近完成。

## 二十四、鲴属 *Xenocypris argentea* Günther, 1868

(1) 银鲴

银鲴(*Xenocypris argentea*)属鲤形目(Cypriniformes)鲤科(Cyprinidae)鱼类。银鲴适应性强，属广温性鱼类，通常栖息于水体的中下层，以其发达的下颌角质化边缘在池底或底泥中刮取食物。在自然条件下，银鲴以腐屑底泥为主食，同时也摄食硅藻和固着藻类。雌鱼初次性成熟年龄为2龄，雄鱼为1龄，在流水处产漂流性卵(王宾贤等，1984)。在天然水域中，1～2龄鱼平均体长13.3～15.7 cm，平均体重43.8～69 g；3～4龄鱼平均体长18.1～19.4 cm，平均体重103.3～129.6 g。银鲴生长速度以第1龄增长较快，2龄以后生长速度减慢，这与银鲴2龄性成熟有关。产漂流性卵，卵膜径为3.1～4.3 mm，卵径为0.9～1.1 mm。在水温21～23℃的情况下，约26 h孵出。出膜胚胎眼径大于听囊，身体透明、细如针芒，肌节41对，未见胸鳍芽；血液无色。卵黄囊期，身体细长，躯干部较贝氏䱗粗壮，吻端至肛门的躯干部分较长，肌节数12+20+12。全长8.08 mm时，体高0.97 mm，吻端有前缘呈凹陷状，头背部有隆起，眼高约占头高的37%；头部呈长方形，长度约为高度的1.7倍；通体淡黄色，无明显色素富集；卵黄囊较粗长、均质，吻端至肛门的躯干长度占全长的73%，肛门后的躯干部分较短，各鳍褶相连。脊索弯曲前期，肛门前的躯体呈圆柱形，较细长，肌节数12+20+12；头部吻端呈半圆形，眼径约占头长的25%，头长约为头高的1.9倍；通体半透明，色素较少；消化道细长，吻端至肛门约占全长的70%；鳔一室，两端细长，呈长梭形，约占8个肌节长度；未分化出鳍条，脊索未弯曲。脊索弯曲后期，吻部尖锐，色素开始分布于消化道和背部，色素开始富集；头部吻端变尖，上下颌等长，眼高约占头高的52%；腹鳍前端的消化道开始膨胀，吻端至肛门的躯干部分占全长的68%，背鳍起点至吻端约占全长的40%；鳔两室，前室较粗，后室细小；背鳍、尾鳍和臀鳍已分化出鳍条，腹鳍条萌芽中，尾鳍的长、高约相等，上下叶等长。稚鱼期，鱼体颜色变深，色素密集分布于躯体背部，体侧的色素主要分布于侧线和臀鳍基部；消化道内部、躯干部变肥厚；头背部为平滑的斜面，眼高约为头高的40%，头部色素较密集于头背部和口裂周围和眼后缘的鳃处；鳔两室，前室较短，后室较长，均成细长的圆柱形；消化道至吻端的躯干长度约占全长的60%，其内部色素呈圆点状；体侧侧线以上色素较多，侧线和臀鳍基部的色素呈虚线状。当全长23.61 mm时，色素明显增多，颜色更深，鳔因被膨胀的消化道压缩而不明显，消化道颜色最深，各鳍条发育完善，鳍条数无异于成鱼，尾长略小于尾高，尾鳍开叉较大。银鲴仔稚鱼各阶段发育特征见图5-23。

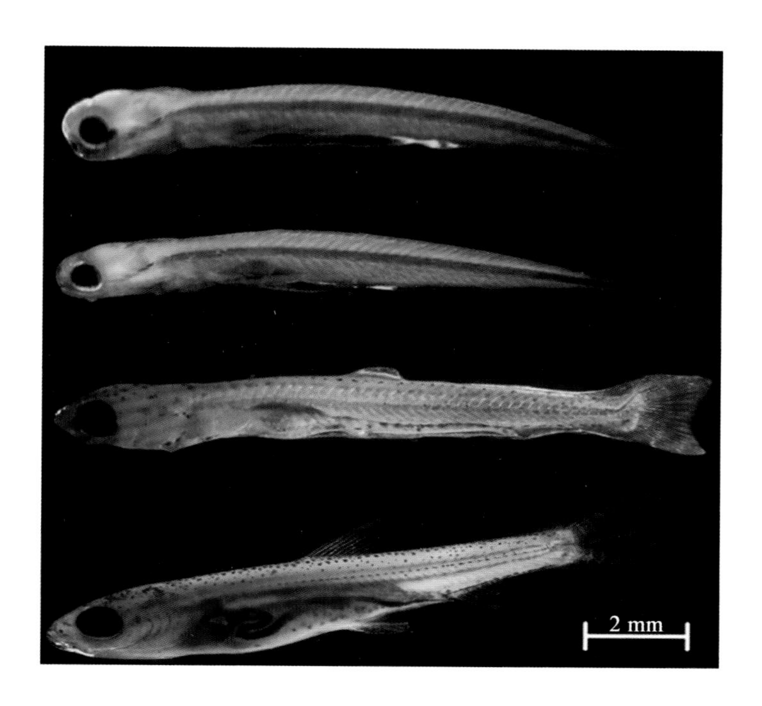


图5-23
银鲴仔稚鱼各阶段发育特征

(2) 细鳞鲴

细鳞鲴(*Xenocypris microlepis*)属鲤形目(Cypriniformes)鲤科(Cyprinidae)

鱼类。细鳞鲴初次性成熟年龄为2龄，一次性产卵类型，每年产卵2～3次。繁殖期5月初至8月初，产卵盛期为5月中旬至6月上旬。在繁殖季节内，当天降暴雨、水位上涨时，亲鱼集群于近岸的洄水缓流处或溯河而上到砾石河滩急流处产卵。从受精卵发育到仔鱼早期的肠管形成、能主动摄食阶段，在23～30℃的水温条件下需历时29 h（彭良宇，2007）。产微黏性卵，产出时卵径0.8～1.2 mm，吸水膨胀后卵径为4～5 mm，可以黏附于周围的物体上。胚胎发育的时序和各阶段的形态特征与一般硬骨鱼类一样，但在卵裂各阶段发育较快。出膜仔鱼眼径略小于听囊，肌节43(31＋12)对；鱼体透明、无色素，仅在眼的下缘有一黑色素点；卵黄囊大而饱满，头部向腹面弯曲，紧贴于卵黄囊的前端，与体躯紧密相联；心脏位于卵黄囊的前端；居维氏管细小，位于卵黄囊的近前端部分；出膜时作不定时的上下垂直游动，游动时尾部不停地摆动。脊索弯曲前期，肌节43(30＋13)对，眼略小于听囊；下颌已能活动，口可以张开，鳃盖出现并盖住第四鳃弓；卵黄囊比前一天小，其上出现一列色素；胸鳍末端达到第4肌节。脊索弯曲期，卵黄囊较前更小；肠管分化明显，前部较膨大，但仍未与咽喉相通；鱼体色明显，除卵黄囊上的色素外，臀鳍褶的基部出现一列色素，尾鳍褶下叶基部也有一色素点，同时鳔基背面和听囊背部均出现色素点。脊索弯曲后期，卵黄吸尽，肌节44(31＋13)对；眼径仍小于听囊；肠道进一步分化，并已开始蠕动，肠的前端与咽部尚未完全相连；胸鳍末端已达5肌节。

（3）黄尾鲴

黄尾鲴（*Xenocypris davidi*）属鲤形目（Cypriniformes）鲤科（Cyprinidae）鱼类。黄尾鲴出膜仔鱼第4天开始摄食，由内源型营养向混合型营养转换；第5天卵黄囊消失，由混合型营养转换为外源型营养。刚出膜的仔鱼身体呈弯曲状，头部弯曲靠近卵黄囊前端，背部脊柱弯曲呈弓形，经10～20 min躯体才充分伸展，伸直的仔鱼全长(4.86±0.13)mm，全身透明，只在眼睛下边缘有少量色素，卵黄囊较大、呈椭圆形，背鳍褶已分化。出膜后的仔鱼不定时进行垂直向上运动，随即头朝下垂直沉入水底静卧。1日龄仔鱼全长(5.13±0.11)mm，头部已伸直，不再弯曲靠近卵黄囊，靠近头部端卵黄囊为椭圆形，另一端向后延伸逐渐由粗变细，卵黄囊毛细血管血液流动明显，除眼睛上下边缘出现色素外，其他部位无色透明。仔鱼很少活动，多静卧于容器边缘水底休息。3日龄仔鱼全长(7.08±0.16)mm，卵黄囊前后延伸更长更细，表面出现少量色素，口能闭合，肠道和鳔形成。仔鱼活动能力增强，可短暂水平游动，受到外界刺激能游动躲避，对光线开始敏感，夜晚用手电照射有趋光现象。5日龄仔鱼全长(7.72±0.19)mm，卵黄囊完全消失，躯干部色素密集，体色变深；肠道进一步发育，前端膨大成囊状，由混合型营养完全转换为外源型营养。

## 二十五、子陵吻鰕虎 *Rhinogobius giurinus* (Rutter, 1897)

子陵吻鰕虎（*Rhinogobius giurinus*）属鲈形目（Perciformes）鰕虎鱼科（Gobiidae）鱼类。子陵吻鰕虎产沉性卵，呈长椭圆形，具有黏性，可黏附于基质上。出膜胚胎全长 2.5～2.7 mm，肌节 25 对左右，嘴张开但未完全形成。脊索弯曲前期，背鳍、臀鳍出现雏形鳍条；鳔 1 室，呈三角形。脊索弯曲期，第一背鳍与第二背鳍分离，且第二背鳍与臀鳍以躯干为轴近似上下对称。脊索弯曲后期，从背面看时，吻长且尖，全体透明，肉眼可见其眼小；鳔大，鳔 2 室，灰色；腹鳍形成，两个背鳍完全成型，体侧出现 7～8 个黑色素，肛门后的臀鳍基部出现一列小黑色素，臀鳍末端到尾基也有比较大的分枝色素。稚鱼期时，各鳍条发育完全，数目固定。子陵吻鰕虎脊索弯曲后期和稚鱼期发育特征见图 5-24。

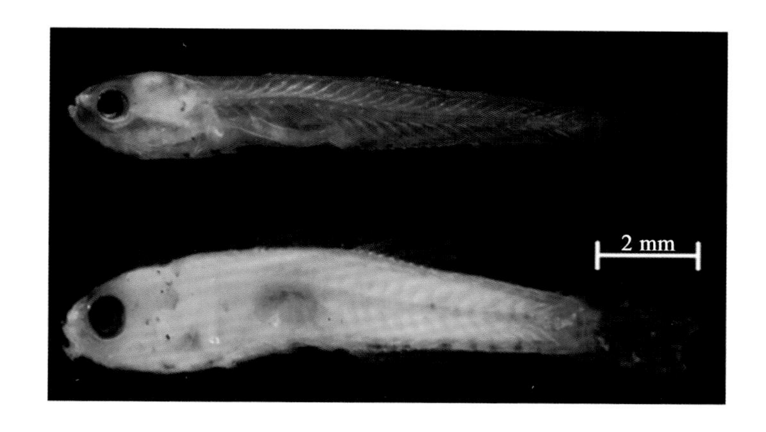


图 5-24
子陵吻鰕虎稚鱼各阶段发育特征

## 二十六、鳜属 *Siniperca* Gill, 1862

(1) 鳜

鳜（*Siniperca chuatsi*）属鲈形目（Perciformes）鮨科（Serranidae）鱼类。鳜产卵期为 5 月下旬至 7 月上旬，少数可延至 8 月。产卵时水温需在 21 ℃以上，喜在有流水的浅滩上产卵，产卵时间在夜晚，产卵期雌雄均停食。产浮性卵。卵黄内有一大油球，直径约 0.5 mm。在水温 21～24 ℃条件下，胚胎发育历时约 51 h。胚胎发育过程中，油球逐渐合并至最终仅剩一个大的油球。出膜时胚胎卵黄囊的前部和下部黑色素特别多。卵黄囊期，体型粗短，卵黄囊极度膨胀，肌节数 2+7+20；躯体的前半部分粗短，卵黄囊后的躯干部分细长；吻部较尖，头部面积较宽大;大眼,眼高约占头高的32%,眼后缘的头部呈淡红色;鳃盖处有大型的斑块色素,卵黄囊上具点状色素;吻端至肛门的躯干长度约占全长的54%;鳍褶较宽。脊索弯曲前期,特征类似于卵黄囊期仔鱼,易识别。头部宽大,背面呈弧形,腹面平直,口裂较大,下颌稍长于上颌,口内现齿;眼大、呈圆形,眼周围色素较丰富;卵黄囊未吸尽;消化道极其膨胀、短粗,约占10个肌节长度,其上具有斑块状的色素;鳔不明显;背腹部鳍褶与尾部连接处有凹陷,脊索未弯曲;吻长约0.86 mm,口内具较多细齿,鳃盖后缘现棘的雏形,消化道中出现大量其他种类仔鱼,吻端至肛门的长度约占全长的50%;肌节发育成横置的"W"形,背鳍、臀鳍未形成鳍条,鳍褶尚存,尾部末端下缘出现鳍条雏形,脊索开始弯曲。脊索弯曲后期,体型粗短,躯干部变厚;消化道处的躯干部布满色素,呈棕色,易识别。脊索弯曲后期,躯干较高,变厚,肌节已经不明显,鳃盖后缘的棘呈波浪状,第一、二背鳍与臀鳍的鳍条雏形已经发育成型,尾部下缘鳍条呈辐射状、上缘发育不完善,脊索呈弯曲状。稚鱼期,头部变尖,吻部变尖,眼移向头背部,体色较深、呈褐色,体型已和成鱼相似;各鳍条发育完善,形成鳞片。鳜仔稚鱼各阶级发育特征见图5-25。

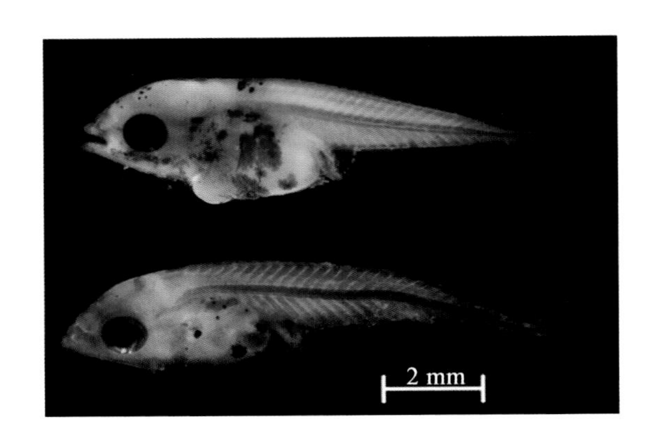


图5-25
鳜仔稚鱼各阶段发育特征

(2) 斑鳜

斑鳜(*Siniperca scherzeri*)属鲈形目(Perciformes)鮨科(Serranidae)鱼类。斑鳜在江河流水环境中繁殖,产卵期在3—5月,繁殖盛期在4月,为多批次产卵类型。斑鳜产浮性卵。出膜胚胎卵黄囊较大,圆形,油球位于下颌卵黄囊处。脊索弯曲前期,头顶及卵黄囊有星芒状黑色素分布,卵黄囊上还有红色斑点,身体中后部体侧有一黑色斑块。该阶段仔鱼喜逆水流游动,且多在上层游动。脊索弯曲期,背鳍原基出现,整个卵黄囊上均有星芒状黑色素分布,在身体后侧的黑斑加深,肉眼可见在其后有一列黑色素一直分布到尾部。脊索弯曲后期,头背部有红色斑点出现,仔鱼开口捕食比自己稍小或等大的别种仔鱼,对不动或只顺水流漂游的仔鱼无掠食反应。稚鱼期,背鳍和臀鳍完全形成,卵黄囊消失。

(3) 大眼鳜

大眼鳜(*Siniperca kneri*)属鲈形目(Perciformes)鮨科(Serranidae)鱼类。大眼鳜繁殖期在3月下旬至6月,繁殖盛期在4月。通常于夜间在砂砾底质的流水滩进行产卵活动,产浮性卵,为多次产卵类型。出膜胚胎口已形成,可开闭,嗅囊明显,半规管出现,卵黄囊上色素较多,尾鳍条已出现。脊索弯曲前期,眼黑褐色,对光线有一定的反应,仔鱼能水平蹿游。脊索弯曲期,开始摄食,体色素多集中于体轴下方和脑后背部第1～5对肌节处。脊索弯曲后期,肌节数31(3+8+20),卵黄囊已基本消耗尽,油球消失,上下颌齿各13～16枚,体色素增多,头部有梅花状色素分布,尾椎末端向上弯曲。

## 二十七、鲿科 *Pelteobaggrus fulvidraco* (Richardson, 1846)

(1) 黄颡鱼

黄颡鱼(*Pelteobaggrusfulvidraco*)属鲇形目(Siluriformes)鲿科(Bagridae)鱼类。黄颡鱼产沉性卵,浅黄色,呈扁圆形,具两层卵膜,外层卵膜遇水后产生强黏性。刚出膜的仔鱼肌节36～47对,鱼体无色透明,卵黄囊较大、呈椭圆形,头大尾细,听囊及1对耳石清晰可见,口裂尚未形成,具有一对上颌须。孵出24 h后,出现口裂,体表有色素出现、呈淡灰色,胸鳍出现,尾鳍褶上有放射状条纹出现;鳔已形成,但未充气。孵化后第2天,口张开、下位,头背部有黑色素,脊索末端上翘,肠管形成。至第3天,头背部布满黑色素;肛门、胃肠形成,但尚未相通,前肠出现少许黄绿色代谢物。至第4天,卵黄囊缩小,头顶色素呈块状分布,肠内充满黄绿色代谢物,仍未与肛门相通。至第5天,头部及躯干部分色素呈块状分布,虎纹状;卵黄囊基本吸收完毕,有少许残存;胃肠与肛门相通,鳔充气,可自由活动,开始进行外源摄食。至第7～8天,仔鱼全长10～11 mm,卵黄囊消失。鱼体全长13～19 mm时,头部膨大,尾细长,体背部黑色,各器官进一步发育,各鳍基本形成,鳍褶消失,尾鳍分叉、上下页边缘呈黑色;腹部淡黄透明,可见肠管;体侧黄黑斑块相间,呈两纵、两横排列。黄颡鱼仔稚鱼各阶段发育特征见图5-26。

(2) 瓦氏黄颡鱼

瓦氏黄颡鱼(*Pelteobagrus vachelli*)属鲇形目(Siluriformes)鲿科(Bagridae)鱼类,一次产卵类型,产卵期为5月中旬至7月中旬,高峰期在6月份。受精卵圆形,橙黄色,成熟卵直径为1.67 mm,吸水膨胀后可达2.04 mm。水温在20.0～24.5℃时,胚胎孵化需历时49～50 h。初孵仔鱼全长5.0～5.2 mm,肛后约占全长的46%,体形细长,肌节40对(16+24)左右,身体呈淡黄色或乳白色,卵黄囊

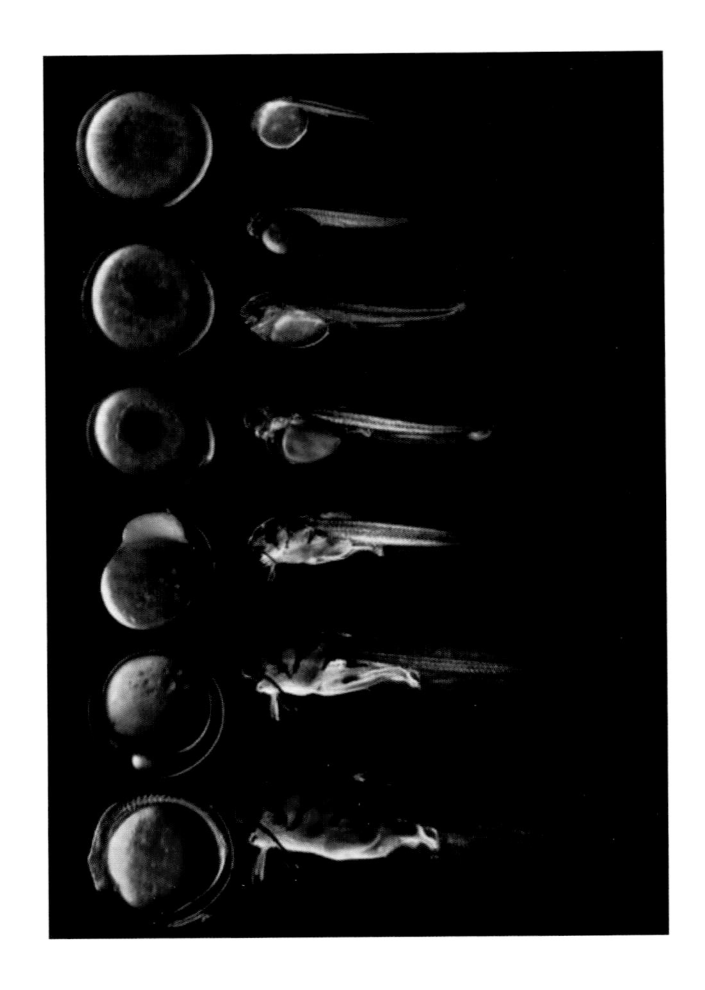

图 5-26
黄颡鱼仔稚鱼各阶段发育特征(引自曹文宣等)

较大、呈心脏形状或椭圆形,鳍褶宽大、呈薄膜状。孵出 24 h,全长为 5.5～6.2 mm,头背部出现少量黑色素,胸鳍原基明显,鳍条尚未分化,颐须基出现,肠管形成。孵出 48 h,全长达 6.4～6.8 mm,肌节 16+28,头部增大,口裂增大,颌须延长,出现 2 对颐须,体表色素增多。孵出 72 h,全长达 7.4～7.9 mm,卵黄囊变细长,雏形鳔出现、尚未充气,体积较小,黑色素遍布全身,口形成,上颌长于下颌,须 3 对。孵出 5～6 天,仔稚鱼卵黄囊逐渐吸收完毕,鳔充气。孵出 7～10 天,各鳍条基本分化完全。孵出 11 天,继续发育,鳍条初步形成,身体呈浅黄色,尾索上翘,尾鳍出现分叉、上叶长于下页;体表黑色素纵向分布,呈雪花状、点状相间排列。孵出 16～30 天,身体以淡蔑黄色为基色,黑色素呈块状分布。

## 二十八、紫薄鳅 *Leptobotia taeniops* (Sauvage, 1878)

紫薄鳅(*Leptobotia taeniops*)为鲤形目(Cypriniformes)鳅科(Cobitidae)鱼类。紫薄鳅繁殖期为 5—8 月,喜流水性鱼类,产卵需流水环境,产漂流性卵。卵粒呈浅青灰色。仔鱼身体透明,眼部灰色。头伸直,在身体第 2 对肌节处出现胸鳍原基。卵黄囊前端较大,后端变尖细,肌节 39(25+14)对。仔鱼期体型短粗,躯干前半段肥厚，小眼，背部鳍褶前至头部距离短，肌节39(6+17+16)对。脊索弯曲前期，头部与躯干连接处最高，达1.26 mm；头部较大，侧面约占1/3的面积，头背部具较多大色素花；口裂较大；眼小、圆形，眼径约占头长的18%，眼后缘具少量不规则色素；鳔一室、呈斜向的椭圆形，较大，约占7个肌节长度；消化道内有食物残留，吻端至肛门的躯干约占全长的67%；鳍褶较宽。脊索弯曲期，躯体颜色加深，体侧及背部均匀地布满不规则色素，头部拉长，头长约为头高的1.4倍；各鳍均未发育出鳍条，脊索末端下缘出现星芒，开始弯曲。脊索弯曲后期，体色较深，斑点状色素密布于体侧和背部；吻端出现两对较短的吻须，并有一对颌须；眼小且呈椭圆形，移向头背部，眼高约占头高的16%；消化道前端膨胀，吻端至肛门的躯干长度约占全长的58%；背鳍和臀鳍已经发育出鳍条，但依然有鳍褶连接至尾部，尾鳍已分化出上下页，基部有两个加大的黑色素斑块；胸鳍和腹鳍的鳍条正在萌芽。稚鱼期，体色进一步加深，呈灰褐色；色素较密集，体色显著加深；头部长高比进一步增大，头长约为头高的1.5倍；各鳍条发育完善，吻端至背鳍起点的长度约占全长的46%；尾鳍基部上下缘具两个黑色素斑；尾长为尾高的1.2倍，尾叉较浅。紫薄鳅仔稚鱼各阶段发育特征见图5-27。

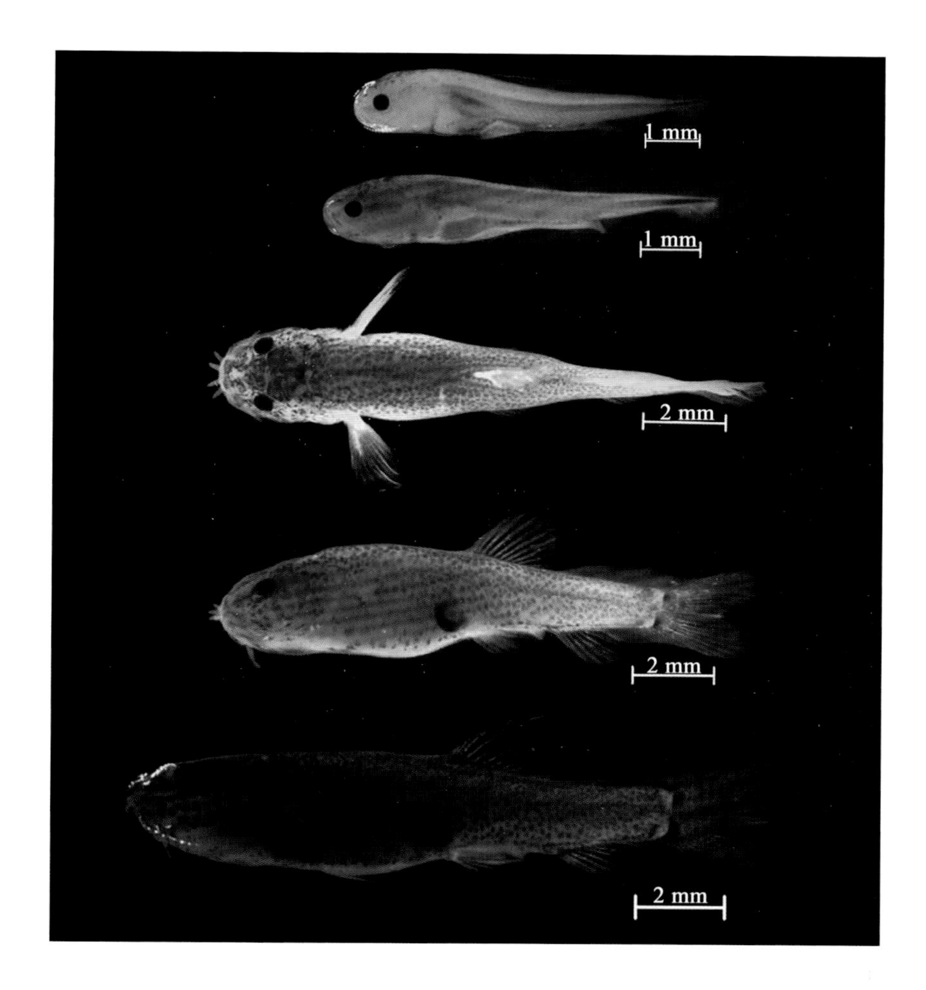


图5-27
紫薄鳅仔稚鱼各阶段发育特征

# 第三节 · 长江下游主要鱼类仔稚鱼的时空动态

## 一、刀鲚

长江洄游性刀鲚在每年的2月份就开始在沿海水域聚集并逐渐形成一定规模,溯江进行生殖洄游。长江洄游型刀鲚在洄游过程中先后经过长江下游的上海段、江苏段、安徽段、江西段,中游的湖北段甚至可进入湖南的洞庭湖。通过对2018—2020年长江下游4个监测站位的数据分析发现,九江湖口江段于7月份出现仔稚鱼的发生峰值,安庆皖河口江段和江苏南通江段在6月份均出现小高峰,其中安庆皖河口江段6月份3年平均丰度高于江苏南通江段,可见以上江段在6月份就出现一定规模的产卵群体;其他采集月份数据显示,在7—8月采集到大量刀鲚仔稚鱼,尤其安庆皖河口江段和马鞍山—南京江段,而且各年份7月刀鲚仔稚鱼的丰度均呈现出优势。从各江段刀鲚出现的时间衔接上看,刀鲚仔稚鱼群出现时间并未按照其洄游路线的先后顺序,而是呈现多点集中发生的情况。可见,刀鲚在产卵时间上,不仅与产卵水域的选择具有关联性,而且与水文环境也具有很大的关联性。各江段刀鲚仔稚鱼的高丰度多集中在6—7月份,从月份-丰度数据分析图可见,从5月份就开始采集到刀鲚卵,推断出部分刀鲚产卵群体可能在3—4月份,或者更早就开始溯河洄游进入沿江各产卵场。2018—2020年长江下游4个采样江段刀鲚仔稚鱼丰度的分布特征如图5-28所示。

## 二、间下鱵

间下鱵在调查的4个监测站位中,高丰度的出现没有明显的时间特异性;在调查的各年份,4—8月均有分布,同一江段的不同年份仔稚鱼的发生存在明显差异。九江湖口江段在2020年5月采集到的间下鱵仔稚鱼明显增加;安庆皖河口江段仔稚鱼丰度最高出现在2019年6月;马鞍山—南京江段间下鱵的高丰度均集中在7月,最高丰度出现在2019年7月;江苏南通江段6月出现仔稚鱼峰值,但丰度水平较低,最高出现在2019年6月。2018—2020年长江下游4个采样江段间下鱵仔稚鱼丰度的分布特征如图5-29所示。

## 三、陈氏新银鱼

在4个江段采集的银鱼均为陈氏新银鱼。由于银鱼产卵大多集中在秋末和

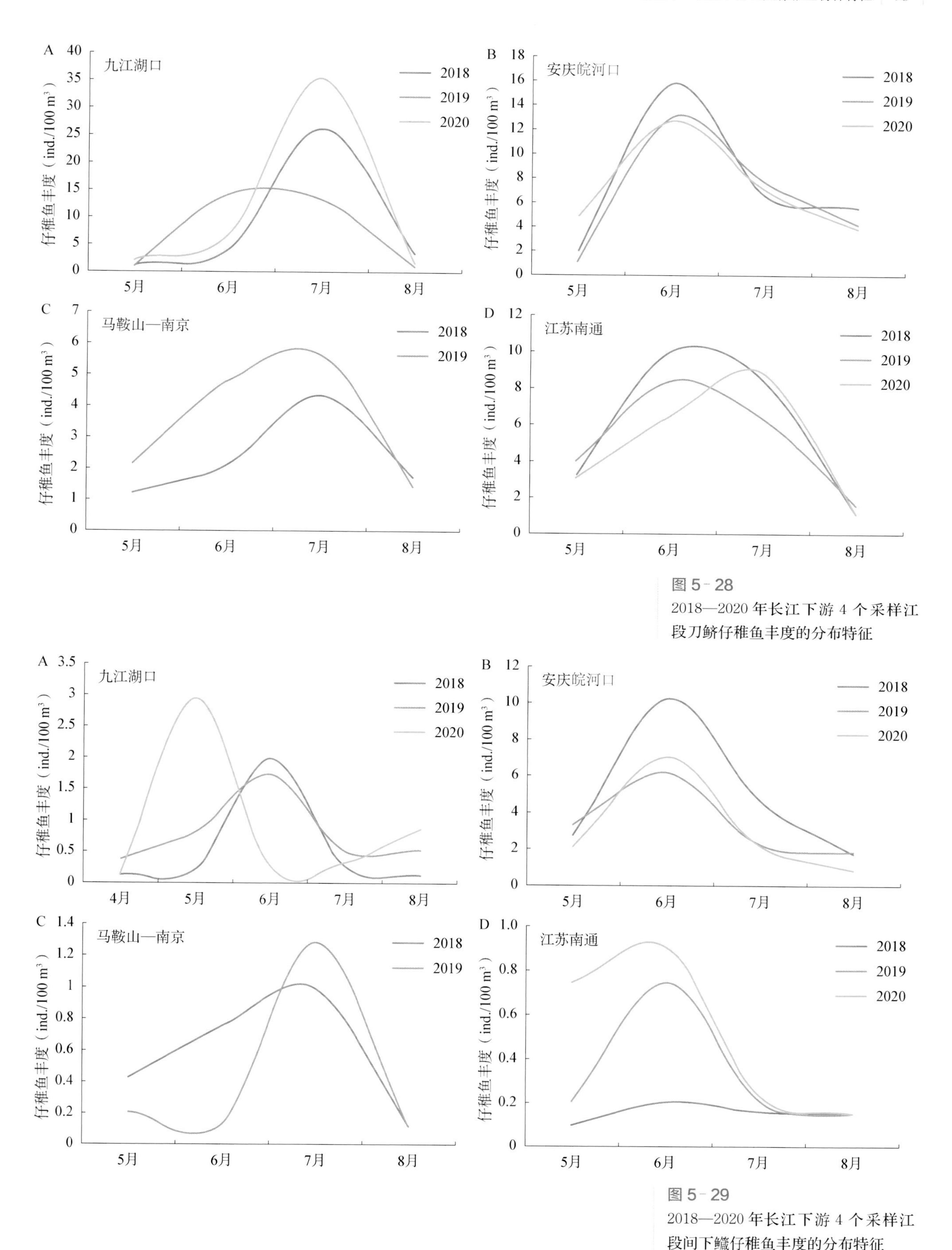


图 5-28
2018—2020 年长江下游 4 个采样江段刀鲚仔稚鱼丰度的分布特征

图 5-29
2018—2020 年长江下游 4 个采样江段间下鱵仔稚鱼丰度的分布特征

冬季，通过数据分析发现，九江湖口江段仔稚鱼丰度峰值出现在5—6月；安庆皖河口江段银鱼的丰度最高，出现在2020年5月，其余江段陈氏新银鱼丰度均较低；马鞍山—南京江段各年份丰度的峰值均集中在6月，最高值出现在2019年6月；江苏南通和九江湖口江段陈氏新银鱼的分布特征具有明显的水域差异性。2018—2020年长江下游4个采样江段陈氏新银鱼仔稚鱼丰度的分布特征如图5-30所示。

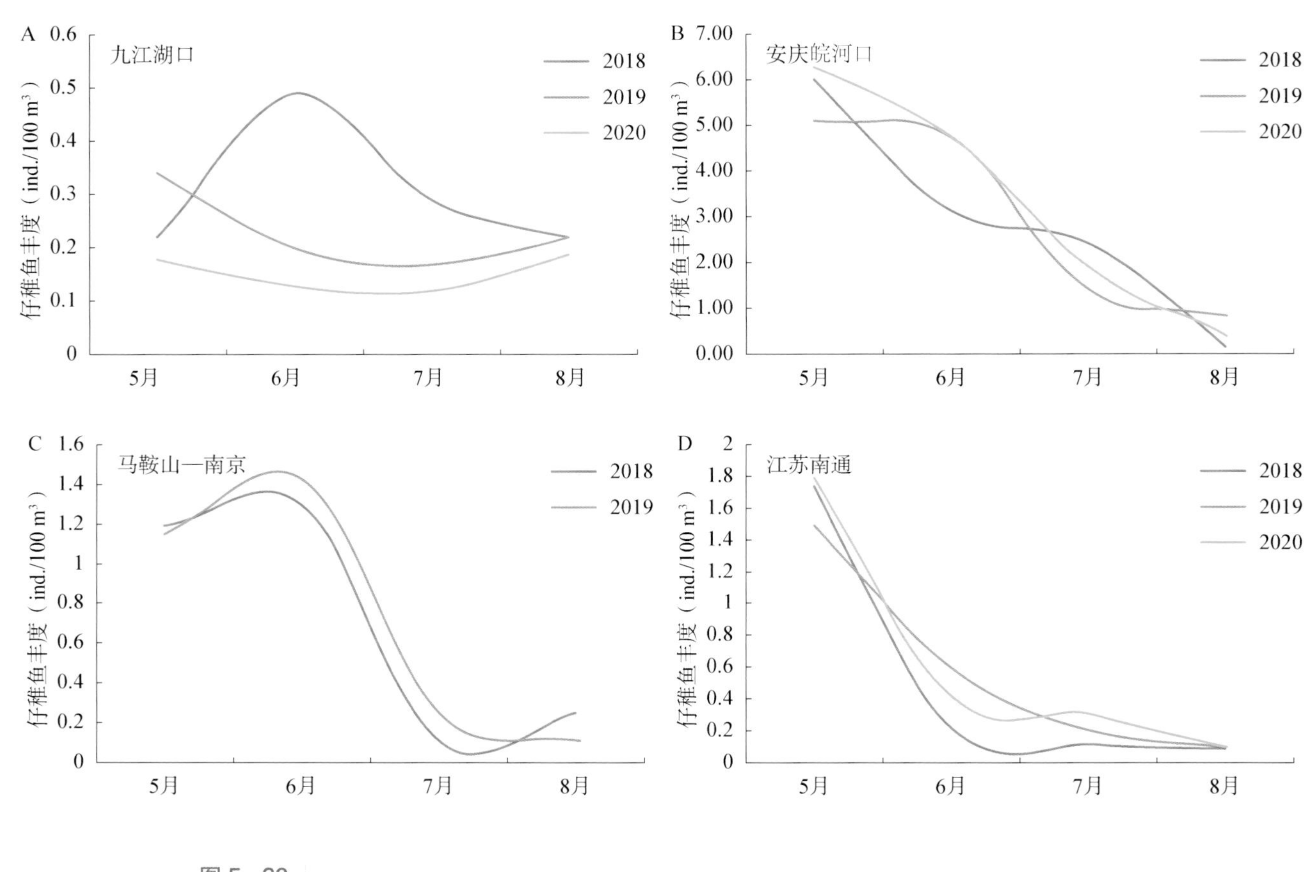


图5-30
2018—2020年长江下游4个采样江段陈氏新银鱼仔稚鱼丰度的分布特征

## 四、鳘属

在长江下游的鱼苗丰度中，鳘属鱼类仔稚鱼的丰度较大。九江湖口和安庆皖河口江段鳘属集中爆发期在5—6月。其中，2020年在九江湖口江段仅进行了7月和8月的调查，故无丰度最高值；在4个江段中安庆皖河口江段鳘属鱼类仔稚鱼的丰度最高，最高丰度出现在2020年的6月。马鞍山—南京江段鳘属鱼类仔稚鱼的最高丰度出现在2018年7月。由于江苏南通江段位于河口段，受潮汐影响，水温较受潮汐作用小或者没有潮汐影响的江段水温升高慢且低，因此江苏南通江段仔稚鱼汛期时间与其他江段相比较晚。随着江水升温，江苏南通江段鳘属鱼类仔稚鱼丰度逐渐增高，集中出现在6—7月，其中2019年7月丰度较高。

2018—2020 年鳌属鱼类仔稚鱼丰度在长江下游 4 个采样江段的分布特征如图 5-31 所示。

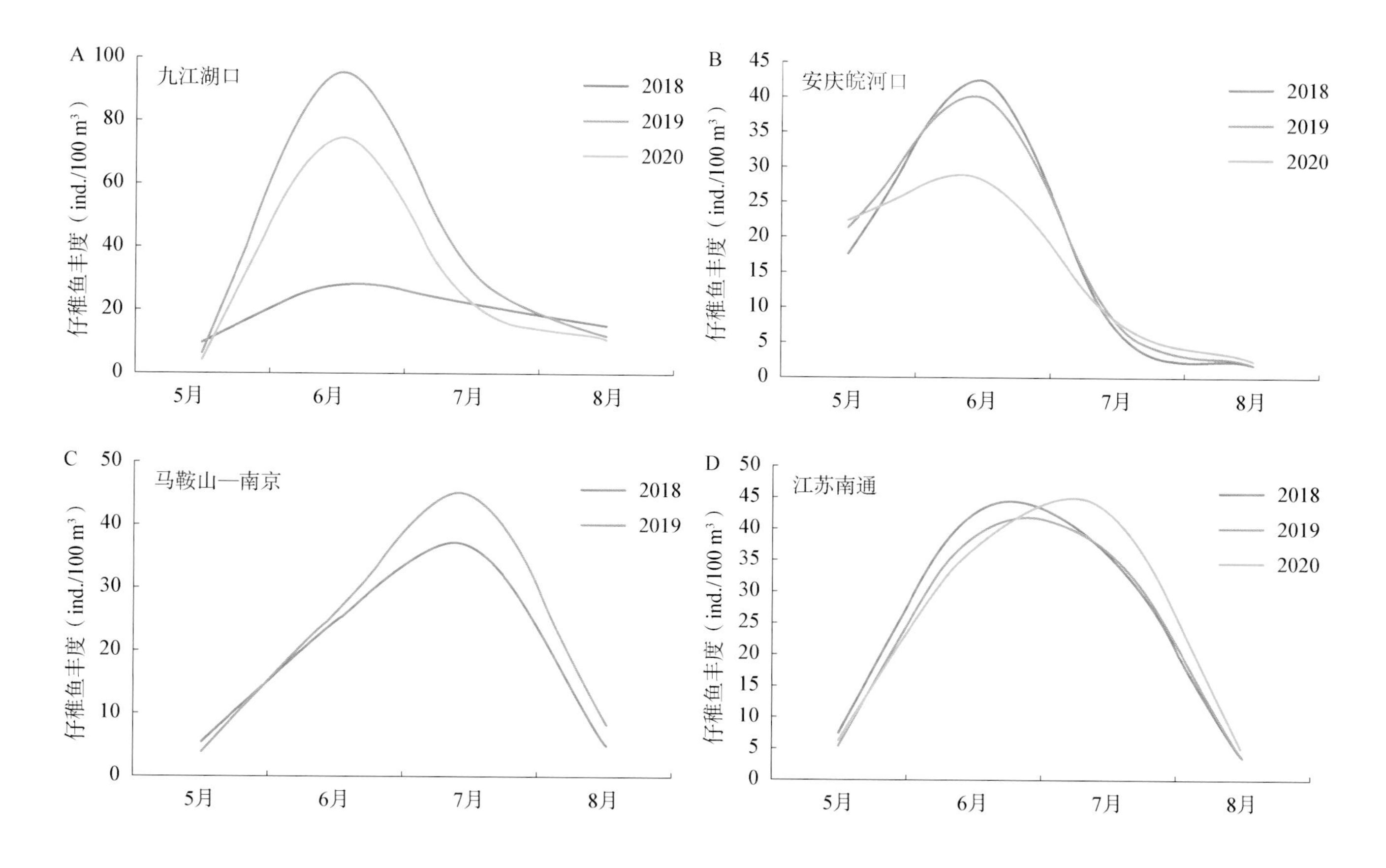


图 5-31
2018—2020 年长江下游 4 个采样江段鳌属仔稚鱼丰度的分布特征

## 五、飘鱼属

飘鱼属仔稚鱼的高峰期在 4 个江段存在一定的差异，九江湖口和安庆皖河口江段集中在 6 月，马鞍山—南京和江苏南通江段各年份高峰期均相对晚一些，主要集中在 7 月。九江湖口江段飘鱼属仔稚鱼的最高丰度出现在 2020 年 6 月；安庆皖河口江段仔稚鱼最高丰度出现在 2020 年 6 月；马鞍山—南京江段仔稚鱼最高丰度出现在 2019 年 7 月；江苏南通江段仔稚鱼最高丰度出现在 2019 年 7 月。2018—2020 年长江下游 4 个采样江段飘鱼属仔稚鱼丰度的分布特征如图 5-32 所示。

## 六、鳊

鳊仔稚鱼的高峰期在 4 个江段存在一定的差异，九江湖口和安庆皖河口江段鳊仔稚鱼高峰期集中在 6—7 月，而马鞍山—南京和江苏南通江段高峰期均出现在 6 月。安庆皖河口江段各年份仔稚鱼的丰度呈现出正态分布的趋势，

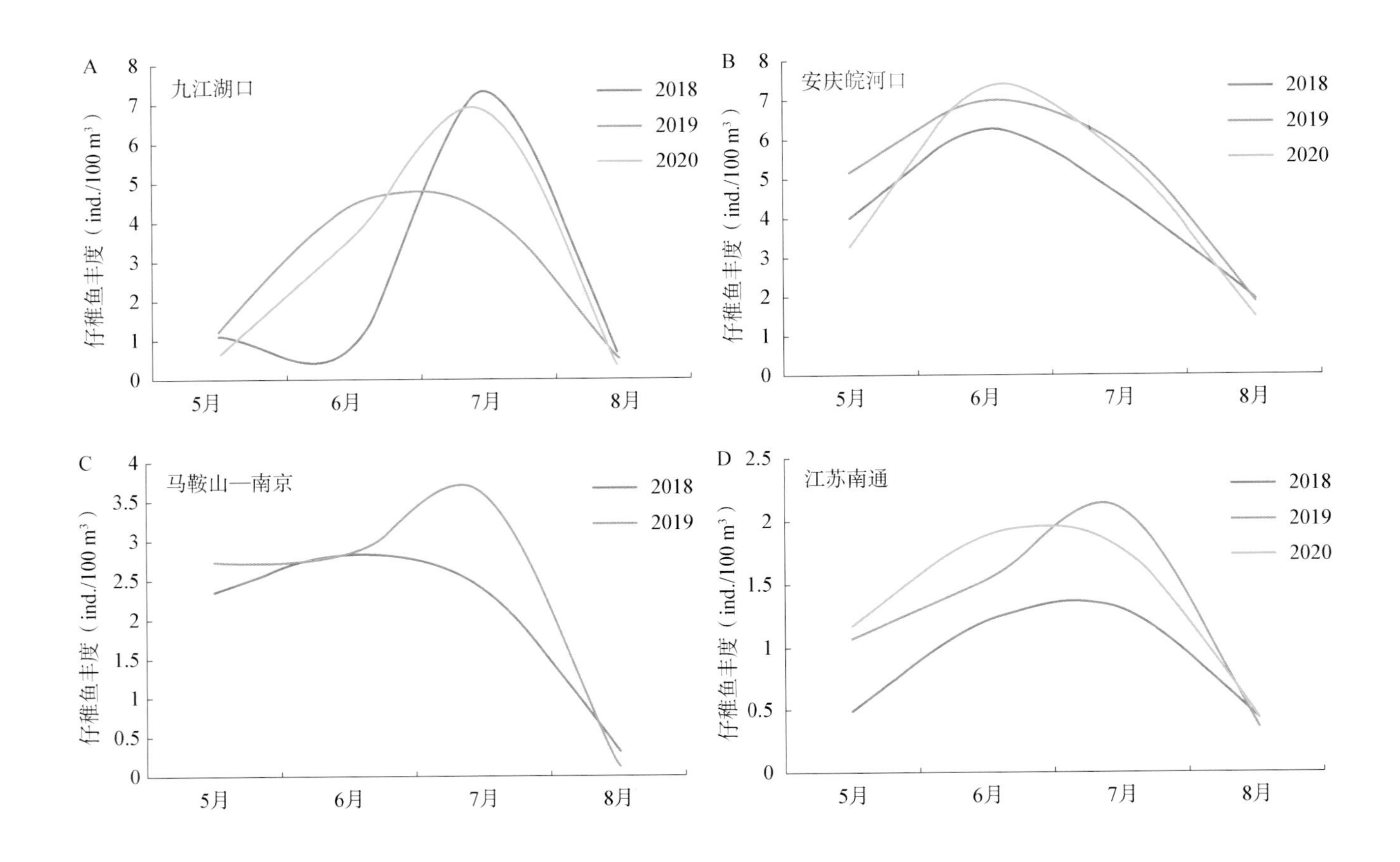


图 5-32
2018—2020 年长江下游4 个采样江段飘鱼仔稚鱼丰度的分布特征

高峰期主要集中在 6—7 月。江苏南通江段在 5 月出现一个高峰，随后下降出现一个高峰，出现这种现象的原因可能是由于该江段水文的特殊性，即在 6—7 月长江下游进入梅雨季，水流增大，不利于鳊的产卵活动。安庆皖河口江段鳊的丰度在 4 个江段中最高，最高丰度出现在 2018 年 6 月；其余江段丰度较低。2018—2020 年长江下游 4 个采样江段鳊仔稚鱼丰度的分布特征如图 5-33 所示。

## 七、似鳊

在长江下游 4 个采样江段的早期资源调查中均采集到似鳊仔稚鱼，其中在九江湖口、安庆皖河口和江苏南通江段各调查年份均采集到似鳊，而在马鞍山—南京江段仅 2018 年采集到似鳊仔稚鱼。九江湖口、安庆皖河口和江苏南通江段似鳊仔稚鱼高峰期均集中在 5—7 月，其他月份丰度较低。其中，在江湖口江段的峰值在 7 月；安庆皖河口江段似鳊仔稚鱼的丰度是 4 个江段中贡献最高的，且 2018 年 7 月丰度最高；江苏南通江段在 5 月出现小高峰，6 月较低，从 7 月开始逐渐下降，在 8 月达到最低。2018—2020 年长江下游 4 个采样江段似鳊仔稚鱼丰度的分布特征如图 5-34 所示。

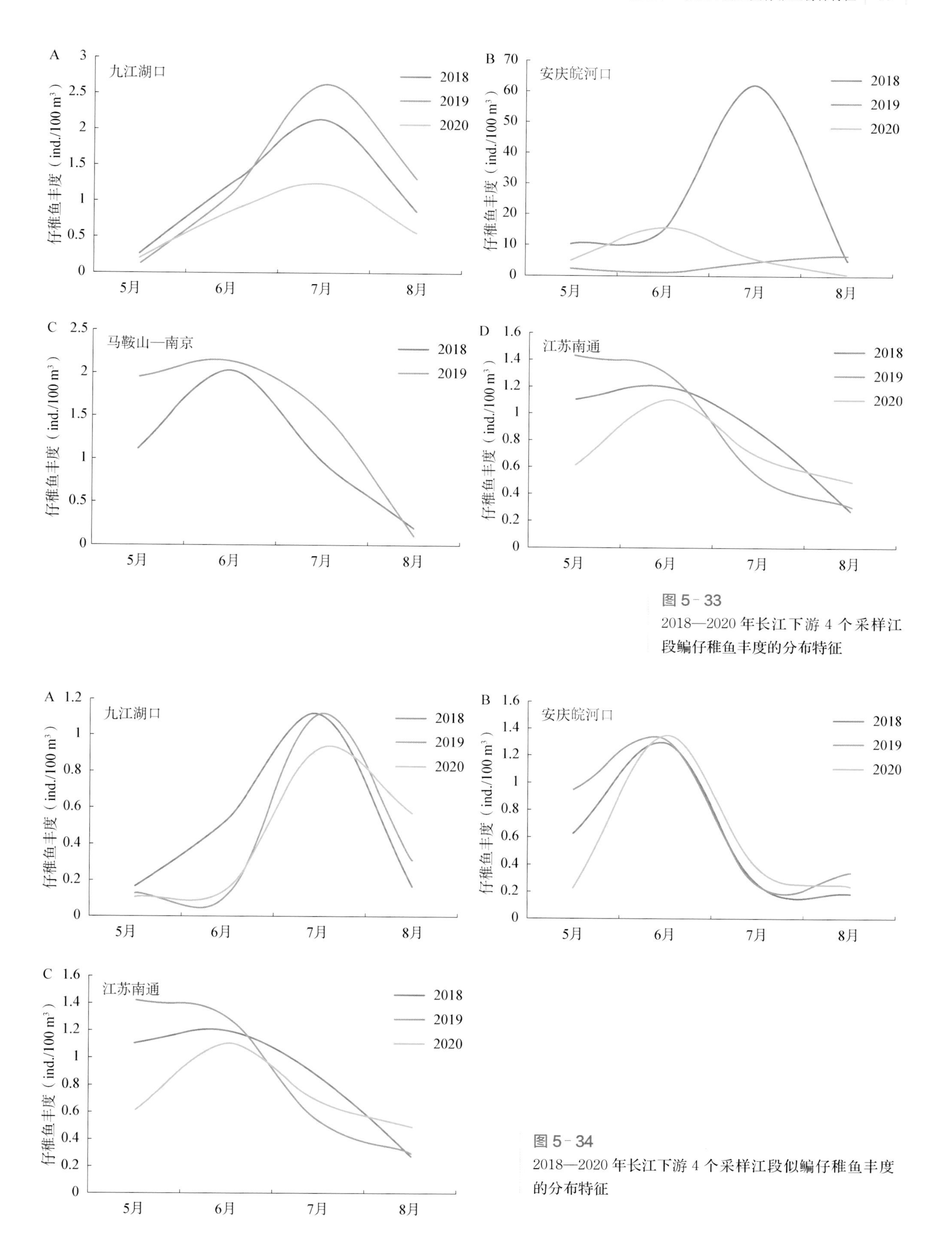


图 5-33
2018—2020 年长江下游 4 个采样江段鳊仔稚鱼丰度的分布特征

图 5-34
2018—2020 年长江下游 4 个采样江段似鳊仔稚鱼丰度的分布特征

## 八、四大家鱼

四大家鱼(青鱼、草鱼、鲢、鳙)是典型的河湖洄游性鱼类,其繁殖活动受江水流量和江水温度影响较大。九江湖口江段四大家鱼仔稚鱼丰度水平较低,最高丰度为 2019 年 7 月;安庆皖河口江段四大家鱼仔稚鱼丰度相对较高,年间丰度呈逐年下降的趋势,最高丰度为 2018 年 7 月,2020 年四大家鱼的仔稚鱼丰度均较低;马鞍山—南京江段 2019 年 5—6 月有四大家鱼的仔稚鱼出现,丰度相对较高;江苏南通江段四大家鱼仔稚鱼年间丰度变化呈逐年下降趋势,2019—2020 年仔稚鱼丰度高峰期均在 6 月份出现。2018—2020 年长江下游 4 个采样江段四大家鱼仔稚鱼丰度的分布特征如图 5-35 所示。

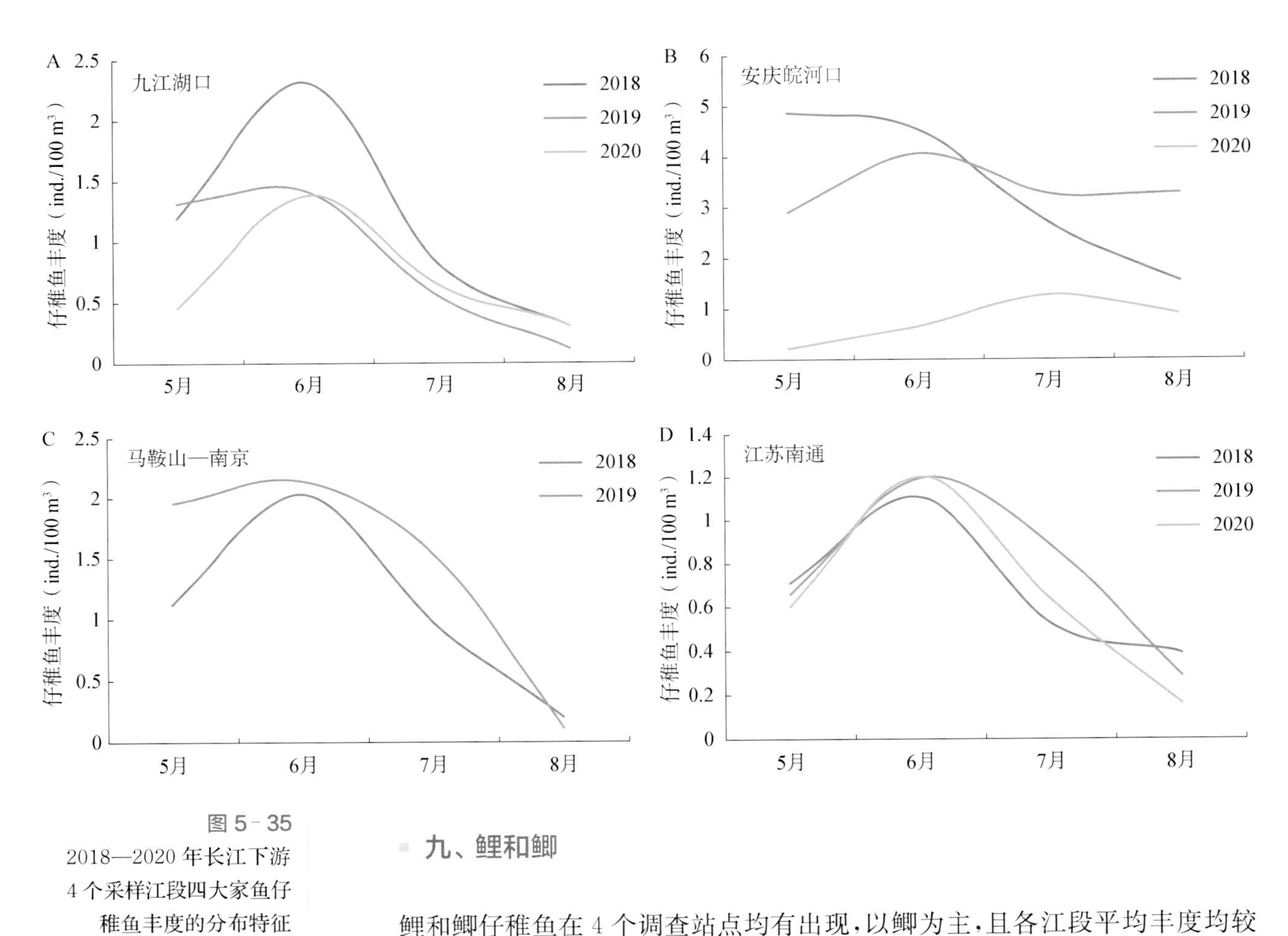


图 5-35
2018—2020 年长江下游 4 个采样江段四大家鱼仔稚鱼丰度的分布特征

## 九、鲤和鲫

鲤和鲫仔稚鱼在 4 个调查站点均有出现,以鲫为主,且各江段平均丰度均较低。九江湖口江段仔稚鱼丰度年间变化趋势表现为先下降后上升再下降,最高丰度出现在 2018 年 6 月;安庆皖河口江段仔稚鱼丰度总体上呈逐年上升的趋势,最高丰度出现在 2020 年 6 月;马鞍山—南京江段 2018 年和 2019 年均采集到仔稚鱼,年间丰度有下降趋势,最高丰度出现在 2018 年 6 月;江苏南通江段各年份仔稚鱼丰度相差较小，连续3年的峰值出现时间分别均为6月份。2018—2020年长江下游4个采样江段鲤和鲫仔稚鱼丰度的分布特征见图5-36。

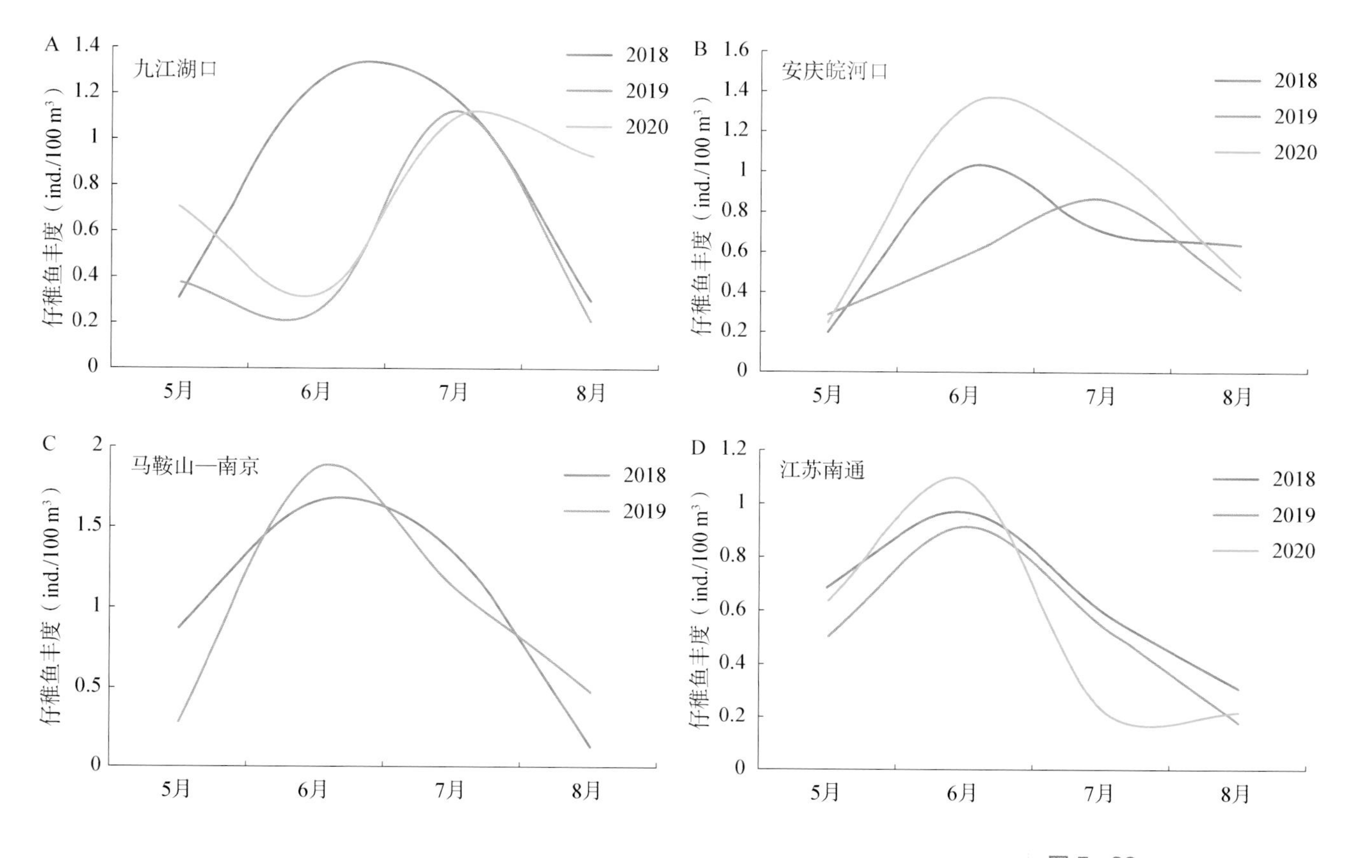


图5-36
2018—2020年长江下游4个采样江段鲤和鲫仔稚鱼丰度的分布特征

## 十、鮈亚科（银鮈、麦穗鱼、棒花鱼）

鮈亚科仔稚鱼在各调查站点的出现频率以及丰度水平均较低。九江湖口江段2019年6月仔稚鱼的出现频率和丰度水平最高；安庆皖河口江段连续3年调查期间均有鮈亚科仔稚鱼出现，仔稚鱼丰度的年间变化呈现出先上升后下降的趋势，最高丰度出现在2020年6月；马鞍山—南京江段仅2019年采集到仔稚鱼仅1尾；江苏南通江段在2019—2020年有鮈亚科仔稚鱼出现，最高丰度出现在2019年7月。2018—2020年长江下游4个采样江段鮈亚科仔稚鱼丰度的分布特征如图5-37所示。

## 十一、鲌类（翘嘴鲌和达氏鲌等）

长江下游九江湖口至江苏南通的4个调查站点均采集到鲌属和原鲌属仔稚鱼，但相对较少，为便于整体动态变化描述，将其统称为鲌类。九江湖口江段鲌类仔稚鱼丰度呈逐年下降的趋势，其中2018年7月仔稚鱼丰度水平最高，2020年仅6月短时间有仔稚鱼出现；安庆皖河口江段仔稚鱼丰度整体上表现出下降

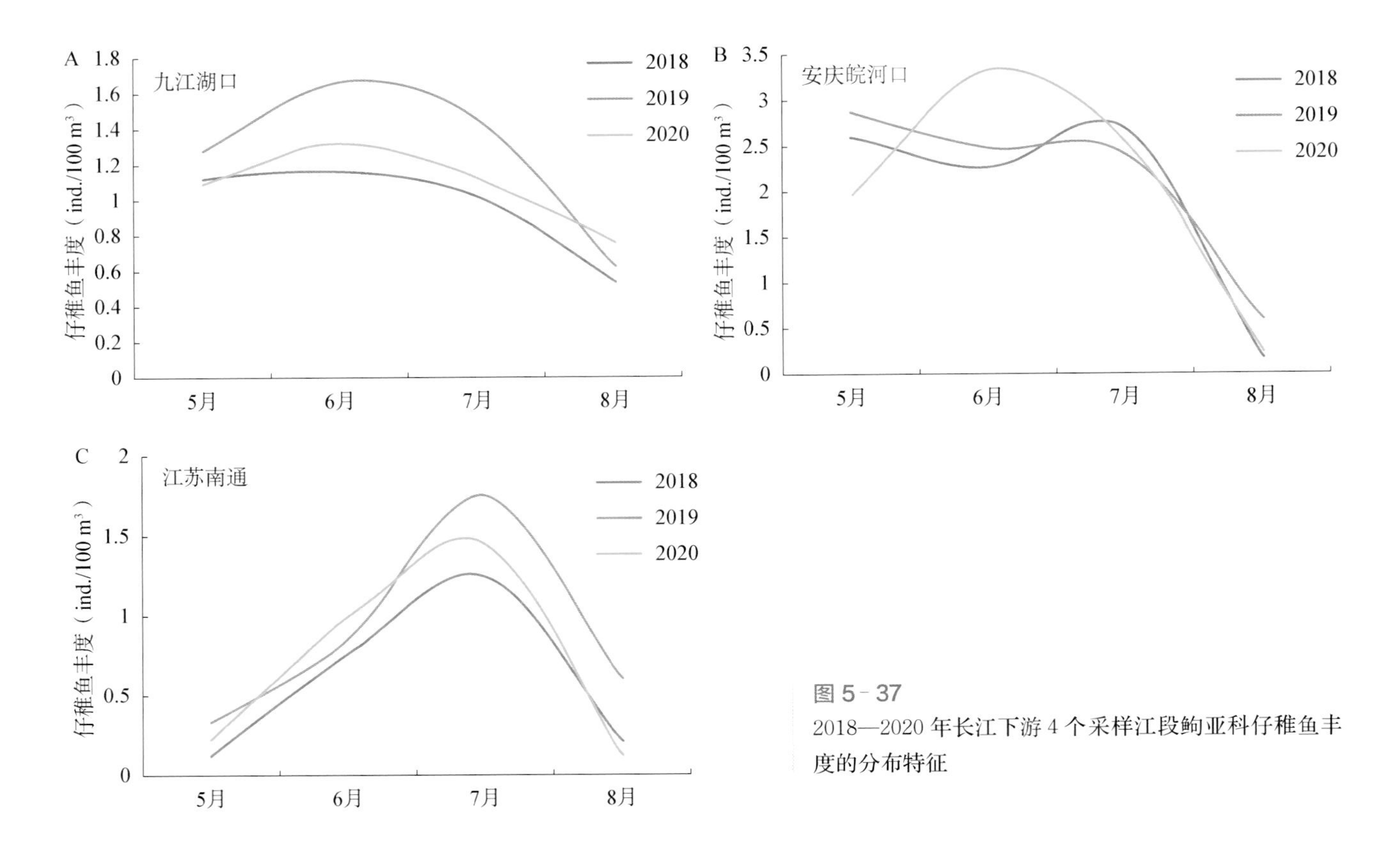


图 5-37

2018—2020 年长江下游 4 个采样江段鮈亚科仔稚鱼丰度的分布特征

的趋势，丰度高峰期主要出现在 6 月和 7 月，2018 年和 2019 年最高丰度分别出现在 7 月和 8 月，2020 年 6 月仔稚鱼丰度为各江段最高；马鞍山—南京江段年间仔稚鱼丰度呈先上升后下降的趋势，其中 2018 年丰度高峰期出现较晚（为 7 月），2019 年丰度高峰期则出现较早（为 6 月），至 2020 年最高丰度明显下降；江苏南通江段仔稚鱼丰度水平为各江段最低，年间仔稚鱼丰度表现出先升后降的趋势，最高丰度为 2018 年 7 月，2020 年虽有升高，但最高丰度为 7 月。2018—2020 年长江下游 4 个采样江段鲌类仔稚鱼丰度的分布特征如图 5-38 所示。

## 十二、鲴属(银鲴和黄尾鲴等)

长江下游九江湖口至江苏南通江段的 4 个调查站点均采集到银鲴、细鳞鲴、黄尾鲴等仔稚鱼，为更好描述其种群动态，将其全部归为鲴属。九江湖口江段 2018—2019 年仔稚鱼丰度均较高，高峰期集中在 7 月，至 2020 年仔稚鱼急剧下降，远低于往年；安庆皖河口江段各年份每月均有仔稚鱼出现，仔稚鱼丰度在 5—7 月均有较高水平，整体上呈先升后降的趋势，其中最高丰度出现在 2020 年 6 月；马鞍山—南京江段仔稚鱼出现频率及仔稚鱼丰度均呈逐年下降的趋势，2019 年 7 月出现最高丰度；江苏南通江段仔稚鱼丰度高峰期集中出现在 7 月，也表现出逐年降低的趋势。2018—2020 年长江下游 4 个采样江段鲴属仔稚鱼丰度的分布特征如图 5-39 所示。

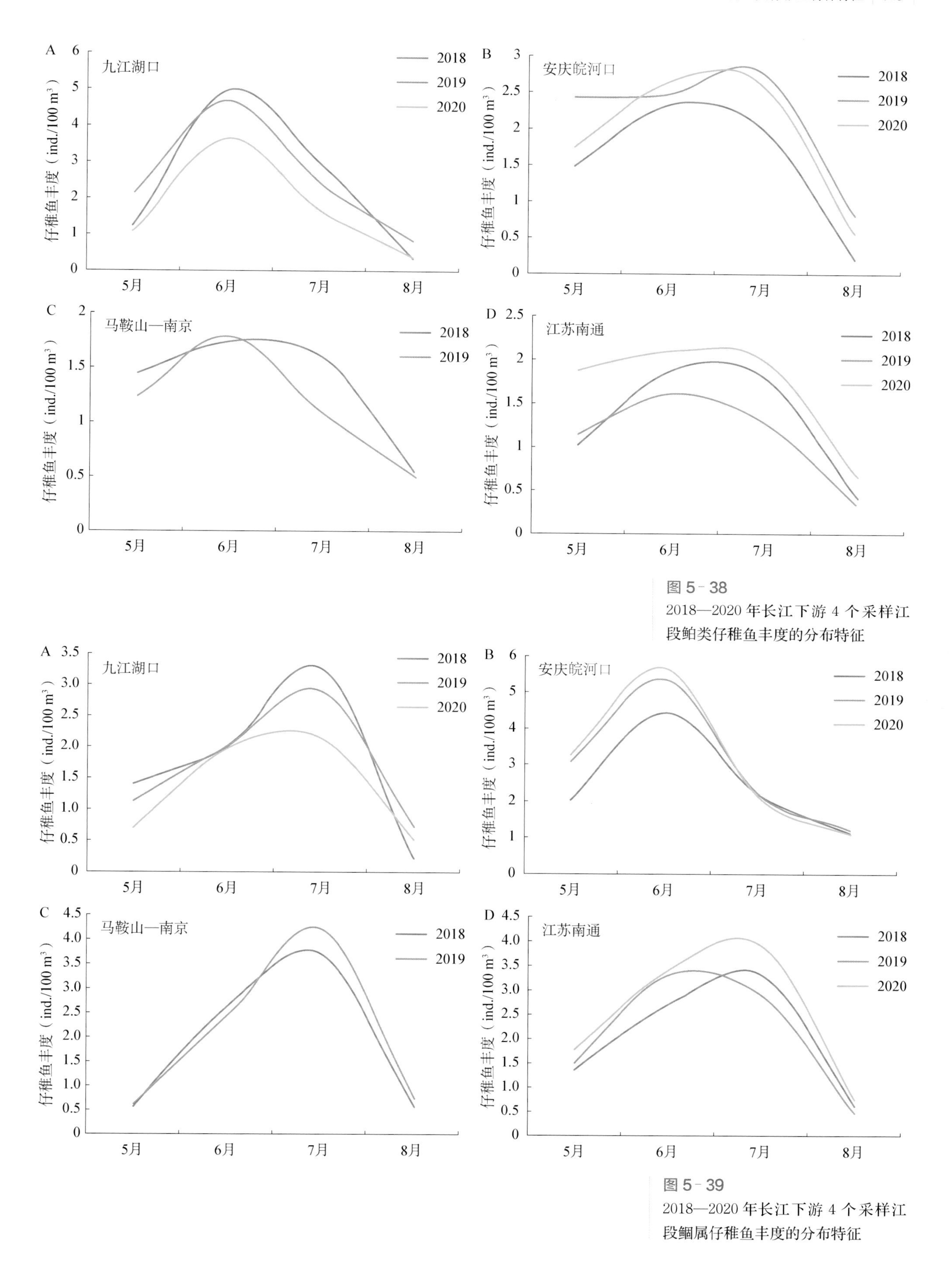


图 5-38
2018—2020 年长江下游 4 个采样江段鲌类仔稚鱼丰度的分布特征

图 5-39
2018—2020 年长江下游 4 个采样江段鲴属仔稚鱼丰度的分布特征

## 十三、鳑属

在长江下游的 4 个采样江段，鳑属仔稚鱼仅在九江湖口至马鞍山—南京江段的调查站点有采集到，而在江苏南通江段则未有发现。九江湖口江段仔稚鱼丰度有逐年上升的趋势，但各年份出现频率则呈现先上升后下降的趋势，2018 年和 2020 年均只有单独月份有仔稚鱼出现，其中 2020 年 6 月出现丰度最高值；安庆皖河口江段仔稚鱼最高丰度出现在 2019 年 6 月，其他年份丰度相对较低，但高峰期集中均在 6 月；马鞍山—南京江段 2018 年和 2019 年均采集到鳑属仔稚鱼，高峰期均在 7 月出现。2018—2020 年长江下游 4 个采样江段鳑属仔稚鱼丰度的分布特征如图 5-40 所示。

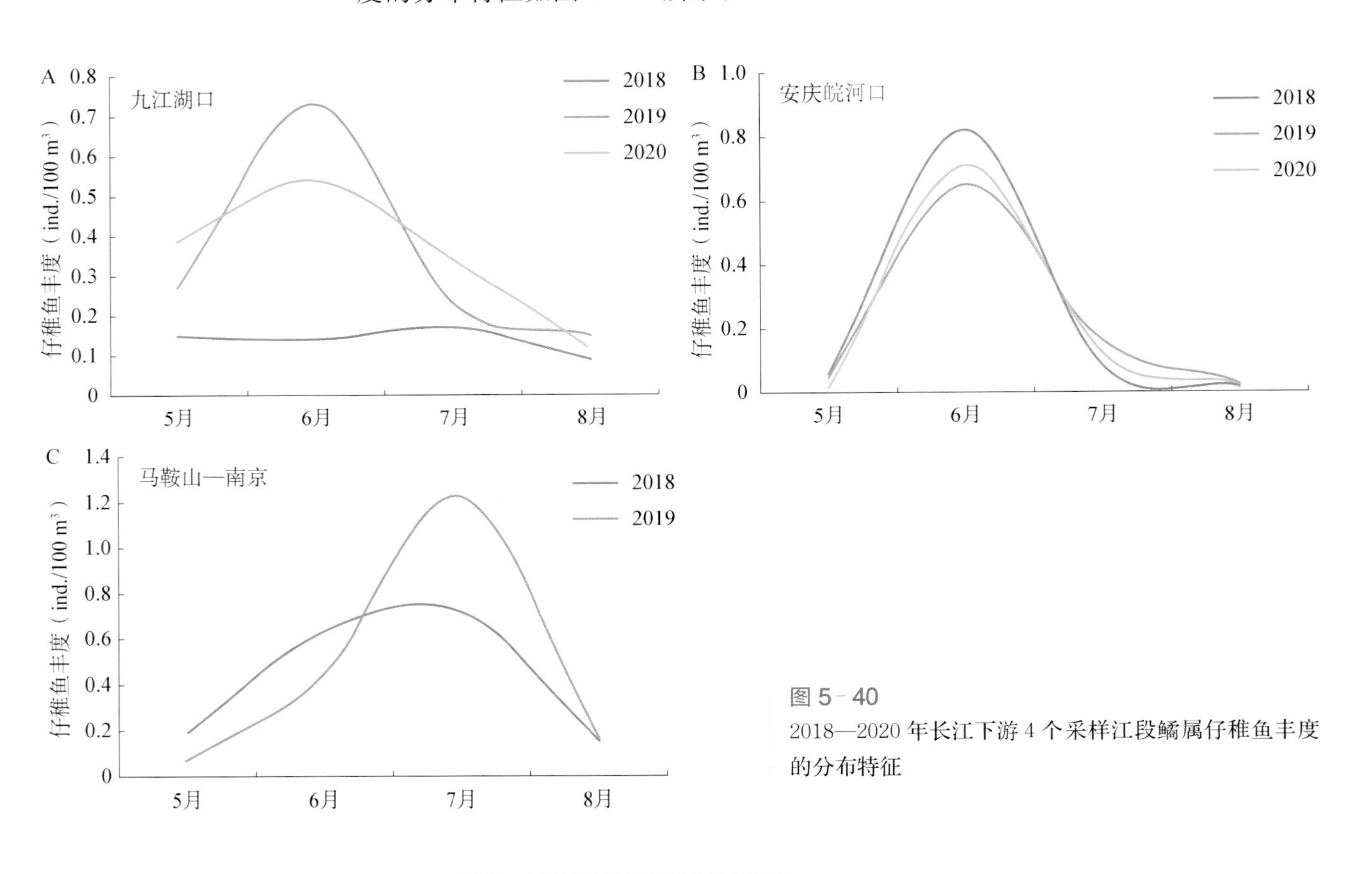


图 5-40
2018—2020 年长江下游 4 个采样江段鳑属仔稚鱼丰度的分布特征

## 十四、鳈属（华鳈和黑鳍鳈）

鳈属仔稚鱼包括华鳈和黑鳍鳈。在长江下游的 4 个调查站点仅安庆皖河口、江苏南通江段有少量出现。安庆皖河口江段仔稚鱼丰度逐年下降，最高丰度出现在 2019 年 7 月，2018 年和 2020 年鳈属仔稚鱼高峰期的平均丰度均较低；江苏南通江段仅 2018 年 8 月有鳈属仔稚鱼出现。2018—2020 年长江下游 2 个采样江段鳈属仔稚鱼丰度的分布特征如图 5-41 所示。

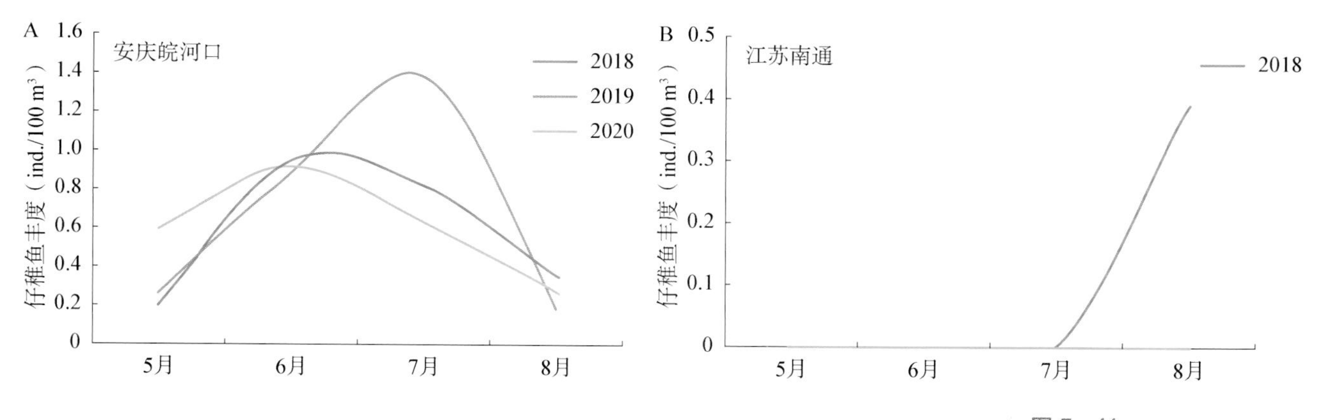


图 5-41
2018—2020 年长江下游 4 个采样江段鳈属仔稚鱼丰度的分布特征

## 十五、鰕虎鱼科

鰕虎鱼科仔稚鱼是长江下游 4 个调查站点较为常见的小型鱼类，数量不多，但出现频率较高。九江湖口江段鰕虎鱼科仔稚鱼丰度呈逐年下降的趋势，另外 3 个站点均呈逐年上升的趋势。九江湖口江段最高丰度出现在 2019 年 6 月，2020 年整体上丰度均较低；安庆皖河口江段鰕虎鱼科仔稚鱼在 2019 年 7 月出现最高丰度；马鞍山—南京江段鰕虎鱼科仔稚鱼最高丰度出现在 2019 年 6 月；江苏南通江段鰕虎鱼科仔稚鱼各年份丰度变化趋势相近，高峰期集中出现在 7 月，以 2020 年 7 月仔稚鱼丰度最高。2018—2020 年长江下游 4 个采样江段鰕虎鱼科仔稚鱼丰度的分布特征如图 5-42 所示。

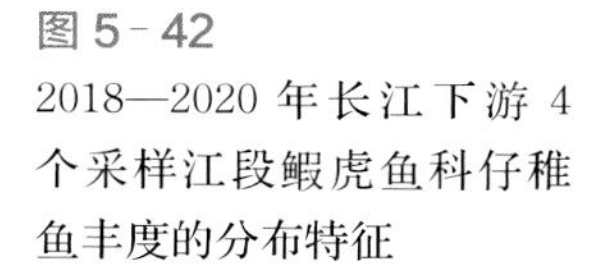

图 5-42
2018—2020 年长江下游 4 个采样江段鰕虎鱼科仔稚鱼丰度的分布特征

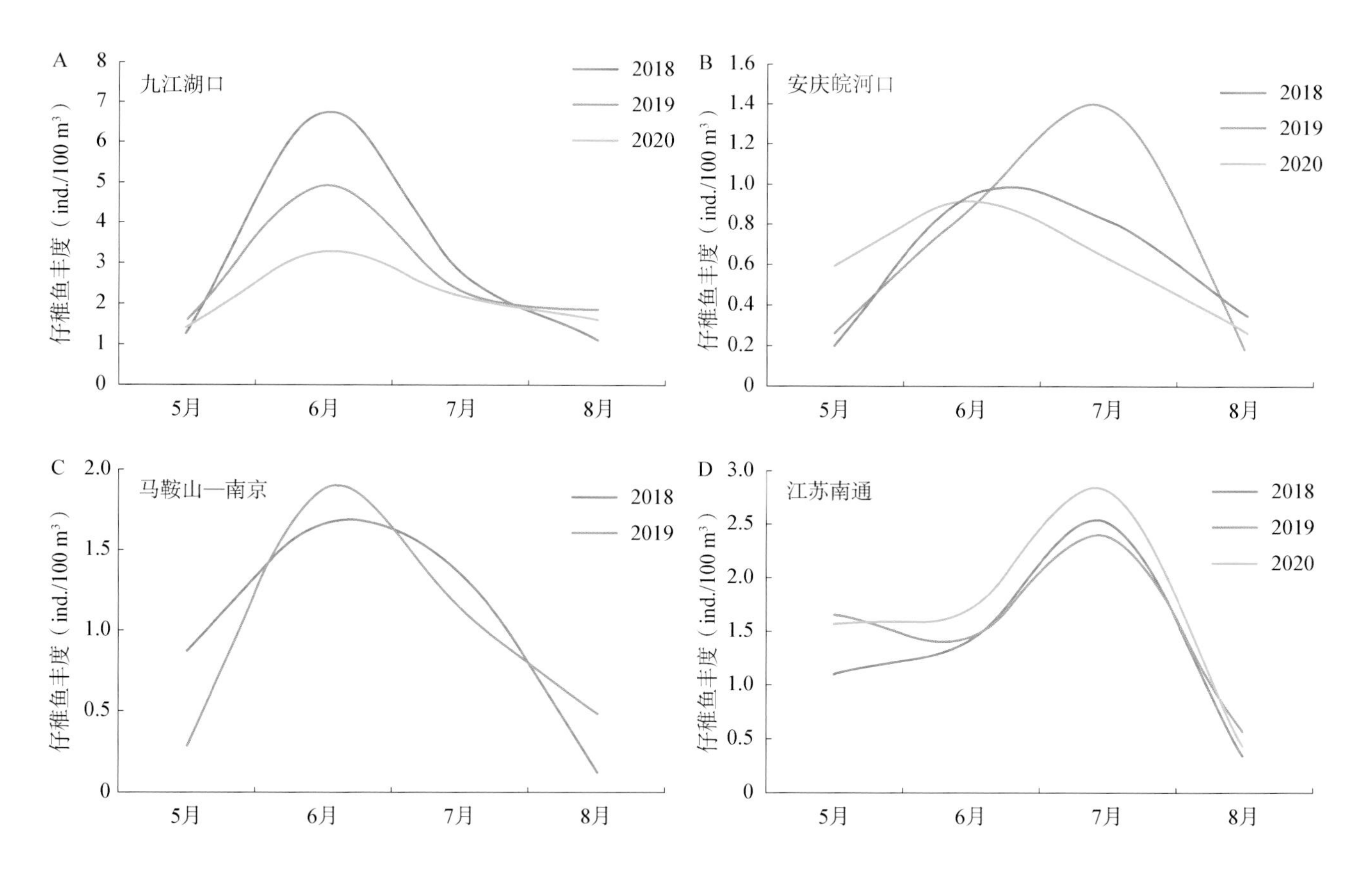

## 十六、鳜属

鳜属仔稚鱼在长江下游4个站点的丰度高峰主要在6—7月出现，其中安庆皖河口、马鞍山—南京江段丰度较高，九江湖口、江苏南通江段相对较低。九江湖口江段仔稚鱼年间出现频率呈先上升后下降的趋势，2019年7月鳜属仔稚鱼的丰度最大；安庆皖河口江段连续3年鳜属仔稚鱼在6—7月出现丰度高峰，年间7月平均丰度呈先下降后上升的趋势，其中2018年7月仔稚鱼丰度最高，2019年7月最低；马鞍山—南京江段各年份鳜属仔稚鱼丰度呈不同变化趋势，高峰期出现时间差异性最大，其中2018年6月的丰度最高；江苏南通江段鳜属仔稚鱼丰度变化趋势整体上相一致，以6月、7月丰度较高，5月和8月相对较低，在6月达到丰度高峰期，其中2018年6月丰度最高。2018—2020年长江下游4个采样江段鳜属仔稚鱼丰度的分布特征如图5-43所示。

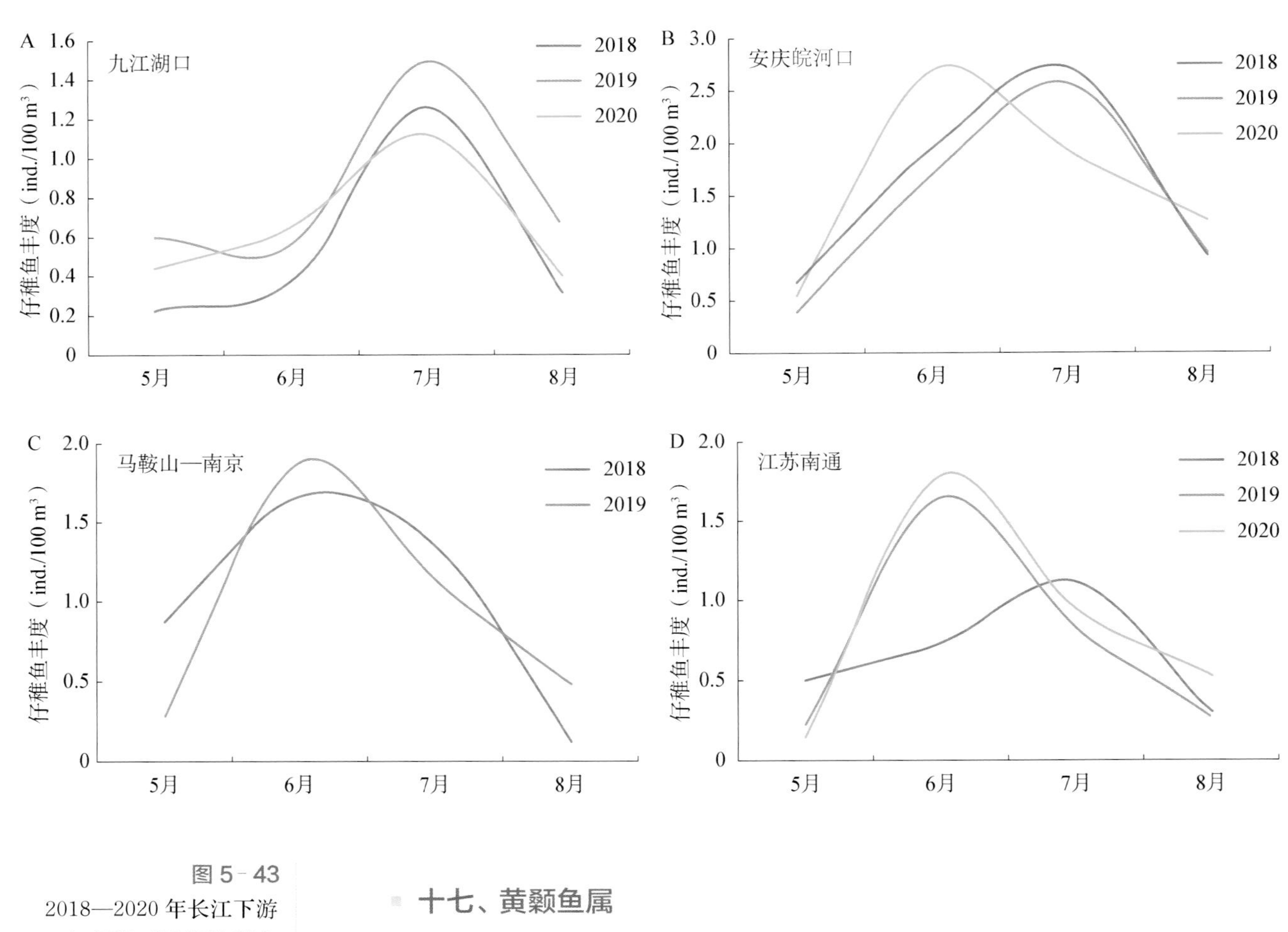


图5-43
2018—2020年长江下游4个采样江段鳜属仔稚鱼丰度的分布特征

## 十七、黄颡鱼属

黄颡鱼属仔稚鱼在长江下游的4个调查站点均有出现，仅安庆皖河口江段年际间出现具连续性，各江段、各年份仔稚鱼丰度变化趋势不尽相同。九江湖口江段仔稚鱼发生及高峰期时间较为接近，2019 年丰度整体高于 2018 年，3 年的最高丰度均为每年的 6 月；安庆皖河口江段仔稚鱼年均丰度逐年下降，最高丰度为 2018 年 6 月；马鞍山—南京江段各年度采样尾数均较少；江苏南通江段各年份仔稚鱼最高丰度出现在 2018 年 6 月。2018—2020 年长江下游 4 个采样江段黄颡鱼属仔稚鱼丰度的分布特征如图 5 - 44 所示。

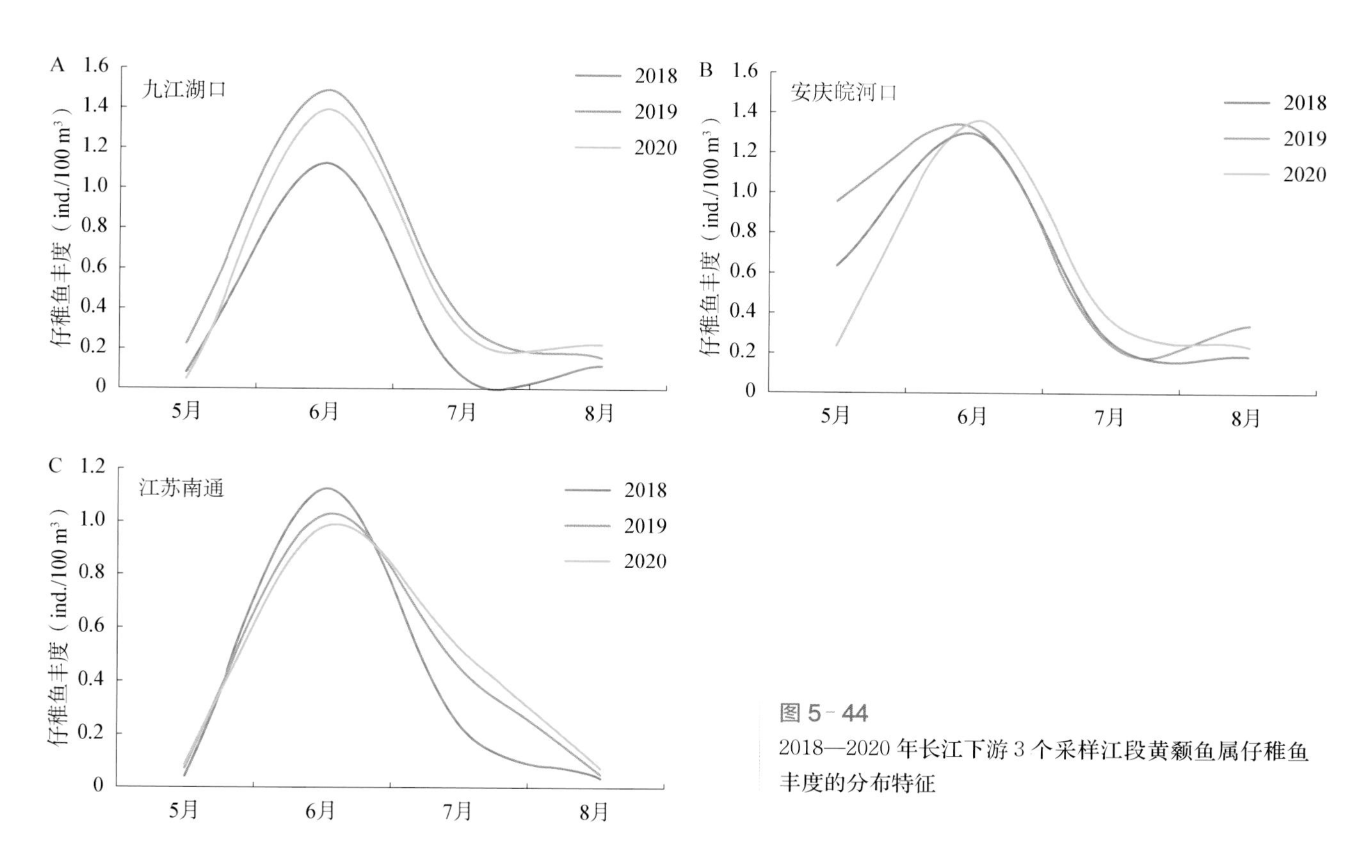


图 5 - 44
2018—2020 年长江下游 3 个采样江段黄颡鱼属仔稚鱼丰度的分布特征

# 第六章

# 长江下游仔稚鱼资源时空格局

# 第一节 九江湖口江段仔稚鱼资源时空格局

## 一、2018年九江湖口江段仔稚鱼时空分布

2018年九江湖口江段仔稚鱼日均丰度为187.93 ind./100 m$^3$，变化范围在3.21～505.05 ind./100 m$^3$。调查周期内，月平均丰度第一次采样（4月下旬）最低（17.29 ind./100 m$^3$），第四次采样（7月下旬）最高（401.91 ind./100 m$^3$），整体呈现至第二次采样（6月上旬）先上升随后下降、至第四次采样（7月下旬）再上升的趋势（图6-1）。

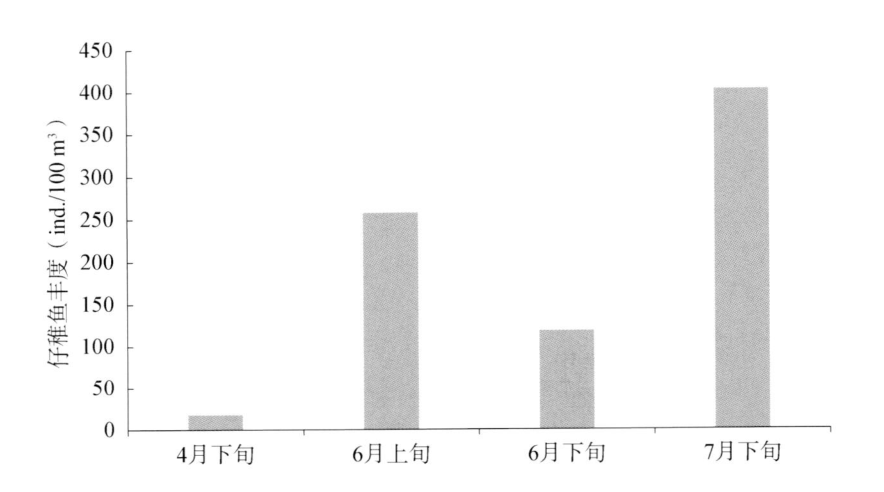


图6-1 2018年九江湖口江段仔稚鱼的时间分布规律

对比调查断面3个点位仔稚鱼的丰度分布（图6-2），左岸的仔稚鱼日丰度变化范围在4.42～1 353.69 ind./100 m$^3$，均值为369.45 ind./100 m$^3$；月均丰度最低值出现在第一次采样（4月下旬），峰值出现在第四次采样（7月下旬）；各次仔稚鱼平均丰度依次为11.36 ind./100 m$^3$、483.81 ind./100 m$^3$、190.19 ind./100 m$^3$和898.19 ind./100 m$^3$。江心仔稚鱼日丰度变化范围在0.65～298.24 ind./100 m$^3$，均值为49.50 ind./100 m$^3$；月均丰度最低值出现在第一次采样（4月下旬），峰值出现在第四次采样（7月下旬）；各月仔稚鱼平均丰度依次为2.42 ind./100 m$^3$、21.26 ind./100 m$^3$、20.62 ind./100 m$^3$和179.74 ind./100 m$^3$。右岸仔稚鱼日丰度变化范围在3.82～886.36 ind./100 m$^3$，均值为144.85 ind./100 m$^3$；月均丰度最低值出现在第一次采样（4月下旬），峰值出现在第三次采样（6月上旬）；各月仔稚鱼平均丰度为38.08 ind./100 m$^3$、267.78 ind./100 m$^3$、142.31 ind./100 m$^3$和127.79 ind./100 m$^3$。

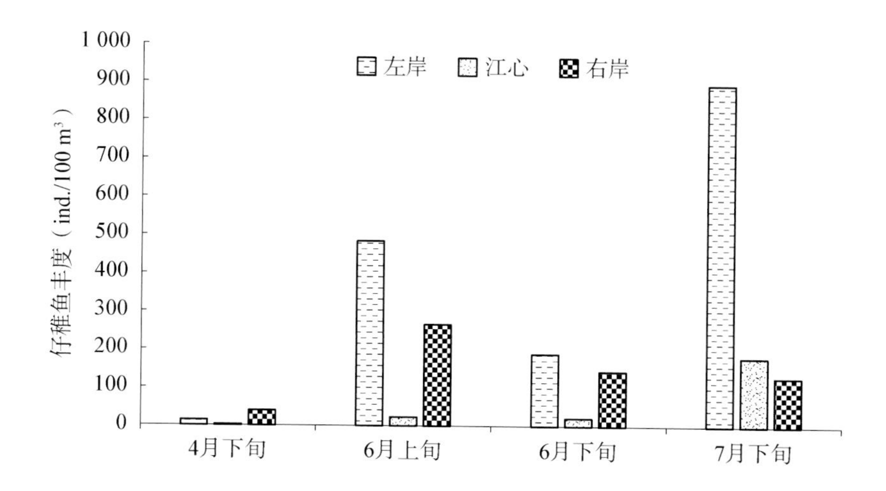


图 6-2
2018 年九江湖口江段仔稚鱼的空间分布规律

## 二、2019 年九江湖口江段仔稚鱼时空分布

2019 年九江湖口江段仔稚鱼日平均丰度为 207.56 ind./100 $m^3$，变化范围在 0.54～1 291.31 ind./100 $m^3$，最低值出现在 4 月 19 日，最高值出现在 6 月 23 日。调查期间出现 3 次明显的高峰期，分别为 5 月 13—29 日、6 月 11—26 日和 7 月 10—16 日，对应仔稚鱼峰值依次为 849.52 ind./100 $m^3$、1 291.31 ind./100 $m^3$ 和 486.32 ind./100 $m^3$。调查期间，5 月 13—26 日仔稚鱼丰度整体呈逐日上升趋势，随后开始下降；6 月 11 日仔稚鱼丰度开始第二次上升，持续至 6 月 26 日，之后开始下降；7 月 10 日仔稚鱼丰度出现小幅度上升，持续 1 周后再次下降，之后始终维持在较低水平（图 6-3）。

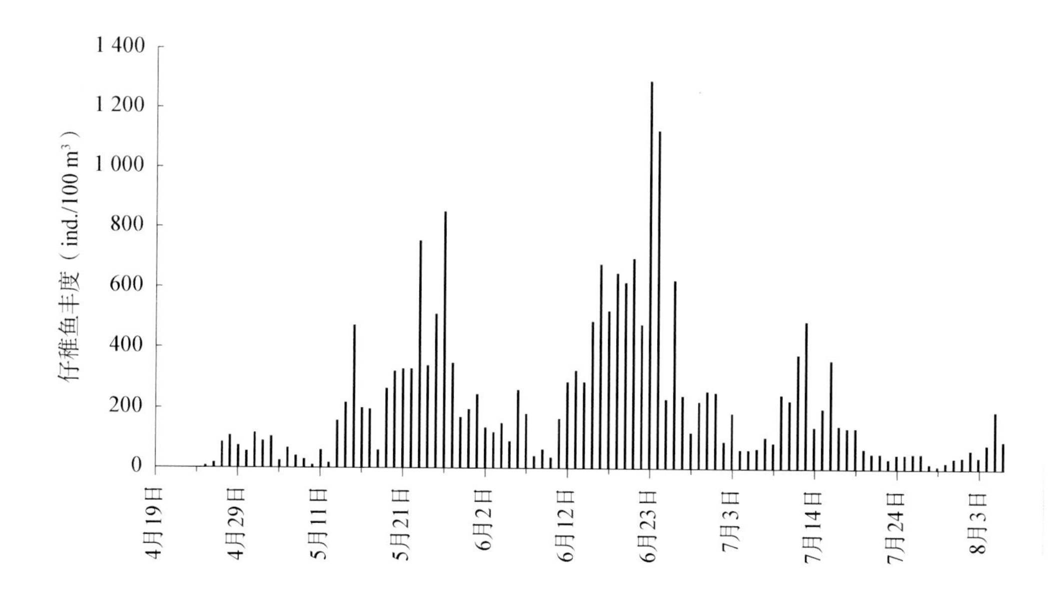


图 6-3
2019 年九江湖口江段仔稚鱼的时间分布规律

对比调查断面 3 个点位仔稚鱼丰度分布（图 6-4），左岸的仔稚鱼丰度变化范围在 0.78～1 952.87 ind./100 $m^3$，均值为 238.20 ind./100 $m^3$，峰值出现在 5

月23日，最低值出现在4月23日；有两个明显的高丰度集中时间段，分别在5月11—25日和6月12—26日，均值分别为685.73 ind./100 $m^3$ 和422.38 ind./100 $m^3$；6月27日后左岸仔稚鱼维持在较低水平。江心的仔稚鱼丰度变化范围在0.69～976.60 ind./100 $m^3$，均值为88.04 ind./100 $m^3$，峰值出现在7月13日，最低值出现在4月19日；有两次高丰度集中时间段，分别在6月4—27日和7月8—20日，均值分别为157.68 ind./100 $m^3$ 和246.96 ind./100 $m^3$。右岸的仔稚鱼丰度变化范围在0.66～3 335.68 ind./100 $m^3$，均值为303.31 ind./100 $m^3$，峰值出现在6月23日，最低值出现在4月20日；有3个丰度集中时间段，分别在5月19日至6月1日、6月11日至7月3日和7月10—19日，均值分别为443.31 ind./100 $m^3$、847.85 ind./100 $m^3$ 和333.22 ind./100 $m^3$。

对2019年仔稚鱼丰度空间分布进行one-way ANOVA分析，结果显示，仔稚鱼丰度在近岸采样点和江心呈极显著差异($P<0.01$)，而左岸与右岸的仔稚鱼丰度变化并无差异性。

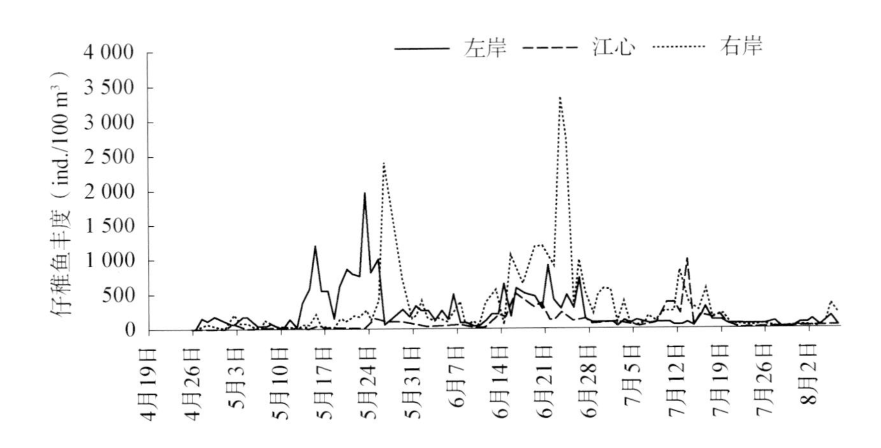


图6-4
2019年九江湖口江段仔稚鱼的空间分布规律

## 三、2020年九江湖口江段仔稚鱼时空分布

2020年九江湖口江段仔稚鱼日均丰度为23.95 ind./100 $m^3$，变化范围在1.58～238.43 ind./100 $m^3$，最低值出现在5月19日，最高值出现在7月16日。调查期间出现3次明显的高峰期，分别为5月29日、6月23日和7月12日，对应仔稚鱼峰值依次为69.52 ind./100 $m^3$、238.43 ind./100 $m^3$ 和76.52 ind./100 $m^3$。调查周期内月平均丰度以5月最低、7月最高，整体呈现错落升降的正态分布趋势(图6-5)。

对比调查断面3个点位仔稚鱼丰度分布(图6-6)，左岸的仔稚鱼日丰度变化范围在1.49～86.32 ind./100 $m^3$，均值为13.78 ind./100 $m^3$；月均丰度最低值

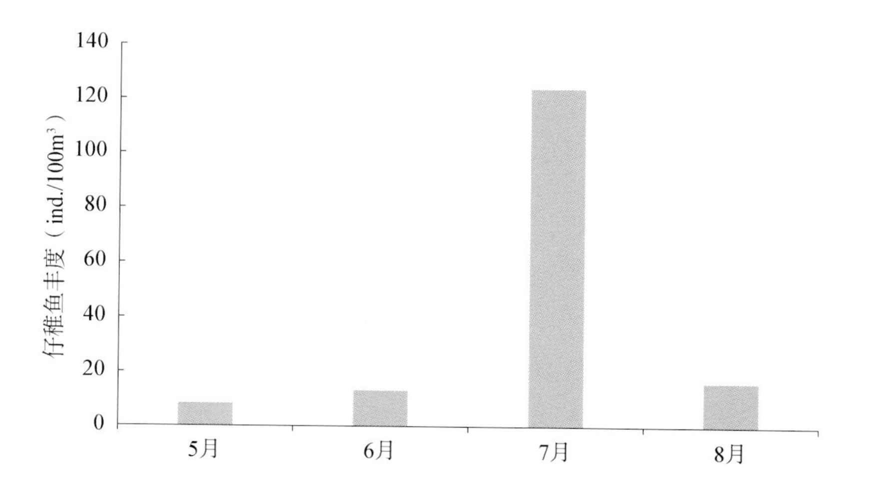


图 6-5
2020 年九江湖口江段仔稚鱼的时间分布规律

出现在 5 月，峰值出现在 8 月，月仔稚鱼平均丰度依次为 4.19 ind./100 m$^3$ 和 26.34 ind./100 m$^3$。江心仔稚鱼日丰度变化范围在 2.10～76.38 ind./100 m$^3$，均值为 12.84 ind./100 m$^3$；月均最低值出现在 8 月，峰值出现在 7 月，月仔稚鱼平均丰度依次为 9.52 ind./100 m$^3$ 和 26.32 ind./100 m$^3$。右岸仔稚鱼日丰度变化范围在 0.86～48.15 ind./100 m$^3$，均值为 16.83 ind./100 m$^3$；月均丰度最低值出现在 5 月，峰值出现在 8 月，月仔稚鱼平均丰度分别为 8.36 ind./100 m$^3$ 和 32.49 ind./100 m$^3$。

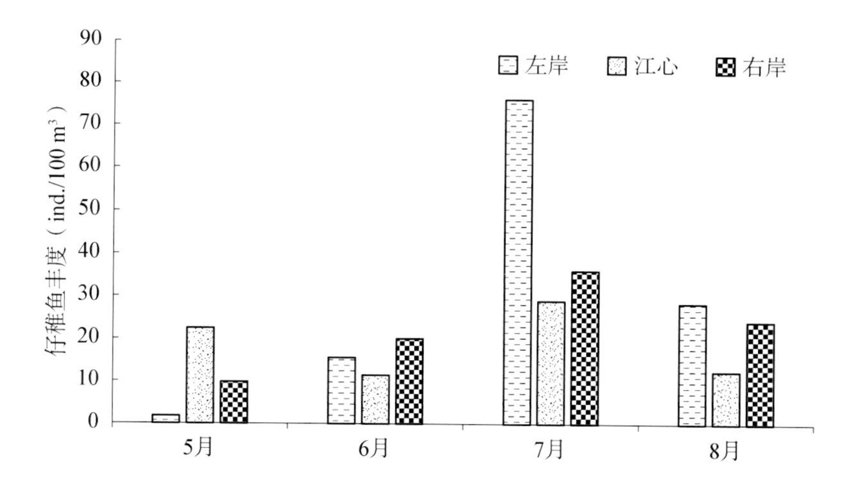


图 6-6
2020 年九江湖口江段仔稚鱼的空间分布规律

# 第二节 · 安庆皖河口江段仔稚鱼资源时空格局

## 一、2018 年安庆皖河口江段仔稚鱼时空分布

2018 年安庆皖河口江段仔稚鱼日平均丰度为 853.14 ind./100 m$^3$，变化范围在 5.59～4 920.63 ind./100 m$^3$，最低值出现在 4 月 27 日，最高值出现在 6 月 6 日。调

查期间出现 3 次明显的高峰期，分别为 5 月 3—17 日、5 月 21 日至 6 月 10 日和 7 月 6—20 日，对应仔稚鱼峰值依次为 2 031.21 ind./100 m³、4 921.63 ind./100 m³ 和 2 738.61 ind./100 m³。在 6 月 6 日前仔稚鱼丰度整体呈波动性上升趋势；6 月中下旬仔稚鱼丰度维持在较低水平，未出现大规模上涨；7 月 6—20 日仔稚鱼丰度维持在较高水平，随后逐日下降，直至调查结束（图 6-7）。

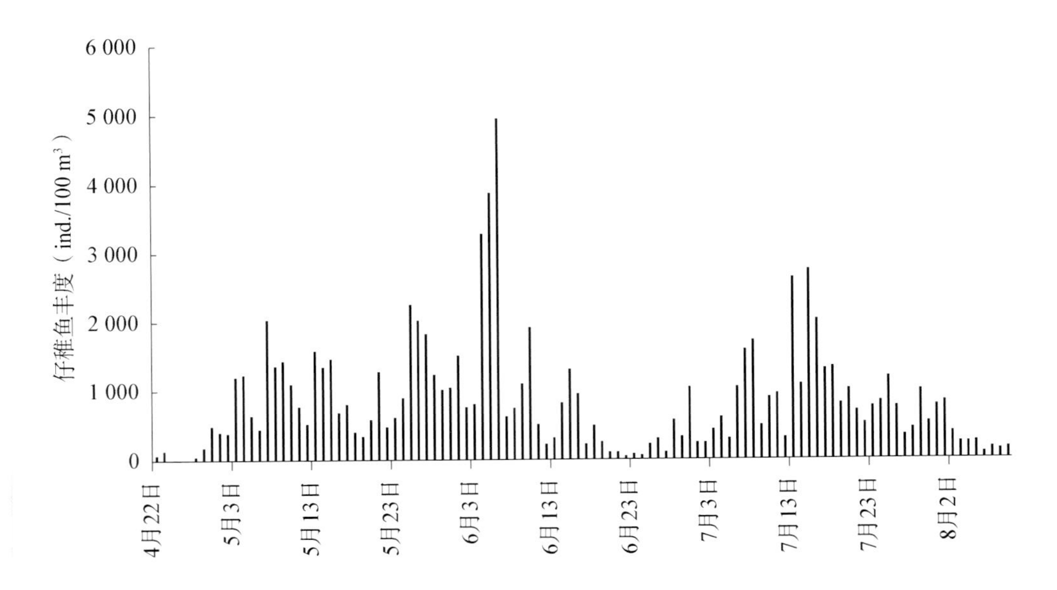


图 6-7
2018 年安庆皖河口江段仔稚鱼的时间分布规律

对比调查断面 3 个点位仔稚鱼丰度分布（图 6-8），左岸的仔稚鱼丰度变化范围在 8.73～14 051.37 ind./100 m³，均值为 2 041.59 ind./100 m³，峰值出现在 6 月 6 日，最低值出现在 4 月 27 日；有两个明显的高丰度集中时间段，分别出现在 5 月 7 日至 6 月 16 日和 6 月 28 日至 7 月 27 日，均值分别为 3 112.89 ind./100 m³、2 450.86 ind./100 m³；6 月 20—27 日仔稚鱼丰度水平比较低，均值为 255.33 ind./100 m³。江心的仔稚鱼丰度变化范围在 1.83～1 670.66 ind./100 m³，均值为 212.40 ind./100 m³，峰值出现在 6 月 5 日，最低值出现在 4 月 22 日；有 3 次高丰度集中时间段，分别在 5 月 4—15 日、5 月 31 日至 6 月 10 日和 7 月 27—31 日，均值分别为 302.66 ind./100 m³、526.16 ind./100 m³ 和 567.26 ind./100 m³。右岸的仔稚鱼丰度变化范围在 6.22～1 558.91 ind./100 m³，均值为 333.61 ind./100 m³，峰值出现在 5 月 13 日，最低值出现在 4 月 27 日；有两个高丰度集中时间段，分别在 4 月 30 日至 6 月 5 日和 7 月 10 日至 8 月 6 日，均值分别为 481.75 ind./100 m³ 和 484.89 ind./100 m³。

对 2018 年仔稚鱼丰度空间分布进行 one-way ANOVA 分析，结果显示，仔稚鱼丰度左岸与江心和右岸均呈极显著差异（$P<0.01$），而江心与右岸的仔稚鱼丰度变化并无差异性。

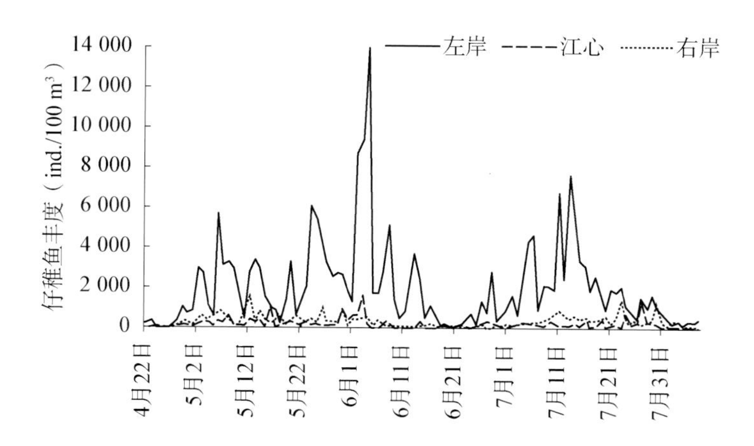


图 6-8
2018 年安庆皖河口江段仔稚鱼的空间分布规律

## 二、2019 年安庆皖河口江段仔稚鱼时空分布

2019 年安庆皖河口江段仔稚鱼日平均丰度为 1 045.84 ind./100 $m^3$，变化范围在 13.33～6 376.51 ind./100 $m^3$，最低值出现在 4 月 21 日，最高值出现在 5 月 27 日。调查期间出现两次明显的高峰期，分别在 5 月 4—27 日和 6 月 17—30 日，对应的仔稚鱼峰值依次为 6 376.51 ind./100 $m^3$ 和 2 616.49 ind./100 $m^3$；在 5 月 27 日前仔稚鱼丰度整体呈波动性上升趋势，随后开始下降；6 月中下旬期间仔稚鱼丰度出现小幅度上涨；7 月 1 日后仔稚鱼丰度均维持在较低水平，直至调查结束(图 6-9)。

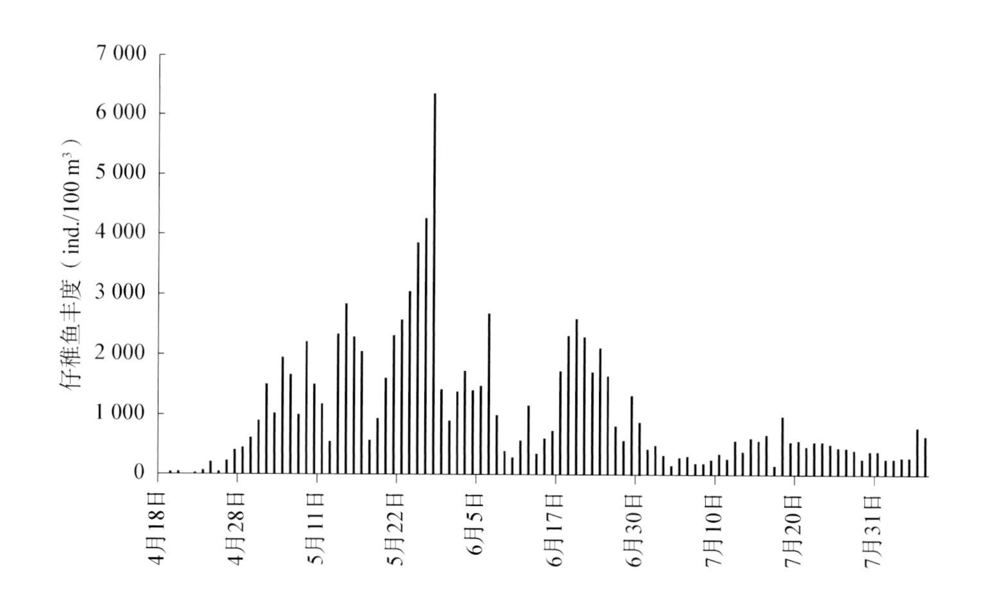


图 6-9
2019 年安庆皖河口江段仔稚鱼的时间分布规律

对比调查断面 3 个点位仔稚鱼丰度分布(图 6-10)，左岸仔稚鱼丰度变化范围在 15.38～16 911.68 ind./100 $m^3$，均值为 2 637.54 ind./100 $m^3$，峰值出现在 5 月 27 日，最低值出现在 4 月 21 日；有两次较为明显的高丰度集中时间段，分别为 5 月 30 日至 6 月 7 日和 6 月 17—24 日，对应的平均丰度分别为 6 088.11 ind./

100 m³ 和 5 173.51 ind./100 m³；7 月 4—13 日仔稚鱼丰度水平较低，均值为 653.39 ind./100 m³。江心的仔稚鱼丰度变化范围在 3.61～3 052.02 ind./100 m³，均值为 241.32 ind./100 m³，峰值出现在 6 月 5 日，最低值出现在 4 月 21 日；有两次高丰度集中时间段，分别在 5 月 12—15 日和 5 月 23 日至 6 月 5 日，对应的平均丰度分别为 395.37 ind./100 m³ 和 619.14 ind./100 m³。右岸的仔稚鱼丰度变化范围在 4.65～1 623.06 ind./100 m³，均值为 328.85 ind./100 m³，峰值出现在 5 月 22 日，最低值出现在 4 月 19 日；有一个高丰度集中时间段，出现在 5 月 20—28 日，对应的平均丰度为 1 031.01 ind./100 m³。

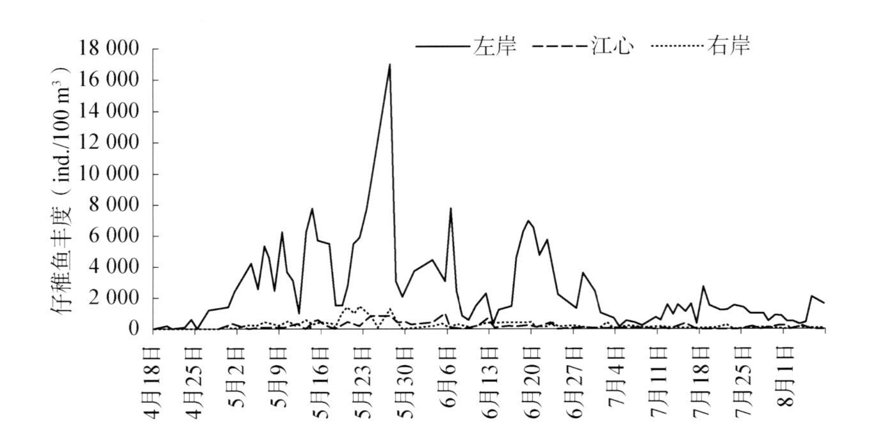


图 6-10
2019 年安庆皖河口江段仔稚鱼的空间分布规律

对 2018 年仔稚鱼丰度空间分布进行 one-way ANOVA 分析，结果显示，仔稚鱼丰度左岸与江心和右岸均呈极显著差异（$P<0.01$），而江心与右岸的仔稚鱼丰度变化并无差异性。

## 三、2020 年安庆皖河口江段仔稚鱼时空分布

2020 年安庆皖河口江段仔稚鱼日平均丰度为 1 180.02 ind./100 m³，变化范围在 15.93～8 081.36 ind./100 m³，最低值出现在 8 月 8 日，最高值出现在 6 月 21 日。调查期间出现两次明显的高峰期，分别在 5 月 7—20 日和 6 月 4—23 日，对应的仔稚鱼峰值分别为 3 040.96 ind./100 m³ 和 8 081.36 ind./100 m³；自 5 月 7 日始，仔稚鱼丰度整体呈波动性上升趋势，至 5 月 20 日开始下降，在 5 月下旬均维持在较低水平；自 6 月 4 日起仔稚鱼丰度出现较大幅度上涨，持续至 6 月 23 日，之后逐日下降；7 月 21 日后仔稚鱼日平均丰度小于 100 ind./100 m³（图 6-11）。

对比调查断面 3 个点位仔稚鱼丰度分布（图 6-12），左岸仔稚鱼丰度变化范围在 13.82～23 678.23 ind./100 m³，均值为 3 133.07 ind./100 m³，峰值出现在 6 月 21 日，最低值出现在 8 月 6 日；有两次较为明显的高丰度集中时间段，分别

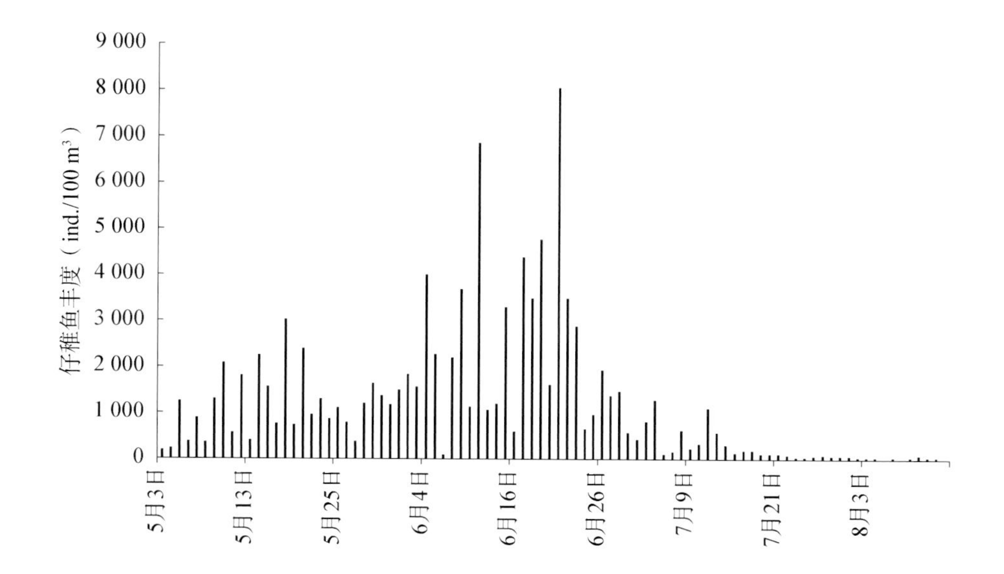


图 6-11 2020 年安庆皖河口江段仔稚鱼的时间分布规律

在 5 月 10—20 日和 6 月 4—23 日，对应时段的平均丰度分别为 4 369.33 ind./100 $m^3$ 和 8 740.07 ind./100 $m^3$；在 7 月 15 日至 8 月 14 日仔稚鱼丰度水平较低，均值为 84.02 ind./100 $m^3$。江心的仔稚鱼丰度变化范围在 9.97～1 004.19 ind./100 $m^3$，均值为 219.26 ind./100 $m^3$，峰值出现在 7 月 12 日，最低值出现在 8 月 6 日；有 3 次高丰度集中时间段，分别在 5 月 15—26 日、6 月 8—26 日、7 月 5—14 日，对应的平均丰度分别为 368.34 ind./100 $m^3$、375.87 ind./100 $m^3$ 和 371.32 ind./100 $m^3$。右岸的仔稚鱼丰度变化范围在 14.27～1 878.21 ind./100 $m^3$，均值为 245.67 ind./100 $m^3$，峰值出现在 7 月 12 日，最低值出现在 8 月 12 日；有一个丰度集中时间段，出现在 6 月 6 日至 7 月 14 日，平均丰度为 476.12 ind./100 $m^3$。

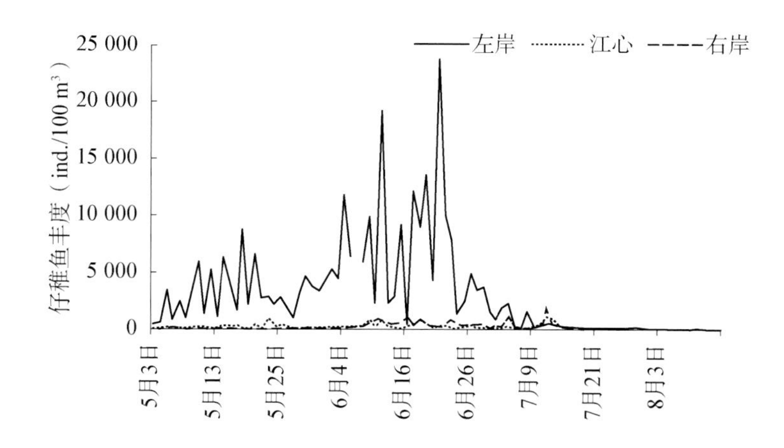


图 6-12 2020 年安庆皖河口江段仔稚鱼的空间分布规律

对 2020 年仔稚鱼丰度空间分布进行 one-way ANOVA 分析，结果显示，仔稚鱼丰度江心与左岸和右岸均呈极显著差异($P<0.01$)，而左岸与右岸的仔稚鱼丰度变化呈显著差异($P<0.05$)。

# 第三节 · 马鞍山—南京江段仔稚鱼资源时空格局

## 一、2018年马鞍山—南京江段仔稚鱼时空分布

2018年马鞍山—南京江段仔稚鱼日平均丰度为168.97 ind./100 $m^3$，变化范围在32.97～499.86 ind./100 $m^3$。调查周期内月平均丰度以7月最低(17.29 ind./100 $m^3$)，8月最高(401.91 ind./100 $m^3$)，整体呈现先下降后上升的趋势(图6-13)。

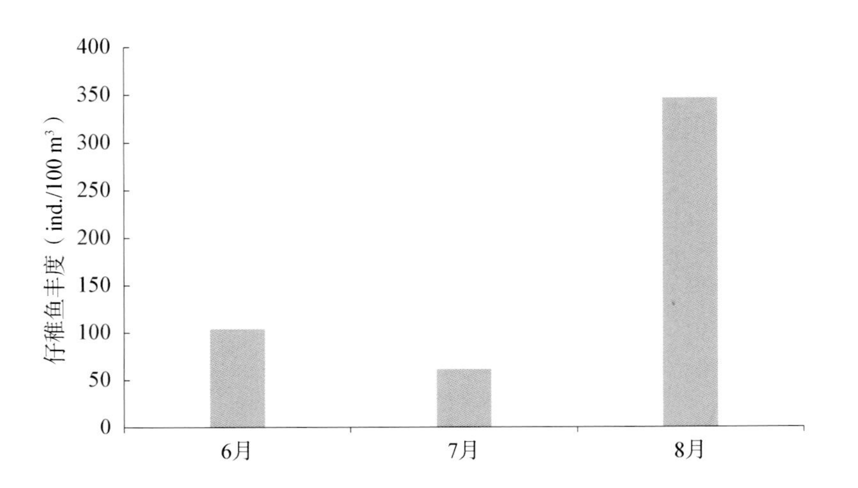


图6-13
2018年马鞍山—南京江段仔稚鱼的时间分布规律

对比调查断面3个点位仔稚鱼丰度分布(图6-14)，各采样点仔稚鱼平均丰度呈现出右岸(334.90 ind./100 $m^3$)＞左岸(156.43 ind./100 $m^3$)＞江心(67.11 ind./100 $m^3$)的特征。左岸仔稚鱼丰度变化范围在11.22～377.85 ind./100 $m^3$，月均丰度最低值出现在6月，峰值出现在8月，各月仔稚鱼平均丰度依次为100.97 ind./100 $m^3$、147.91 ind./100 $m^3$和246.04 ind./100 $m^3$。江心仔稚鱼丰度变化范围在6.11～270.16 ind./100 $m^3$，月均最低值出现在7月，峰值出现在6月，各月仔稚鱼平均丰度依次为96.16 ind./100 $m^3$、11.33 ind./100 $m^3$和65.37 ind./100 $m^3$。右岸仔稚鱼丰度变化范围在4.48～1 356.30 ind./100 $m^3$，月均最低值出现在7月，峰值出现在8月，各月仔稚鱼平均丰度依次为103.50 ind./100 $m^3$、62.12 ind./100 $m^3$和347.34 ind./100 $m^3$。

对2018年仔稚鱼丰度空间分布进行one-way ANOVA分析，结果显示，仔稚鱼丰度江心与左岸和右岸均呈极显著差异($P<0.01$)，而左岸与右岸的仔稚鱼丰度变化呈显著差异($P<0.05$)。

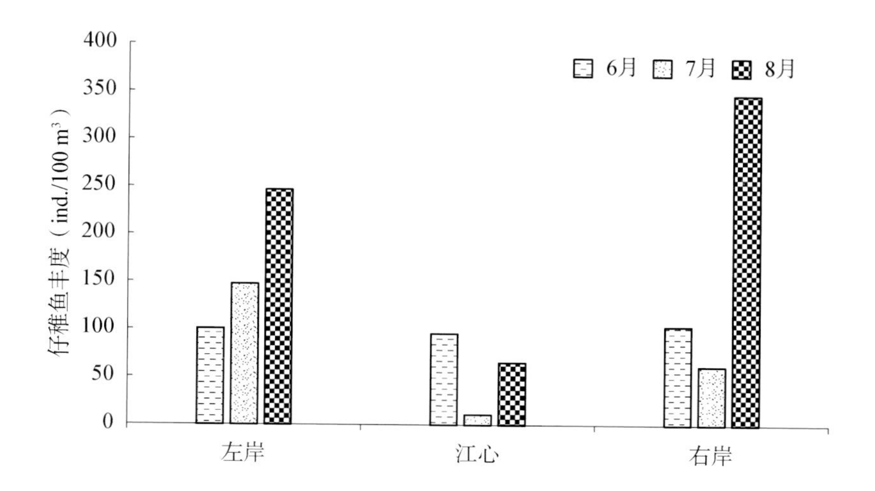


图 6-14
2018 年马鞍山—南京江段仔稚鱼的空间分布规律

## 二、2019 年马鞍山—南京江段仔稚鱼时空分布

2019 年马鞍山—南京江段仔稚鱼平均丰度为 199.37 ind./100 $m^3$，变化范围在 39.99～497.32 ind./100 $m^3$。调查周期内月平均丰度以 4 月最低(63.99 ind./100 $m^3$)，7 月最高(340.57 ind./100 $m^3$)，仔稚鱼多集中出现在 5 月和 7 月(图 6-15)。

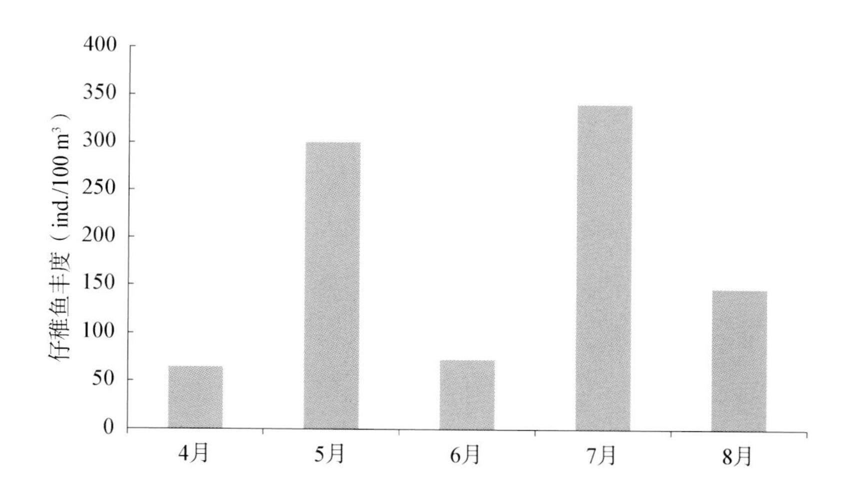


图 6-15
2019 年马鞍山—南京江段仔稚鱼的时间分布规律

对比调查断面 3 个点位仔稚鱼丰度分布(图 6-16)，各采样点仔稚鱼丰度呈现出左岸(323.84 ind./100 $m^3$)＞右岸(151.57 ind./100 $m^3$)＞江心(116.69 ind./100 $m^3$)的特征。左岸的仔稚鱼丰度变化范围在 32.82～1 332.89 ind./100 $m^3$，月均丰度最低值出现在 6 月，峰值出现在 5 月；各月仔稚鱼平均丰度依次为 114.24 ind./100 $m^3$、727.84 ind./100 $m^3$、95.33 ind./100 $m^3$、341.54 ind./100 $m^3$ 和 191.60 ind./100 $m^3$。江心仔稚鱼丰度变化范围在 11.84～356.44 ind./100 $m^3$，月均丰度最低值出现在 4 月，峰值出现在 5 月；各月仔稚鱼平均丰度依次为 25.51 ind./100 $m^3$、727.84 ind./100 $m^3$、95.33 ind./100 $m^3$、341.54 ind./100 $m^3$ 和 191.60 ind./

100 $m^3$。右岸仔稚鱼丰度变化范围在10.66～657.24 ind./100 $m^3$，月均丰度最低值出现在5月，峰值出现在7月；各月仔稚鱼平均丰度依次为52.24 ind./100 $m^3$、27.06 ind./100 $m^3$、76.60 ind./100 $m^3$、502.89 ind./100 $m^3$和99.26 ind./100 $m^3$。

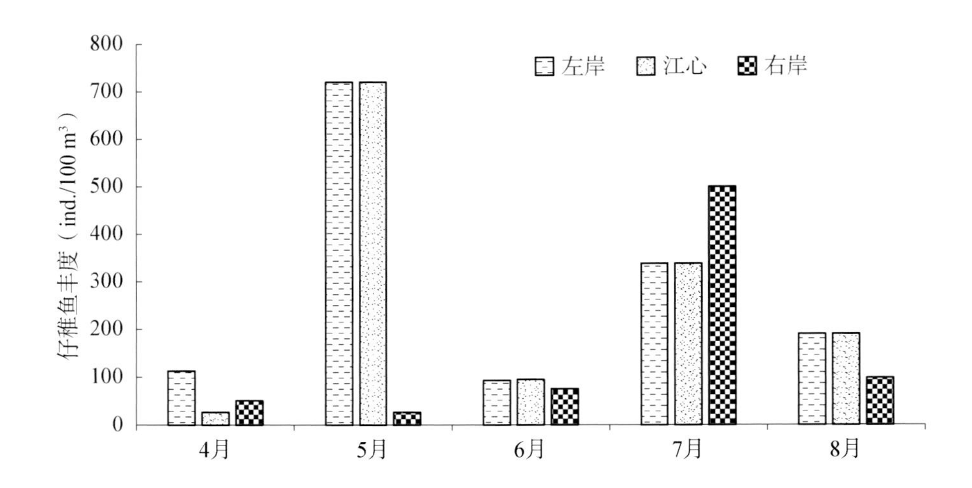


图6-16
2019年马鞍山—南京江段仔稚鱼的空间分布规律

对2019年仔稚鱼丰度空间分布进行one-way ANOVA分析，结果显示，仔稚鱼丰度江心与左岸和右岸均无显著差异。

## 第四节 · 江苏南通江段仔稚鱼资源时空格局

### 一、2018年江苏南通江段仔稚鱼时空分布

2018年江苏南通江段仔稚鱼日平均丰度为270.43 ind./100 $m^3$，变化范围在43.81～849.97 ind./100 $m^3$。调查周期内月平均丰度以5月最低(100.36 ind./100 $m^3$)，8月最高(388.23 ind./100 $m^3$)，丰度呈逐月递增趋势，仔稚鱼多集中出现在7月和8月(图6-17)。

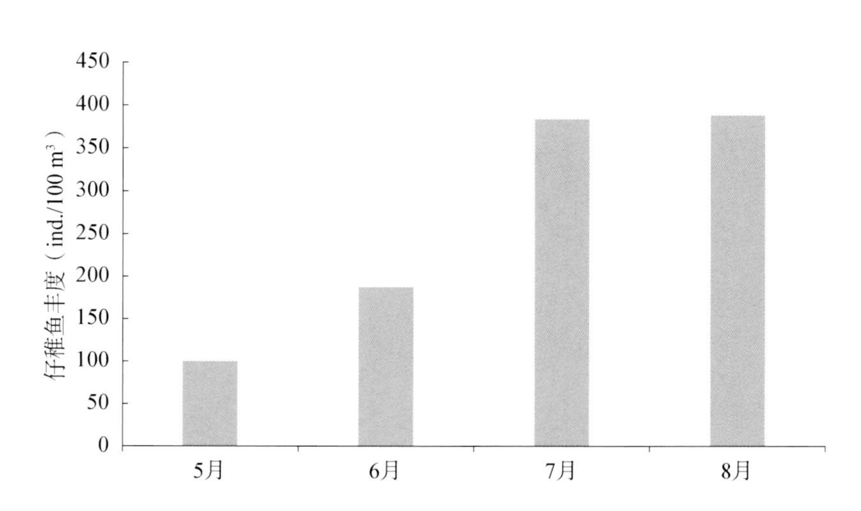


图6-17
2018年江苏南通江段仔稚鱼的时间分布规律

对比调查断面3个点位仔稚鱼丰度分布(图6-18),各采样点仔稚鱼丰度呈现出左岸(313.56 ind./100 $m^3$)>右岸(308.91 ind./100 $m^3$)>江心(209.41 ind./100 $m^3$)的特征。左岸的仔稚鱼丰度变化范围在81.36～1 033.01 ind./100 $m^3$,月均丰度最低值出现在5月,峰值出现在8月;各月仔稚鱼平均丰度依次为181.90 ind./100 $m^3$、335.11 ind./100 $m^3$、298.91 ind./100 $m^3$ 和443.73 ind./100 $m^3$。江心仔稚鱼丰度变化范围在17.51～445.94 ind./100 $m^3$,月均最低值出现在5月,峰值出现在7月;各月仔稚鱼平均丰度依次为55.69 ind./100 $m^3$、157.26 ind./100 $m^3$、317.36 ind./100 $m^3$ 和294.31 ind./100 $m^3$。右岸仔稚鱼丰度变化范围在15.14～1 464.90 ind./100 $m^3$,月均丰度最低值出现在5月,峰值出现在7月;调查期内各月仔稚鱼平均丰度依次为63.51 ind./100 $m^3$、71.43 ind./100 $m^3$、537.43 ind./100 $m^3$ 和568.88 ind./100 $m^3$。

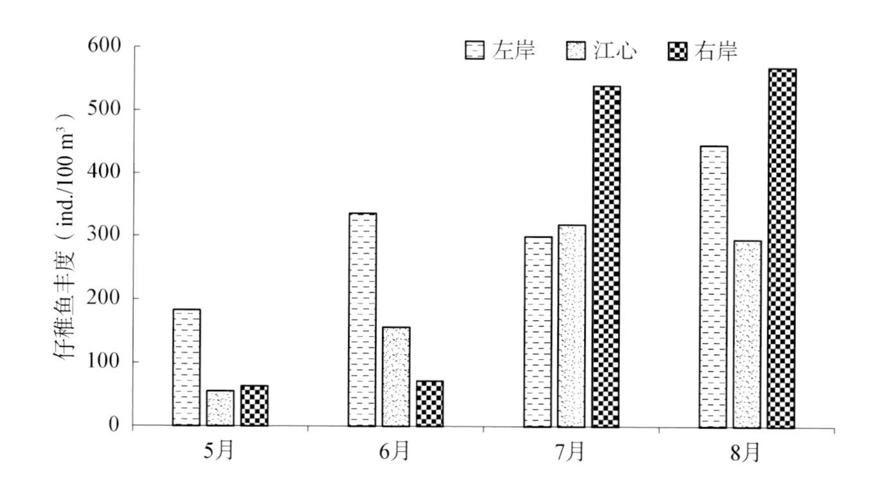


图6-18
2018年江苏南通江段仔稚鱼的空间分布规律

对2018年仔稚鱼丰度空间分布进行one-way ANOVA分析,结果显示,仔稚鱼丰度江心和近岸水域仔稚鱼丰度呈显著差异($P<0.05$),而左岸和右岸的仔稚鱼丰度变化并无显著差异。

## 二、2019年江苏南通江段仔稚鱼时空分布

2019年江苏南通江段仔稚鱼日平均丰度为558.41 ind./100 $m^3$,变化范围在4.47～2 276.84 ind./100 $m^3$。调查周期内月平均丰度以6月最低(112.72 ind./100 $m^3$),7月最高(1 237.07 ind./100 $m^3$),整体呈现先下降后上升再下降的趋势,仔稚鱼多集中出现在7月和8月(图6-19)。

对比调查断面3个点位仔稚鱼丰度分布(图6-20),各采样点仔稚鱼丰度呈现出左岸(745.66 ind./100 $m^3$)>江心(604.74 ind./100 $m^3$)>右岸(382.20 ind./

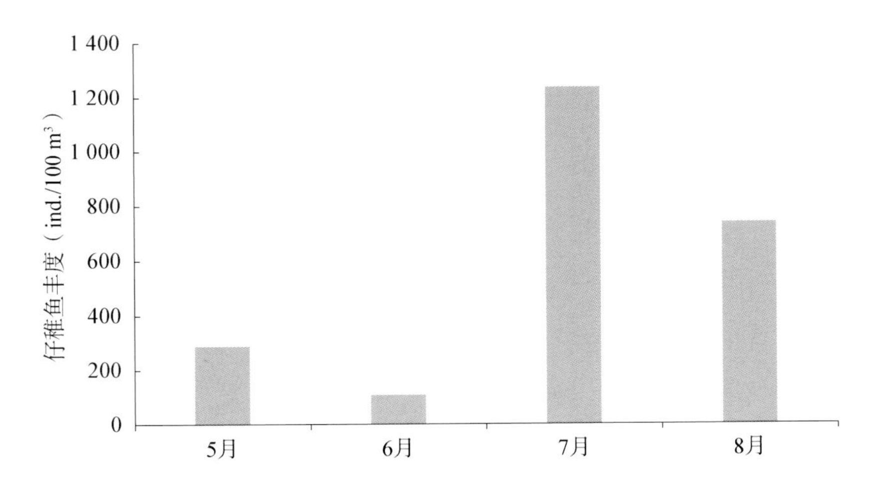


图 6-19
2019 年江苏南通江段仔稚鱼的时间分布规律

100 m³）的特征。左岸的仔稚鱼丰度变化范围在 11.85～2 751.98 ind./100 m³，月均丰度最低值出现在 6 月，峰值出现在 7 月；各月仔稚鱼平均丰度依次为 291.70 ind./100 m³、112.72 ind./100 m³、1 237.07 ind./100 m³ 和 740.74 ind./100 m³。江心仔稚鱼丰度变化范围在 2.73～2 991.08 ind./100 m³，月均最低值出现在 6 月，峰值出现在 8 月；各月仔稚鱼平均丰度依次为 279.96 ind./100 m³、117.26 ind./100 m³、1 060.87 ind./100 m³ 和 1 123.37 ind./100 m³。右岸仔稚鱼丰度变化范围在 10.70～1 596.52 ind./100 m³，月均丰度最低值出现在 5 月，峰值出现在 7 月；调查期内各月仔稚鱼平均丰度依次为 103.32 ind./100 m³、128.39 ind./100 m³、894.54 ind./100 m³ 和 487.16 ind./100 m³。

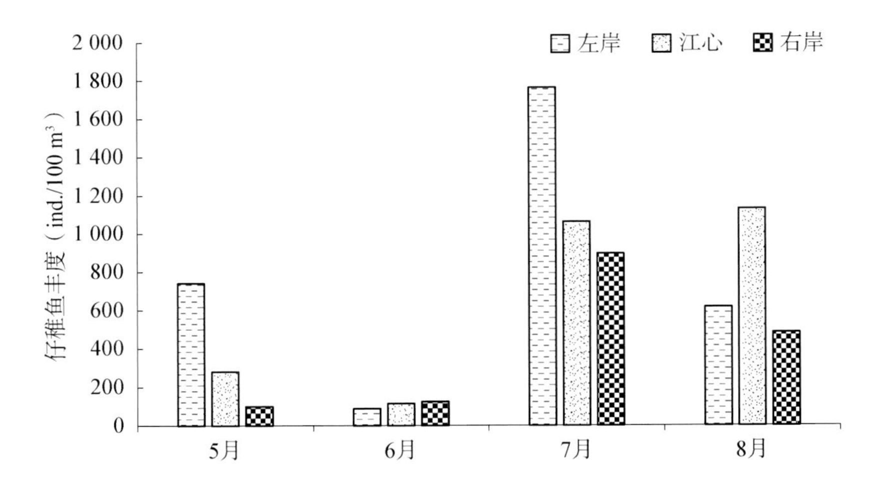


图 6-20
2019 年江苏南通江段仔稚鱼的空间分布规律

对 2019 年仔稚鱼丰度空间分布进行 one-way ANOVA 分析，结果显示，仔稚鱼丰度右岸和左岸与江心呈显著差异（$P<0.05$）。

## 三、2020年江苏南通江段仔稚鱼时空分布

2020年江苏南通江段仔稚鱼日平均丰度为568.23 ind./100 m³，变化范围在44.93～1387.17 ind./100 m³。调查周期内月平均丰度以6月最低(249.98 ind./100 m³)，7月最高(1023.03 ind./100 m³)，整体呈现先下降后上升再下降的趋势，仔稚鱼多集中出现在5月和7月(图6－21)。

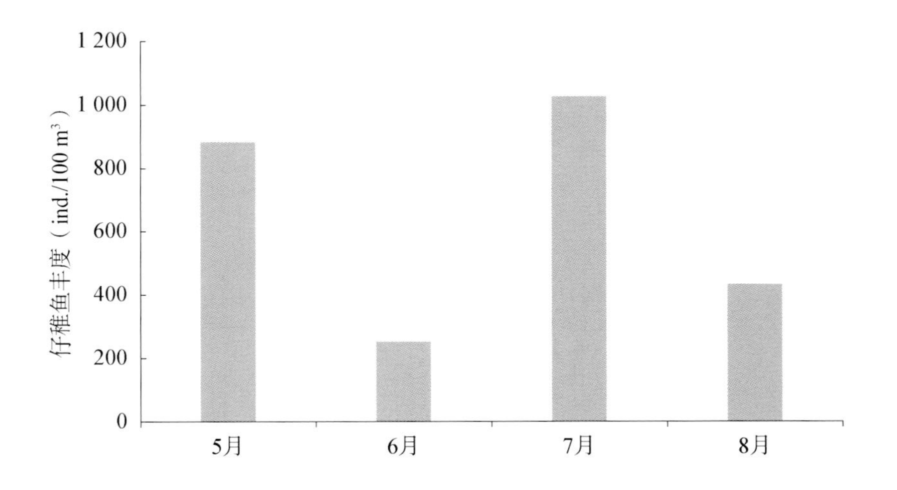


图6－21
2020年江苏南通江段仔稚鱼的时间分布规律

对比调查断面3个点位仔稚鱼丰度分布(图6－22)，各采样点仔稚鱼丰度呈现出左岸(841.90 ind./100 m³)>右岸(558.12 ind./100 m³)>江心(304.67 ind./100 m³)的特征。左岸的仔稚鱼丰度变化范围在67.26～2792.72 ind./100 m³，月均丰度最低值出现在6月，峰值出现在7月；调查期内各月仔稚鱼平均丰度依次为1399.49 ind./100 m³、436.58 ind./100 m³、1604.46 ind./100 m³和433.92 ind./100 m³。江心仔稚鱼丰度变化范围在18.24～849.25 ind./100 m³，月均最低值出现在6月，峰值出现在5月；各月仔稚鱼平均丰度依次为849.25 ind./100 m³、

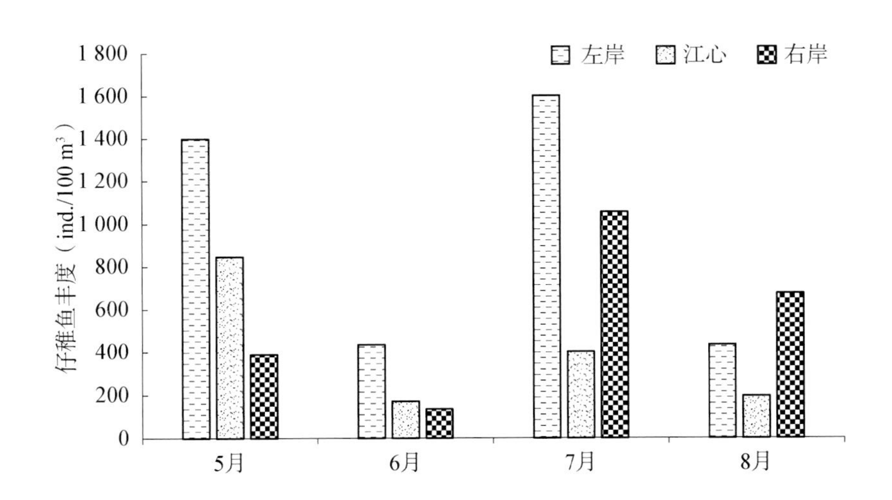


图6－22
2020年江苏南通江段仔稚鱼的空间分布规律

173.91 ind./100 $m^3$、405.69 ind./100 $m^3$ 和 196.47 ind./100 $m^3$。右岸仔稚鱼丰度变化范围在 44.93～2 032.57 ind./100 $m^3$，月均丰度最低值出现在 6 月，峰值出现在 7 月；调查期内各月仔稚鱼平均丰度依次为 386.72 ind./100 $m^3$、139.45 ind./100 $m^3$、1 058.94 ind./100 $m^3$ 和 672.65 ind./100 $m^3$。

对 2020 年仔稚鱼丰度空间分布进行 one-way ANOVA 分析，结果显示，仔稚鱼丰度右岸和左岸与江心呈显著差异（$P<0.05$）。

# 第七章

# 长江下游仔稚鱼发生与环境因子的相关性

众多研究者认为,环境因子在鱼类早期资源群落结构中起决定性作用。环境因子可分为物理因子和化学因子,物理因子主要包括水温、径流量、水位、透明度、水深、电导率、悬浮物等;化学因子主要包括盐度、pH、溶解氧、叶绿素 a、氨氮等。其中,水温、径流量、盐度等是影响鱼类早期资源丰度最为重要的环境因子。

水温在淡水和海水水域均为最重要的环境因子,其通过影响胚胎发育、仔稚鱼代谢、运动和基因表达进而影响早期鱼类的丰度大小。例如,吴金明对赤水河的调查数据表明,在 20 ℃仅有蛇鮈、花鳕等产卵,在 20 ℃以上鲌亚科、鳅科开始繁殖;宋超等研究发现,象山湾的蓝点马鲛鱼卵与表层水温有相关性,且最适水温范围在 15~19 ℃,仔稚鱼的最适水温范围在 18~19 ℃。

盐度作为海洋性水域重要的环境因子,其通过调节渗透压、肠道酶活性以及影响基因表达来影响鱼卵、仔稚鱼的生命活动。蒋玫等对长江口及邻近海域的仔稚鱼研究表明,长江口内、外的仔稚鱼群落的总丰度均与盐度存在较高的相关性。

长江流域内产漂流性卵的鱼类,其仔稚鱼丰度与径流量和水位的相关性较高。径流量增大、流速加快、水位上涨均有利于刺激产漂流性卵鱼类的繁育。段辛斌等对金沙江一期工程调查发现,水位上涨率在 0.27 m/d 和流量上涨率为 530.0 $m^3/s$ 时"四大家鱼"的产卵规模最大,但当水位上涨率太高或太低时可能抑制鱼类的产卵活动;雷欢等在丹江口水库上游同样发现类似的结论。

综上所述,仔稚鱼的丰度变化及群落组成不是受单个环境因子的影响所致,而是由各种环境因子共同作用的结果,其主要机制是由外界环境因子通过刺激亲鱼内部生理机制使之变化并产生一系列产卵繁殖动作造成的。研究表明,水温是影响鱼类生理、生化及其生活史的主要环境因子;"四大家鱼"、翘嘴鲌、鳜等仔稚鱼的丰度变化和群落组成与透明度有明显的相关关系。透明度为反映水体浊度的一个综合表征,其过高或过低均会对鱼类摄食及繁育产生一定的影响。

## 第一节 · 九江湖口江段仔稚鱼发生与环境因子的相关性

九江湖口江段 2018 年 5 月 18 日至 6 月 28 日的水位一直保持在相对平稳的状态,在此期间最高水位仅达 18.75 m,最低水位为 17.34 m,上下波动不超过 1.5 m,此时仔稚鱼丰度逐渐增加;自 6 月 29 日起,九江湖口江段水位逐渐上涨,仔稚鱼丰度在水位高涨前达到峰值;水位在 7 月 9 日涨至最高点,持续 3 天后逐渐下降,在水位涨至最高点前后仔稚鱼丰度出现了 3 个小峰值;直至调查末期水位才恢复到之前正常水平,此时仔稚鱼丰度也下降到较低水平。对水位与仔稚鱼丰度的相关性分析表明，两者呈极显著相关（图 7－1a，$P<0.01$）。调查期间平均水温为 25.8℃，水温变化范围为 21.5～30.2℃，变化幅度达到 8.7℃（图 7－1b）；平均透明度为 42.03 cm，变化范围为 22.6～55.7 cm，仔稚鱼丰度达到峰值时，透明度为 45 cm（图 7－1c）；平均水流量为 0.44 $m^3/s$，变化范围为 0.28～0.56 $m^3/s$（图 7－1d）。

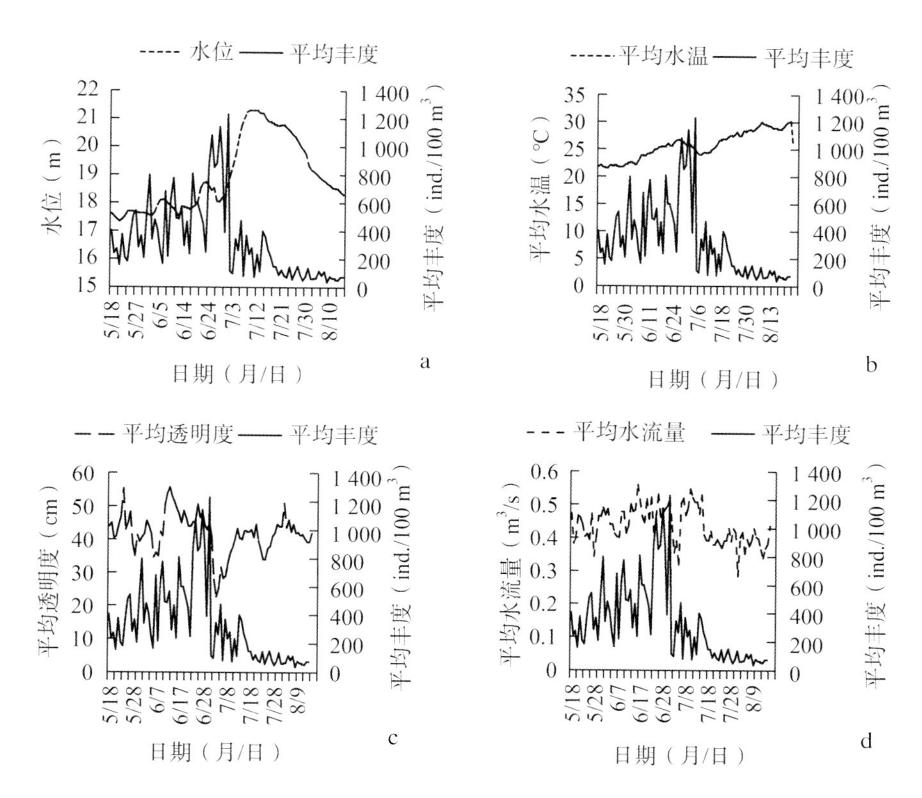


图 7－1
2018 年九江湖口江段仔稚鱼丰度与环境因子的关系

对经过筛选的 10 种仔稚鱼及 3 种环境因子进行 DCA 分析，结果表明，九江湖口江段的第一轴梯度长度（lengths of gradient）小于 3.0，适合进行 RDA 分析。由表 7－1 可知，3 种环境因子共能反映 5.7％的物种信息，轴 1 和轴 2 的特征值分别为 0.055 和 0.002；环境因子轴与物种排序轴的相关系数为 0.258 和 0.149；轴 1 和轴 2 解释了 5.7％的物种信息和 99.5％物种-环境关系信息。经蒙特卡洛（Monte Carlo）检验，水温、水流量和透明度 3 种环境因子对仔稚鱼群聚均有显著影响（$P<0.05$）。

**表 7－1　九江湖口江段环境因子与仔稚鱼群聚关系的 RDA 分析**

| 项目 | 特征值 | 物种-环境相关性 | 累计百分比 | | 总典特征值 |
|---|---|---|---|---|---|
| | | | 物种 | 物种-环境相关性 | |
| 轴 1 | 0.055 | 0.258 | 5.5％ | 96.7％ | 0.057 |
| 轴 2 | 0.002 | 0.149 | 5.7％ | 99.5％ | |
| 轴 3 | 0 | 0.074 | 5.7％ | 100.0％ | |
| 轴 4 | 0.881 | 0 | 93.8％ | 0.0％ | |

RDA 排序图反映出 10 种仔稚鱼对各环境条件的不同适应特点(图 7-2)。在由轴 1 和轴 2 构成的平面上,与轴 1 相关性较高的是水温(T),与轴 2 相关性较高的是水流量(Flow)和透明度(SD)。物种与环境因子的关系显示,贝氏䱗(SP1)、间下鱵(SP9)与水流量和透明度呈正相关,而与水温呈负相关;鰕虎鱼科(SP2)、银鲴(SP5)与水温呈负相关;鳊(SP3)、翘嘴鲌(SP7)、"四大家鱼"(SP8)、鳜(SP10)与水流量和透明度呈负相关;飘鱼(SP4)、刀鲚(SP6)与水温、水流量和透明度均呈正相关。

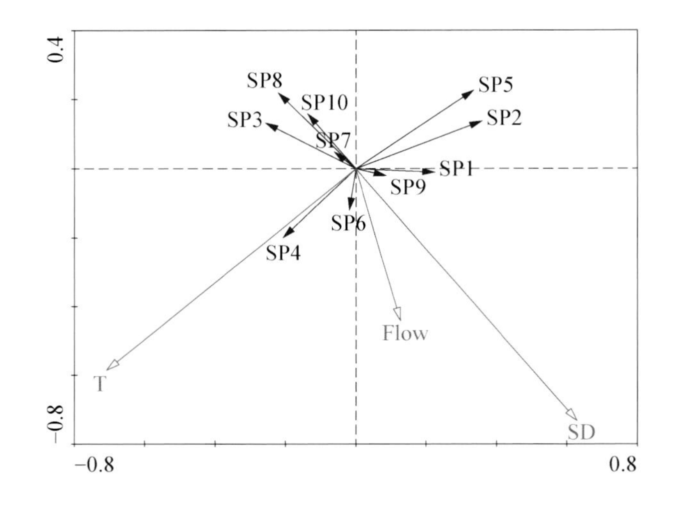


图 7-2
九江湖口江段鱼类仔稚鱼物种-环境关系的 RDA 二维排序图

本研究在相关性分析的基础上构建 GAM 模型进一步验证,构建过程中分别加入关键水文因子(水温、透明度、水位日上涨率与径流量日上涨率)。根据 AIC 准则选择最优模型,结果见表 7-2,总偏差解释率为 91.8%,预测模型的校正决定系数 $R-sq=0.903>0.5$,较准确地说明了水温、透明度、水位日上涨率与径流量日上涨率对九江湖口江段仔稚鱼丰度的影响。

表 7-2 九江湖口江段仔稚鱼 GAM 模型方差分析

| 因变量 | 环境因子 | 偏差解释率(%) | *R-sq* | AIC | *P* |
|---|---|---|---|---|---|
| 仔稚鱼丰度 | 水温+透明度+水位日上涨率+径流量日上涨率 | 91.8 | | | |
| | 水温 | 40.6 | 0.376 | 1 695.80 | $8.31\times10^{-6*}$ |
| | 透明度 | 61.3 | 0.651 | 1 620.29 | $8.79\times10^{-6*}$ |
| | 水位日上涨率 | 63.8 | 0.79 | 1 162.73 | $1.17\times10^{-7*}$ |
| | 径流量日上涨率 | 77.8 | 0.903 | 1 088.20 | $1.82\times10^{-7*}$ |

注:* 表示在 0.05 水平上呈显著性相关。

采用正态 Q-Q 图、Shapiro-wilk 检验来验证 GAM 模型与其残差的正态性。正态 Q-Q 图显示 GAM 模型符合正态分布(图 7-3),Shapiro-wilk 检验表面GAM模型的残差符合正态分布($P=0.06>0.05$)。

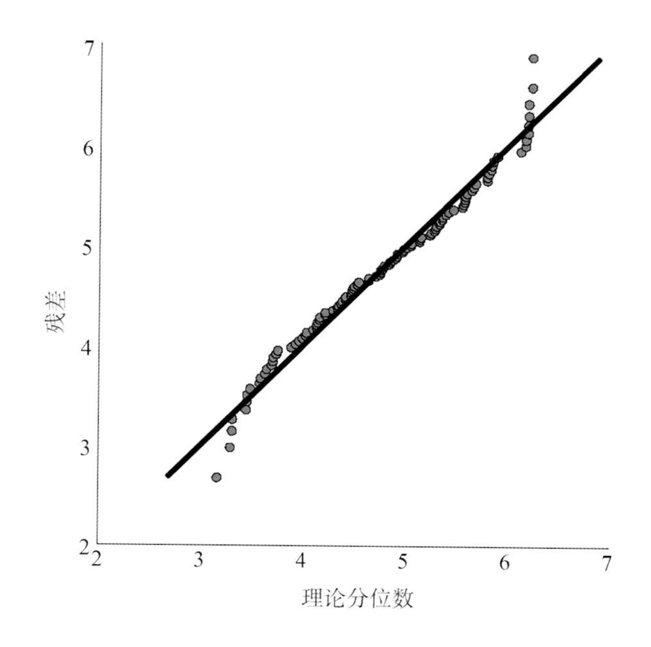


图7-3
九江湖口江段仔稚鱼丰度的GAM模型Q-Q图

从GAM模型中的残差解释率来看(图7-3),加入模型的水文因子相对重要性表现为:水温<透明度<水位日上涨率<径流量日上涨率。从水文因子与仔稚鱼丰度的GAM分析(图7-4)显示,九江湖口江段仔稚鱼大量出现时,透明度主要分布在38～56 cm,仔稚鱼丰度随透明度的上升而整体下降,呈显著负相关,出现频率也随之下降。径流量日上涨率主要分布在-850～400 $m^3/(s \cdot d)$范围内,而涨幅过大时仔稚鱼大量出现的频率较低且丰度较高,仔稚鱼丰度整体上与径流量日上涨率呈显著正相关。水位日上涨率、水温都与仔稚鱼丰度呈显著性相关,但分布不集中。

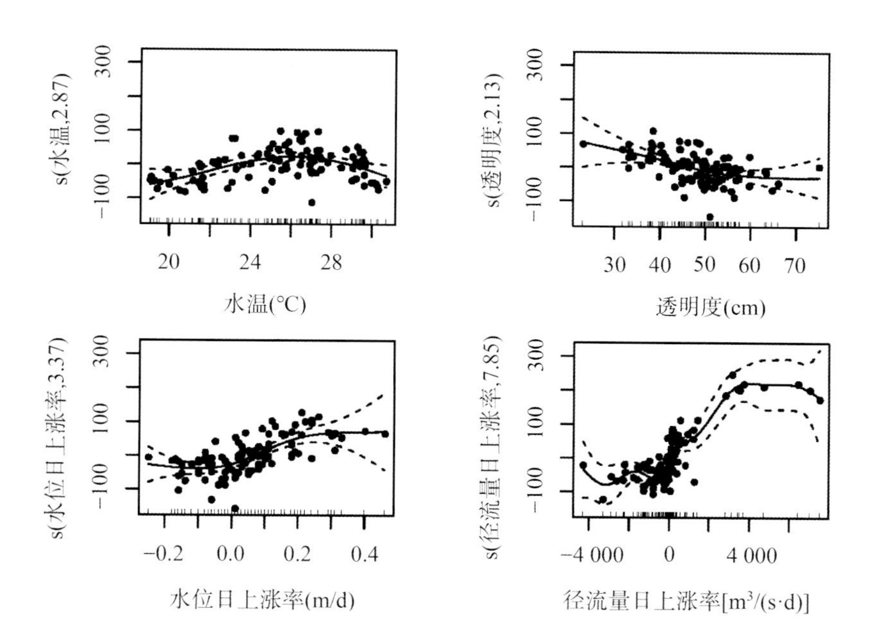


图7-4
九江湖口江段仔稚鱼丰度与环境因子关系的GAM分析

## 第二节 · 安庆皖河口江段仔稚鱼发生与环境因子的相关性

选择安庆皖河口江段（采样周期长且密集）进行相关性分析，根据仔稚鱼数量的相对重要指数 IRI＞10 筛选出 15 种鱼类作为响应变量和通过向前选进法（forward selection）及蒙特卡洛检验（$P<0.05$），最终筛选出的水流量、水温、透明度、pH、水位和高锰酸钾指数 6 种环境因子作为解释变量，并绘制分析 RDA 图（图 7－5）。结果显示，轴 1、轴 2 的特征值分别为 0.186 0、0.176 8，仔稚鱼丰度特征在轴 1、轴 2 的解释率分别为 18.60%、17.68%，对仔稚鱼丰度与环境因子关系累计解释率达 81.33%，并且对仔稚鱼群落的解释率为 44.6%，由此可知绘制的 RDA 分析图能够很好地反映仔稚鱼丰度变化和环境因子的关系（表 7－3）。水流量对仔稚鱼群落丰度变化贡献率最大，其他从大到小依次为水温、透明度、pH、水位、高锰酸钾指数，解释率分别为 17.2%、14.5%、8.2%、2%、1.4%、1.3%（表 7－4）。水流量、水位均与鳊、䱗、刀鲚、寡鳞飘鱼、鲢、翘嘴鲌和似鳊呈正相关（$P<0.05$），与黄尾鲴、飘鱼、银鲴和子陵吻鰕虎呈负相关（$P<0.05$）。水温、高锰酸钾指数均与鳊、刀鲚、鲢呈正相关，与飘鱼、银鲴呈负相关，其中水温还与寡鳞飘鱼、翘嘴鲌呈正相关，与贝氏䱗、黄尾鲴呈负相关；高锰酸钾指数还与鳡和间下鱵呈负相关。透明度、pH 均与黄尾鲴、飘鱼呈正相关，其中透明度还与鳡、银鲴呈正相关，与鳊、太湖新银鱼、刀鲚、寡鳞飘鱼和鲢呈负相关；pH 还与寡鳞飘鱼和翘嘴鲌呈负相关。

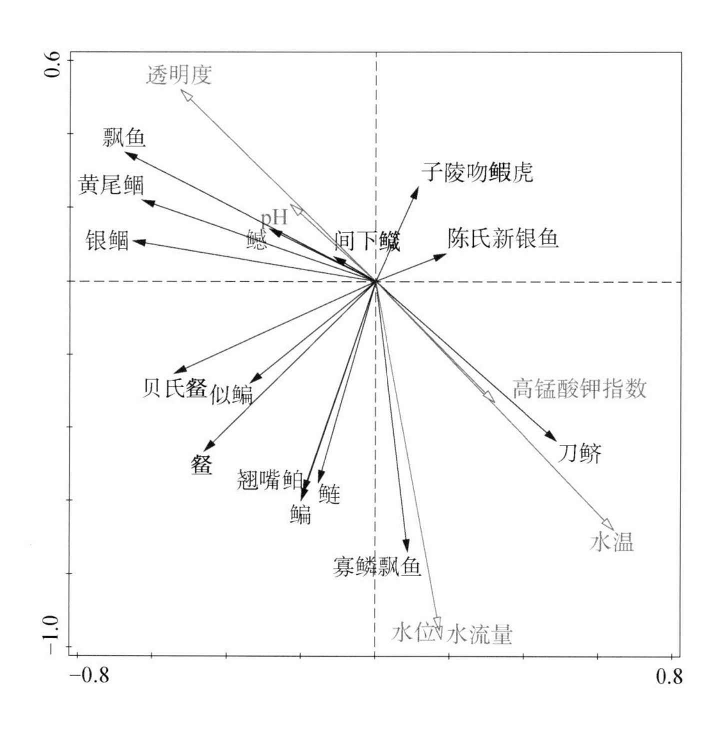


图 7－5
安庆皖河口江段仔稚鱼群落结构与环境因子的 RDA 分析图（2018 年）

表 7-3 安庆皖河口江段环境因子与仔稚鱼群聚关系的 RDA 分析

| 项目 | 轴 1 | 轴 2 | 轴 3 | 轴 4 | 总和 |
|---|---|---|---|---|---|
| 特征值 | 0.1860 | 0.1768 | 0.0547 | 0.0153 | |
| 物种与环境的相关系数 | 0.7880 | 0.8508 | 0.7586 | 0.4749 | |
| 物种数据的累计解释率(%) | 18.60 | 36.28 | 41.75 | 43.29 | |
| 物种与环境关系的累计解释率(%) | 41.69 | 81.33 | 93.59 | 97.03 | |
| RDA 分析对仔稚鱼群落的解释率(%) | | | | | 44.6 |

表 7-4 主要环境因子对仔稚鱼群落的贡献率

| 环境因子 | 解释率(%) | 贡献率(%) | $F$ | $P$ | 与轴的相关系数 | | | |
|---|---|---|---|---|---|---|---|---|
| | | | | | 轴 1 | 轴 2 | 轴 3 | 轴 4 |
| 水流量 | 17.2 | 37.1 | 21.9 | 0.002 | 0.1397 | −0.8248 | −0.0234 | −0.0666 |
| 水温 | 14.5 | 31.2 | 22.1 | 0.002 | 0.5011 | −0.5747 | 0.2116 | −0.0963 |
| 透明度 | 8.2 | 17.6 | 14.0 | 0.002 | −0.4180 | 0.4424 | 0.4804 | −0.0031 |
| pH | 2.0 | 4.4 | 3.6 | 0.002 | −0.1835 | 0.1786 | −0.2828 | −0.3219 |
| 水位 | 1.4 | 3.0 | 2.5 | 0.014 | 0.1389 | −8199 | 0.0139 | −0.0627 |
| 高锰酸钾指数 | 1.3 | 2.7 | 2.3 | 0.026 | −0.1835 | −0.2957 | −0.2425 | 0.2339 |

在相关性分析的基础上构建 GAM 模型进一步验证,构建过程中分别加入关键水文因子(水温、透明度、水位日上涨率与径流量日上涨率)。根据 AIC 准则选择最优模型,结果见表 7-5。总偏差解释率为 85.1%,预测模型的校正决定系数 $R-sq=0.838>0.5$,较准确地说明了水温、透明度、水位日上涨率与径流量日上涨率对安庆皖河口江段仔稚鱼丰度的影响。

表 7-5 安庆皖河口江段仔稚鱼 GAM 模型方差分析

| 因变量 | 环境因子 | 偏差解释率(%) | $R-sq$ | AIC | $P$ |
|---|---|---|---|---|---|
| 仔稚鱼丰度 | 水温+透明度+水位日上涨率+径流量日上涨率 | 85.1 | | | |
| | 水温 | 9.31 | 0.074 | 4755.45 | $7.80\times10^{-6}$ * |
| | 透明度 | 19.6 | 0.184 | 2565.31 | $8.16\times10^{-6}$ * |
| | 水位日上涨率 | 57.9 | 0.572 | 2086.70 | $8.90\times10^{-6}$ * |
| | 径流量日上涨率 | 56.8 | 0.838 | 1842.39 | $1.14\times10^{-7}$ * |

注: * 表示在 0.05 水平上呈显著性相关。

采用正态 Q-Q 图、Shapiro-wilk 检验来验证 GAM 模型与其残差的正态性。正态 Q-Q 图显示 GAM 模型符合正态分布(图 7-6),Shapiro-wilk 检验表面 GAM 模型的残差符合正态分布($P=0.07>0.05$)。

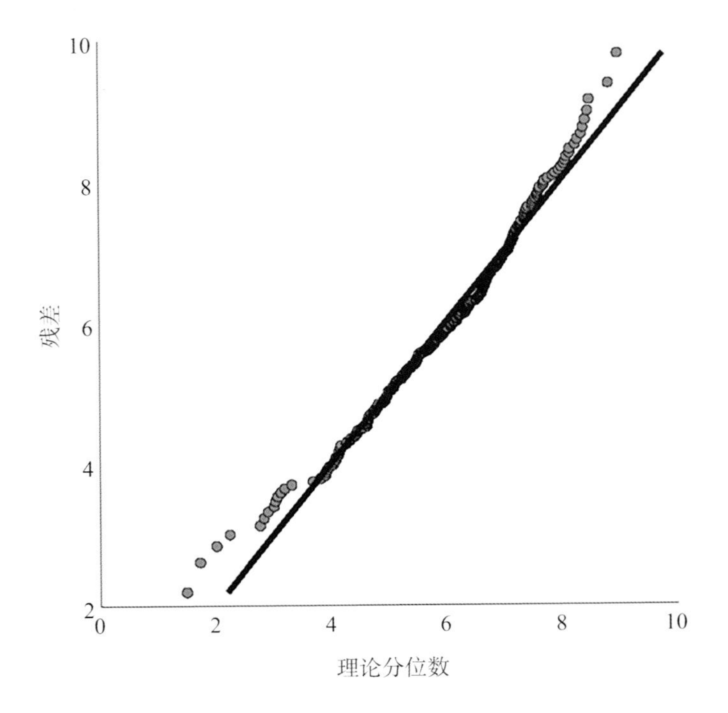


图 7-6
安庆皖河口江段
仔稚鱼丰度的 GAM 模型
Q-Q 图

从 GAM 模型中的残差解释率来看，加入模型的水文因子相对重要性表现为：水温＜透明度＜水位日上涨率＜径流量日上涨率。从水文因子与仔稚鱼丰度的 GAM 分析(图 7-7)显示，安庆皖河口江段仔稚鱼大量出现时，水位日上涨率主要分布在－0.33～0.37 m/d；当水位日上涨率低于－0.33 m/d 时，仔稚鱼大量出现的频率较低，且丰度较低，仔稚鱼丰度整体上随水位日上涨率上升而上升，呈显著正相关。水温、透明度与径流量日上涨率也与仔稚鱼丰富呈显著性相关，但分布不集中。

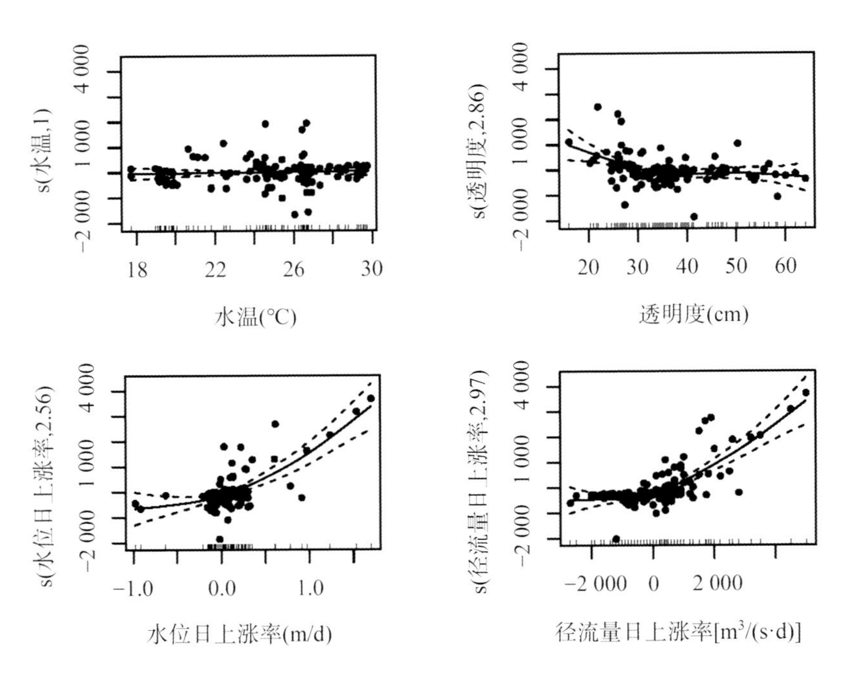


图 7-7
安庆皖河口江段
仔稚鱼丰度与环境因子
关系的 GAM 分析

## 第三节 · 马鞍山—南京江段仔稚鱼发生与环境因子的相关性

调查期间，马鞍山—南京江段仔稚鱼丰度与水温呈正相关关系，即仔稚鱼丰度随水温的升高而增加；与透明度呈负相关关系，即仔稚鱼丰度随透明度升高而下降。当温度为 27.5℃、溶氧量为 5.82 mg/L、浊度为 58.3 时，仔稚鱼丰度达到最大值，为 419.16 ind./100 $m^3$。在相关性分析的基础上构建 GAM 模型进一步验证，构建过程中分别加入关键水文因子（水温、透明度、水位日上涨率与径流量日上涨率）。根据 AIC 准则选择最优模型，结果见表 7-6。总偏差解释率为 80.6%，预测模型的校正决定系数 $R-sq=0.766>0.5$，较准确地说明了水温、透明度、水位日上涨率与径流量日上涨率对马鞍山—南京江段仔稚鱼丰度的影响。

表 7-6 马鞍山—南京江段仔稚鱼 GAM 模型方差分析

| 因变量 | 环境因子 | 偏差解释率(%) | $R-sq$ | AIC | $P$ |
|---|---|---|---|---|---|
| 仔稚鱼丰度 | 水温+透明度+水位日上涨率+径流量日上涨率 | 80.6 | | | |
| | 水温 | 35 | 0.276 | 449.59 | $5.68\times10^{-6}$ * |
| | 透明度 | 41.1 | 0.291 | 431.73 | $1.35\times10^{-7}$ * |
| | 水位日上涨率 | 53.2 | 0.506 | 423.30 | $9.22\times10^{-6}$ * |
| | 径流量日上涨率 | 60.2 | 0.766 | 409.68 | $8.11\times10^{-6}$ * |

注：* 表示在 0.05 水平上呈显著性相关。

采用正态 Q-Q 图、Shapiro-wilk 检验来验证 GAM 模型与其残差的正态性。正态 Q-Q 图显示 GAM 模型符合正态分布（图 7-8），Shapiro-wilk 检验表面 GAM 模型的残差符合正态分布（$P=0.09>0.05$）。

从 GAM 模型中的残差解释率来看，加入模型的水文因子相对重要性表现为：水温<透明度<水位日上涨率<径流量日上涨率。从水文因子与仔稚鱼丰度的 GAM 分析（图 7-9）显示，马鞍山—南京江段仔稚鱼大量出现时，透明度主要分布在 22～25 cm；当透明度超过 25 cm 时，仔稚鱼丰度整体上随透明度的下降而上升，呈显著负相关，仔稚鱼大量出现的频率也降低。水温、水位日上涨率与径流量日上涨率也与仔稚鱼丰度呈显著性相关，但分布不集中。

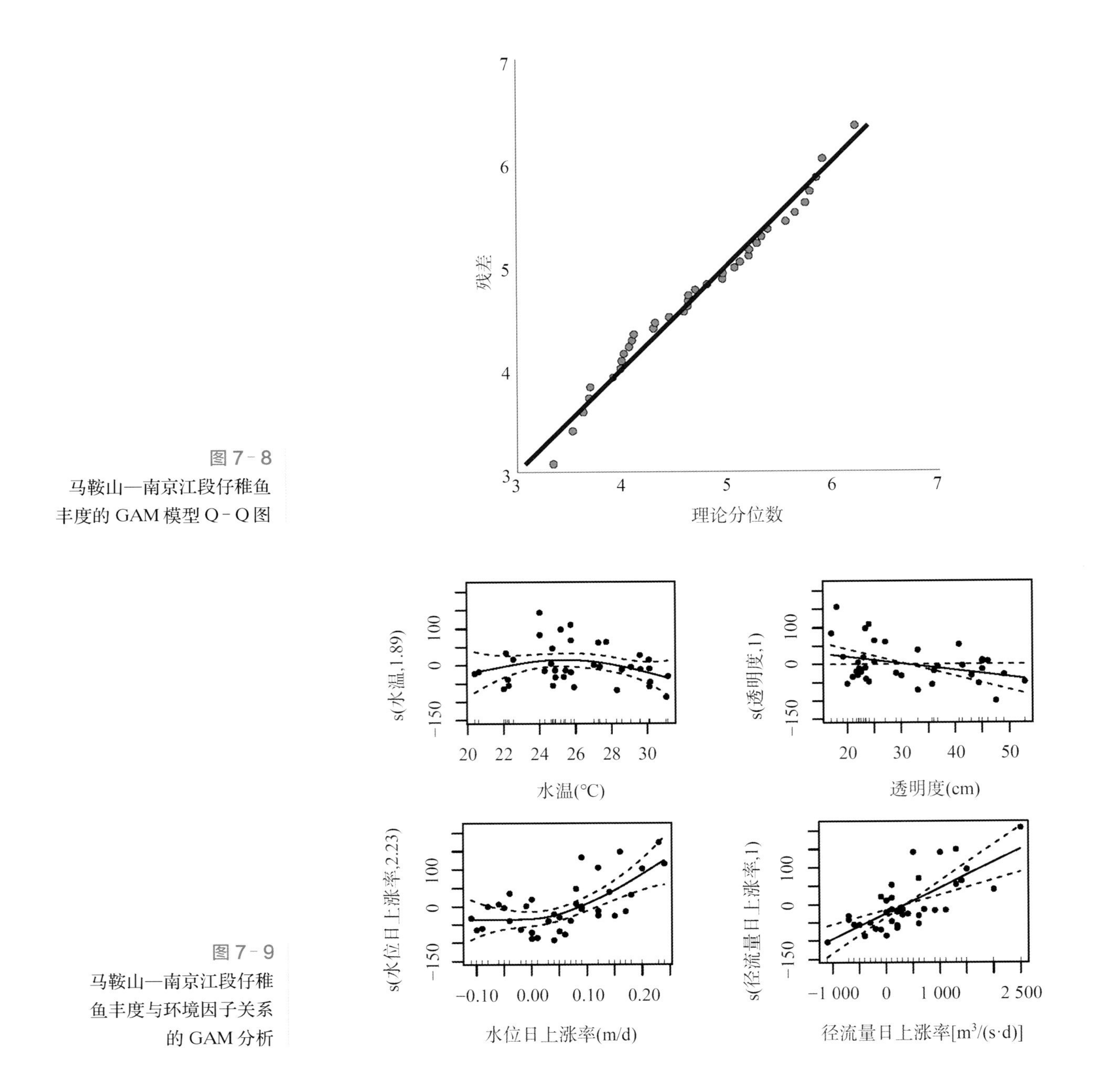


图 7-8
马鞍山—南京江段仔稚鱼丰度的 GAM 模型 Q-Q 图

图 7-9
马鞍山—南京江段仔稚鱼丰度与环境因子关系的 GAM 分析

## 第四节 · 江苏南通江段仔稚鱼发生与环境因子的相关性

对长江下游江苏南通江段的鱼类仔稚鱼资源进行调查，依据采样方法分别对左、右岸及江心共 13 个断面进行采集，同时对各采样点进行实时水文数据(pH、溶氧、透明度、水温、拖网时间、水流量、浊度等)测量记录。对采样数据进行 Pearson 相关性分析发现(图 7-10)，仔稚鱼丰度与水温和浊度呈显著正相关($P<0.05$)、与透明度呈极显著负相关($P<0.01$)。筛选的 3 种环境因子与江苏南通江段优势种和常见种 DCA 处理表明适合运用 RDA 对该江段优势种和常见

种与环境因子(水温、浊度、透明度)冗余分析。结果显示(表 7－7),轴 1 和轴 2 特征值分别为 0.168 和 0.102;物种与环境因子相关性较高,且轴 1(0.861)高于轴 2(0.720)。物种与环境因子 RDA 排序图反映了优势种与常见种对 3 个环境因子的适应性,贝氏䱗(SP1)、䱗(SP2)、寡鳞飘鱼(SP4)、子陵吻鰕虎(SP8)与温度呈正相关;刀鲚(SP3)、鳜(SP5)、翘嘴鲌(SP6)与温度呈现负相关;䱗、银鮈(SP7)、子陵吻鰕虎与浊度呈正相关,与透明度呈现负相关性(图 7－11)。

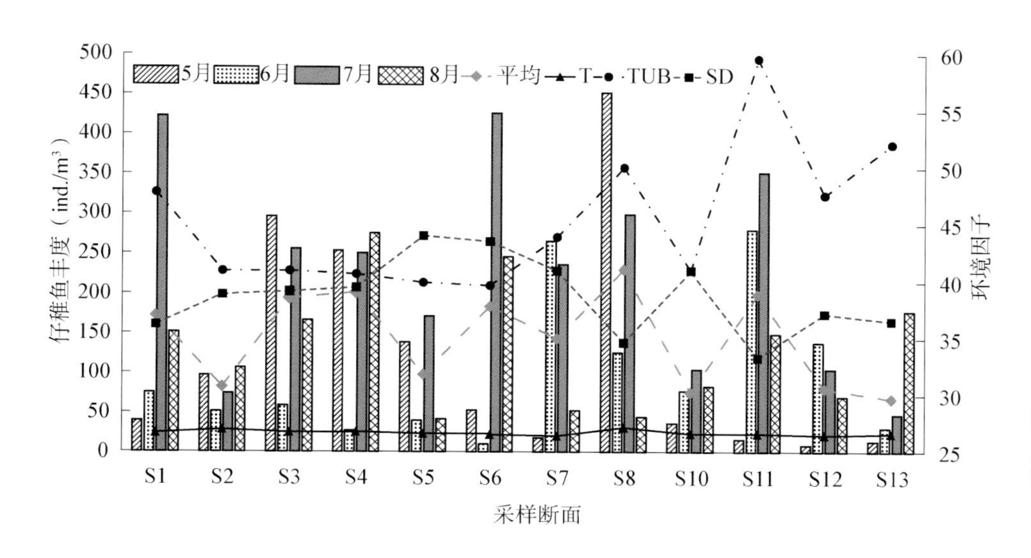


图 7－10
江苏南通江段 5—8 月不同采样断面仔稚鱼丰度与环境因子的关系

表 7－7 江苏南通江段环境因子与仔稚鱼群聚关系的 RDA 分析

| 项目 | 特征值 | 物种累计解释率(%) | 物种-环境累计解释率(%) | 物种-环境相关性 |
|---|---|---|---|---|
| 轴 1 | 0.168 | 16.8 | 55.5 | 0.861 |
| 轴 2 | 0.102 | 27.0 | 89.0 | 0.720 |
| 轴 3 | 0.033 | 30.4 | 100.0 | 0.475 |
| 轴 4 | 0.462 | 76.5 | 0.0 | 0.000 |

在相关性分析的基础上构建 GAM 模型进一步验证,构建过程中分别加入关键水文因子(水温、透明度、水位日上涨率与径流量日上涨率)。根据 AIC 准则选择最优模型,结果见表 7－8。总偏差解释率为 69.8%,预测模型的校正决定系数 $R-sq=0.619>0.5$,较准确地说明了水温、透明度、水位日上涨率与径流量日上涨率对江苏南通江段仔稚鱼丰度的影响。

采用正态 Q－Q 图、Shapiro-wilk 检验来验证 GAM 模型与其残差的正态性。正态 Q－Q 图显示 GAM 模型符合正态分布(图 7－12),Shapiro-wilk 检验表面 GAM 模型的残差符合正态分布($P=0.09>0.05$)。

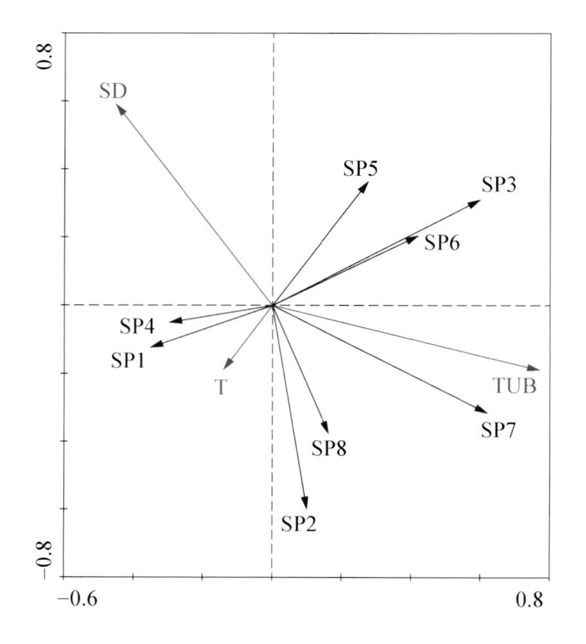


图 7 - 11
江苏南通江段仔稚鱼优势种和常见种与环境因子关系的 RDA 二维排序图

表 7 - 8 江苏南通江段仔稚鱼 GAM 模型方差分析

| 因变量 | 环境因子 | 偏差解释率(%) | R - sq | AIC | P |
|---|---|---|---|---|---|
| 仔稚鱼丰度 | 水温＋透明度＋水位日上涨率＋径流量日上涨率 | 69.8 | | | |
| | 水温 | 48.2 | 0.402 | 525.36 | $7.61\times10^{-6}$ * |
| | 透明度 | 60.6 | 0.550 | 513.05 | $1.08\times10^{-7}$ * |
| | 水位日上涨率 | 10.4 | 0.582 | 509.60 | $9.61\times10^{-6}$ * |
| | 径流量日上涨率 | 6.56 | 0.619 | 508.39 | $1.07\times10^{-7}$ * |

注：* 表示在 0.05 水平上呈显著性相关。

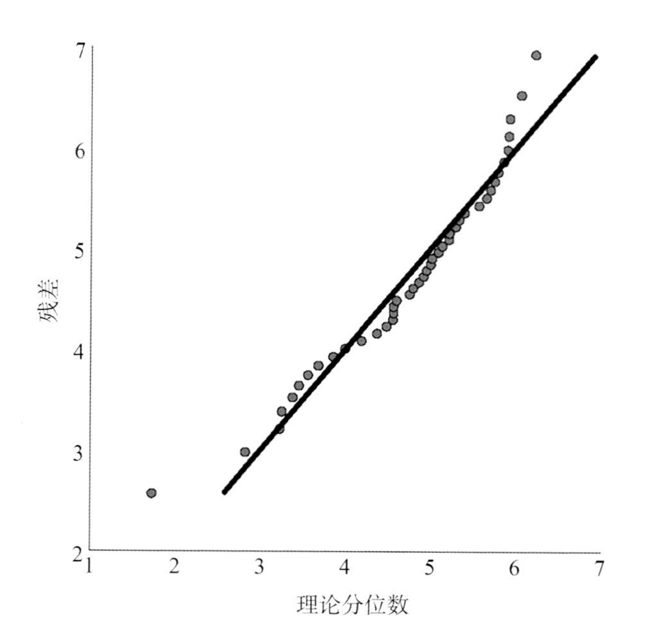


图 7 - 12
江苏南通江段仔稚鱼丰度的 GAM 模型 Q - Q 图

从 GAM 模型中的残差解释率来看，加入模型的水文因子相对重要性表现为：水温＜透明度＜水位日上涨率＜径流量日上涨率。从水文因子与仔稚鱼丰度的 GAM 分析（图 7－13）显示，江苏南通江段仔稚鱼丰度随水温、水位日上涨率与径流量日上涨率呈显著正相关，与透明度呈显著负相关，但透明度、水温、水位日上涨率与径流量日上涨率都没有较集中的分布。

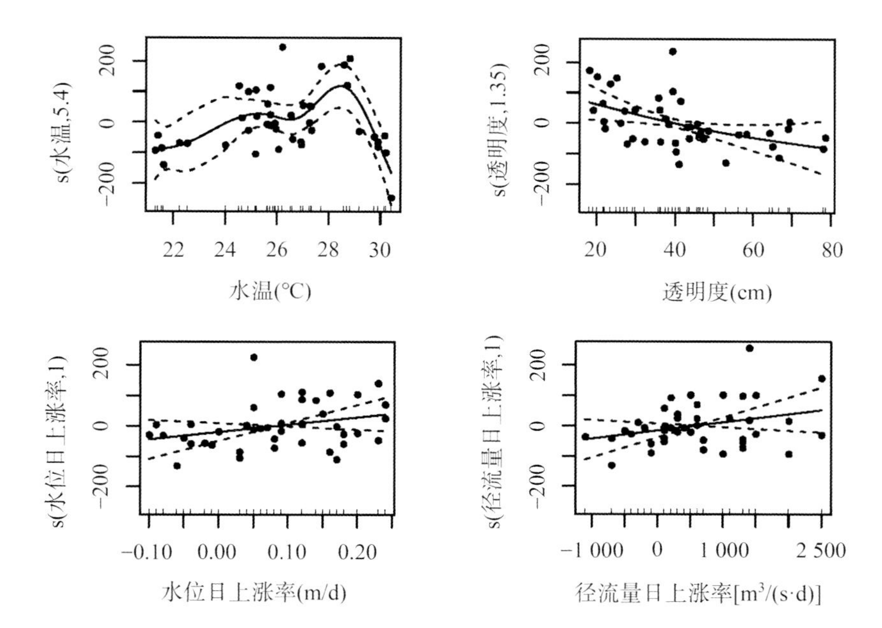


图 7－13
江苏南通江段仔稚鱼丰度与环境因子关系的 GAM 分析

# 第八章

# 长江下游仔稚鱼资源生境特征与保护策略

# 第一节 九江湖口江段仔稚鱼资源生境特征与保护策略

## 一、九江湖口江段仔稚鱼资源生境特征

历史资料记载，长江九江湖口江段内最高记录有136种鱼类，而近年来学者对九江湖口水域和鄱阳湖通江水道的调查发现，湖口水域主要鱼类只有50种左右，主要种类分布与历史资料记载类似，均以鲤形目为主，且主要为湖泊定居性。以青鱼、草鱼、鲢、鳙和鳊等为代表的江湖洄游性鱼类，于每年的鱼类产卵繁殖期间进入长江干流繁育，受精卵随江水漂流出膜孵化，经通江水道进入鄱阳湖内索饵育幼，生长至性成熟的亲鱼再于每年的鱼类繁殖季进入长江干流繁殖产卵，周而复始，完成九江湖口江段江湖洄游性鱼类的生活史。

本研究团队于2018—2020年的每年4—8月间，在九江湖口江段选取八里江、桂营村、江州镇大湾洲和鄱阳湖通江水道4个采样断面开展采样调查，分别在4个断面各设左岸、右岸和江心3个点位进行采集，其中3号断面有沙洲阻隔，加设一个夹江点。4个采样断面的生境差异明显，其中鄱阳湖通江水道为4号断面，该断面为河湖连通的过水通道，江湖洄游性鱼类居多。2018年江水的涨幅与2019年和2020年相比较低，没有大幅度的涨水过程，导致鱼类产卵繁殖活动有所延迟和减少，所获仔稚鱼种类数和数量均较少。2018—2020年监测结果显示，采样断面流速均为左、右岸低于江心；湖口江段1号断面仔稚鱼丰度最高，之后依次为4、2、3号断面。4号断面为鄱阳湖通江水道断面，采样期间鄱阳湖中湖泊定居性鱼类所产的仔稚鱼通过鄱阳湖通江水道进入长江，对长江鱼类资源丰度进行补充，这一结果说明长江干流中大型通江湖泊对长江流域渔业资源的补充发挥着极其重要的作用。2019年采样期间，1号断面于5月底、6月底和7月中旬出现3个仔稚鱼丰度高峰期；2号断面于5月底和6月底出现两个仔稚鱼丰度高峰期；3号断面于5月底和6月底出现两个仔稚鱼丰度高峰期；4号断面于4月底5月初、5月底和6月底至7月初出现3个仔稚鱼丰度高峰期。4个断面5月底及6月底的两个高峰期共同出现，而4号断面第一个高峰期4月底就已经出现，远早于另外3个断面的高峰期时间，结果表明，湖泊通江水道中仔稚鱼高峰期一般早于与其相连通的长江干流。4号断面于7月初出现的高峰期仔稚鱼丰度明显高于其他3个断面仔稚鱼丰度，在这一期间江水径流量并未增加，处于持续高径流量期间，可能是持续的高径流量可导致在这一期间长江江水倒灌鄱

阳湖。

鄱阳湖承接长江中下游，是维持长江中下游生态的关键水域，为多种洄游性鱼类提供了关键的洄游通道。九江湖口江段的仔稚鱼资源经通江水道进入鄱阳湖中营育幼和索饵活动。九江湖口江段仔稚鱼丰度高峰期均出现在3次涨水过程中，这也正好体现出鱼类生产繁殖活动与长江江水涨水过程的高度关联性。有研究表明，长江产漂流性卵鱼类产卵繁殖的必要条件之一就是持续的涨水过程。江水的涨水过程刺激成熟亲鱼产卵繁殖活动，这一过程可以满足长江下游九江湖口江段鱼类产卵繁殖季节所需要的水流刺激。有调查表明，四大家鱼在弯曲型、矶头型和分汊型等水情极为复杂并且具有特殊河流形态的河道中更加容易进行鱼类的繁育活动。在本研究的后期实地调查中发现，调查到的3个家鱼产卵场均处于上述3种特殊的河流形态内。长江四大家鱼产卵场大多数是位于地形变化较大、水流水情较为复杂的江段，表现为江心有沙洲、有矶头伸入江中或者河道弯曲多变等特殊地形的江段，这些江段水流湍急、流速梯度波动大、流态复杂，极易形成泡漩水，是成熟亲鱼进行产卵繁殖活动的最佳江段。

## 二、九江湖口江段仔稚鱼资源生境保护策略

随着九江市湖口县经济带不断延伸，九江湖口江段沿岸工厂建设逐步密集、水质污染状况日益加剧，过载的水域生境压力致使渔业资源明显下降。与此同时，由于环鄱阳湖经济圈的发展，鄱阳湖的水域面积也有所减小，一些江湖洄游性鱼类所需的繁殖和育幼空间也逐步缩小。如长江下游重要的洄游性鱼类刀鲚，鄱阳湖历来都是其产卵场和育幼场，如今刀鲚种群资源明显衰退，繁殖群体数量急剧下滑，鄱阳湖水域甚至不再有明显渔汛，资源保护形势十分严峻。

针对九江湖口江段仔稚鱼资源与生态环境，结合前人研究成果和本课题组的研究结果，为保护九江湖口江段的鱼类资源和生物多样性，提出以下几点保护建议。

(1) 加强渔业资源监测，探究鄱阳湖的江湖连通作用对长江干流仔稚鱼资源尤其是四大家鱼资源发生的生态学作用，为九江湖口江段鱼类资源保护生物学研究提供基础数据。持续研究涨水过程和仔稚鱼时空动态特征之间的确切关系，为长江三峡的生态调度提供科学可靠的调度方案。

(2) 针对九江湖口江段鱼类资源动态特征，针对性地开展科学的增殖放流和评估监测，如四大家鱼等河湖洄游性鱼类的增殖放流及相关的评估和监测工作，保护和补充四大家鱼等河湖洄游性鱼类的资源量，逐渐恢复河湖洄游性鱼类的

种群数量和繁殖群体规模。

(3) 减少或禁止鄱阳湖湖区和九江湖口江段的采砂、造船厂修建和码头增扩建等涉水工程，加强对鱼类种质资源保护区的管理和保护，保证鱼类产卵场尤其是产漂流性卵鱼类产卵场的自然状态，保护鱼类“三场一通道”的生态学功能。

(4) 持续采用仔稚鱼资源监测的科学方法，在长江中下游鱼类繁殖期内对九江湖口江段系统开展仔稚鱼资源的调查与监测的相关研究，详细阐释九江湖口江段的仔稚鱼群落特征，并结合水文环境，解析该江段仔稚鱼与环境因子的关系，着重分析代表性洄游鱼类物种刀鲚和四大家鱼等在九江湖口江段仔稚鱼群落中的资源现状，为长江中下游鱼类资源的保护和管理政策的制定提供科学依据。

## 第二节 安庆皖河口江段仔稚鱼资源生境特征与保护策略

### 一、安庆皖河口江段仔稚鱼资源生境特征

安庆皖河口江段属于相对稳定的分汊型河流，与之相连的下游江段拥有众多的洲滩，如白沙洲、鹅毛洲和新洲等，洲滩经过多年江水冲刷，导致营养物质沉积，可为淡水定居性鱼类繁育提供充足的饵料。通过对安庆江段连续 3 年的仔稚鱼资源调查研究显示，淡水定居性的仔稚鱼种类数占比均超过 75%，数量占比近 90%。同时，安庆江段拥有众多与长江干流相连的河汊等河流形态，形成典型的江湖复合生态系统和冲积平原，该种生态系统为江湖半洄游性鱼类的繁殖和索饵提供了优越的生境条件，亲鱼洄游至具有高溶氧的河道中完成繁殖活动，待孵化出的仔稚鱼再利用季节性洪水漂流至具有较高初级生产力的湖泊和浅滩沙洲中育幼，以补充江湖半洄游性鱼类的种群数量。安庆皖河口江段的 3 年连续调查发现，江湖半洄游性鱼类种类数在 6～8 种，占比在 30%左右。然而，由于安庆皖河口所属的安庆市是长江下游重要的化工城市，有化工企业 400 多家，安庆江段及沿江湖泊环境污染可能导致江湖半洄游性鱼类繁殖群体的繁殖产卵活动受到严重影响。刀鲚是安庆江段仔稚鱼群落中唯一一个河海洄游性鱼类。此外，近年来受大量涉水工程的影响，安庆皖河口江段和沿江湖泊的连通关系均发生了较大的变化，导致江湖洄游性鱼类自然繁殖受到影响，鱼类群落结构表现出洄游性鱼类减少的趋势。

调查结果显示，安庆皖河口江段 2018—2020 年间调查到的仔稚鱼种类数为

43～52 种，与上游其他江段的仔稚鱼种类数相比，安庆皖河口江段种类较为丰富；优势种为 7～10 种，同比其他江段也拥有一定优势。贝氏䱗一直处于绝对优势种的地位，䱗作为第二优势种，这与长江中上游情况类似。对安庆皖河口江段仔稚鱼群落不同年份间比较发现，仔稚鱼种类数呈现下降趋势，优势种主要为鳊和刀鲚。常见种为翘嘴鲌、鲢、刀鲚、鳊、鳡和草鱼。3 年的监测数据显示，安庆皖河口江段仔稚鱼资源呈现波动性变化，贝氏䱗、䱗、似鳊、寡鳞飘鱼、飘鱼等为繁殖周期长与适应性强的鱼类，这些鱼类数量总和占比在 90%以上，在仔稚鱼群落中拥有巨大的生存空间和竞争性，使得洄游性鱼类和生殖选择要求高的鱼类面临着更大的生存挑战。

鱼卵的生态习性在一定程度上决定着仔稚鱼群落结构。调查研究结果表明，安庆皖河口江段产漂流性卵的鱼类数量占比最大(约占 90%)，其次为产黏性卵的鱼类，产沉性卵的鱼类数量最少。多位学者研究发现，水流量对产漂流性卵的鱼类有很大的促进作用，安庆皖河口江段在 3 年的调查期间均出现过水流量上涨较快的时期，使得产漂流性卵的鱼类在数量上占据了绝对的优势。产黏性卵和产沉性卵的鱼类虽然数量占比较小，但种类含量较为丰富。水流量上涨必定引起水位上升，从而覆盖了河道两岸的植被，为黏性卵提供附着物，也为沉性卵提供了良好的避害空间和发育场。此外，作为典型的产漂流性卵的鱼类——四大家鱼产卵规模与江水涨水过程密切相关。如 2018 年江段径流量较往年上涨持续时间短，上涨幅度较低，导致产漂流性卵鱼类的仔稚鱼资源量显著下降。涨水过程的缩减在一定程度上影响产漂流性卵鱼类的正常繁殖活动。

## 二、安庆皖河口江段仔稚鱼资源生境保护策略

安庆皖河口江段两岸自然岸线程度较高，岸线固化程度较低，资料显示皖河口水域水质全年为优。自 2018 年 10 月起，安庆市交通运输局和市港航管理处在安庆段江豚自然保护区内按照“一泊一策”生态复绿标准开展码头整治行动，对保护区生态环境影响较大的泊位予以关停取缔，同时开展岸线清理和生态修复。安庆皖河口江段沿岸生境趋向自然状态，大多为硬泥底质并覆盖一层厚厚的沙质，河滩上分布大面积的树林和芦苇，同时连接大量浅滩和分叉河沟，类似生境对于繁殖期的亲鱼繁殖十分有利。本课题组首次连续 3 年对安庆皖河口江段仔稚鱼进行长达 239 天的蹲点调查，详细地掌握了该江段仔稚鱼的物种组成、生态类型、种类优势度、时空丰度变化及其与环境因子相关性，研究结果对阐述安庆皖河口江段仔稚鱼资源的时空动态具有重要的科学价值和实践意义。针对

长江安庆皖河口江段的生境特征和仔稚鱼资源研究的重要性，今后可着重开展以下几个方面的相关研究。

（1）持续开展对安庆皖河口江段仔稚鱼资源的监测和针对性研究，调查监测时段建议覆盖整个鱼类繁殖周期的逐日和昼夜，监测水层需要考虑不同水层的监测采样工作，从而获得安庆皖河口江段准确的仔稚鱼资源变动趋势。

（2）针对安庆皖河口江段的特色土著鱼类资源，着重开展繁殖周期的亲鱼繁殖、幼鱼索饵和育幼等生活史的跟踪研究，发现皖河口江段特色土著鱼类产卵场的确切位置，提出针对性的保护措施。

（3）利用耳石日龄判别仔稚鱼的发生批次，依据育幼场的位置剖析仔稚鱼的漂流扩散机制，结合关键环境因子阐明与漂流扩散相关的驱动因子。利用耳石微结构技术分析仔稚鱼的生长、存活与死亡特征，利用遗传分析技术鉴别不同群体的遗传关系，进而揭示安庆皖河口江段鱼类的种群补充过程。

（4）针对经济性开发安庆皖河口江段长江岸线的工程项目，要坚决实施生态综合评估等一系列科学的施工前论证工作，确保不触碰长江大保护的生态红线，护航长江大保护这一国家战略顺利实施。

## 第三节・马鞍山—南京江段仔稚鱼资源生境特征与保护策略

### 一、马鞍山—南京江段仔稚鱼资源生境特征

长江下游马鞍山—南京江段承接安徽的马鞍山和江苏的南京，呈现宽窄相间的藕节状分汊型，且多沙洲分布，在潮汐作用强烈的月份会受到较强潮汐作用。长江南京段是长江下游进入江苏境内的首段，自上而下由新济洲汊道、梅子洲汊道、八卦洲汊道和栖霞龙潭弯道河段 4 个河段组成。按照水域划分，大体可分为新济洲江段、梅子洲江段和八卦洲江段。该江段有独特的水流特征，相比以上沙洲较少的江段，其水文特征更为复杂多样。鉴于该江段的重要性和特殊性，被誉为“黄金水道”；与其以下江段共同组成了中国东部水上交通的枢纽要道。马鞍山—南京江段是长江流域和中国东部地区重要的水运交通枢纽，来往船只较为密集，还有多个港口码头，其中马和汽渡和板桥汽渡均位于该江段。

研究发现，马鞍山—南京江段仔稚鱼资源中产漂流性卵的鱼类在数量上占有绝对优势，而在种类数上与产沉性卵的种类数较为相似，产浮性卵的鱼类在种类数上占比最小。2018—2019 年马鞍山—南京江段调查到的仔稚鱼种类数为

23～32种，与上游其他江段的仔稚鱼种类数相比，马鞍山—南京江段仔稚鱼种类数较少。在优势种数方面，贝氏䱗一直处于绝对优势种的地位，与长江中上游情况类似。马鞍山—南京江段仔稚鱼群落在不同年份间比较，仔稚鱼种类数相对较稳定。监测数据显示，马鞍山—南京江段仔稚鱼资源量呈现波动性变化。调查结果显示，繁殖周期长的贝氏䱗、䱗、鳜、似鳊和飘鱼等物种，其仔稚鱼的适应性强，这些鱼类数量占比总和均在90%以上，在马鞍山—南京江段仔稚鱼群落中占据绝对的优势地位。

## 二、马鞍山—南京江段仔稚鱼资源生境保护策略

长江中下游的洲滩和河网是仔稚鱼的主要栖息地。生境异质性对仔稚鱼资源时空分布的影响至关重要。近年来，长江下游鱼类栖息地范围减少严重影响了仔稚鱼资源的生长和生存状况。除鄱阳湖和石臼湖等外，大部分通江湖泊被阻隔，仔稚鱼无法进入湖泊摄食生长。同时，防洪护坡和城市景观破坏了河滩沙洲的自然环境条件，也破坏了鱼类栖息地环境。为了更有效地开展马鞍山—南京江段仔稚鱼资源保护和维护该江段的生境异质性，建议恢复江湖连通及维持河滩沙洲的自然属性，以增加仔稚鱼的栖息地面积。长江流域社会经济发展与渔业可持续发展、水生生物养护及多样性保护的矛盾日益突出，已成为亟待解决的重大生态学问题。马鞍山—南京江段沿线地区社会经济活跃，社会发展与水域生态环境、水生生物保护的矛盾更加突出，加强水生生物持续保护和水生态系统修复的紧迫性凸显。2020年7月8日，南京市人民政府印发《关于全面推进我市长江流域禁捕退捕工作的实施方案》（宁政发〔2020〕73号），提出了“按照禁得住、退得出、稳得住、管得好的要求，全面落实‘十年禁渔’各项措施，确保长江重点水域全面禁捕、退捕，渔民生计得到保障、水生生物资源得到有效保护”的目标任务。然而，长江鱼类资源大保护任重而道远，建议针对马鞍山—南京江段的重点渔业资源水域，着重开展以下几个方面的相关工作和保护措施。

（1）开展禁捕水域水生生物资源调查监测与评估，全面掌握、评估禁捕水域水生生物资源的动态变化情况，探索具有马鞍山—南京江段特色的水生生物资源保护和利用模式。开展长江马鞍山—南京江段水生生物资源及其重要鱼类“三场”的生态监测，及时跟踪禁渔制度实施后鱼类等水生生物资源的本底状况及变动趋势。

（2）建立覆盖马鞍山—南京江段全水域的资源生态一站式综合监测体系，如沿岸的视频监控和数据采集系统，并保障其持续运行，全面支撑马鞍山—南京江

段渔业资源养护与水生野生动物保护工作。

（3）全面跟踪监测马鞍山—南京江段的渔业生态现状和变动趋势，重点监测长江江豚、珍稀濒危鱼类、洄游性物种、重要经济物种、水产外来物种、常规渔业资源、饵料生物资源及水环境指标等，通过上述监测工作，动态掌握马鞍山—南京江段的水生生物资源生态家底。

## 第四节 江苏南通江段仔稚鱼资源生境特征与保护策略

### 一、江苏南通江段仔稚鱼资源生境特征

长江口是我国最大的河口区。根据潮汐作用和河道演变等差异，将河口区分为三个区段：近口段、河口段以及口外海滨段。长江下游南通江段地处河口段，该江段跨度大、覆盖水域广阔，沿江岸线长度居江苏第二，多沙洲、浅滩分布，是连接长江与东海的关键枢纽，也是江海洄游性鱼类的必经洄游通道。长江江苏南通江段拥有较多沙洲分布及在涨落潮过程中时隐时现的浅滩等复杂地貌。复杂的河道形态及特殊的水文特征，是水生动植物栖息、繁育的最佳场所。江苏南通江段常年受到潮汐的影响，径流与潮汐的双重作用使得该水域的水文特征尤为特殊（图 8－1）。鉴于此，2007 年江苏省海洋与渔业局（苏海环〔2007〕23 号）

图 8－1
长江下游江苏南通江段特殊生境分布

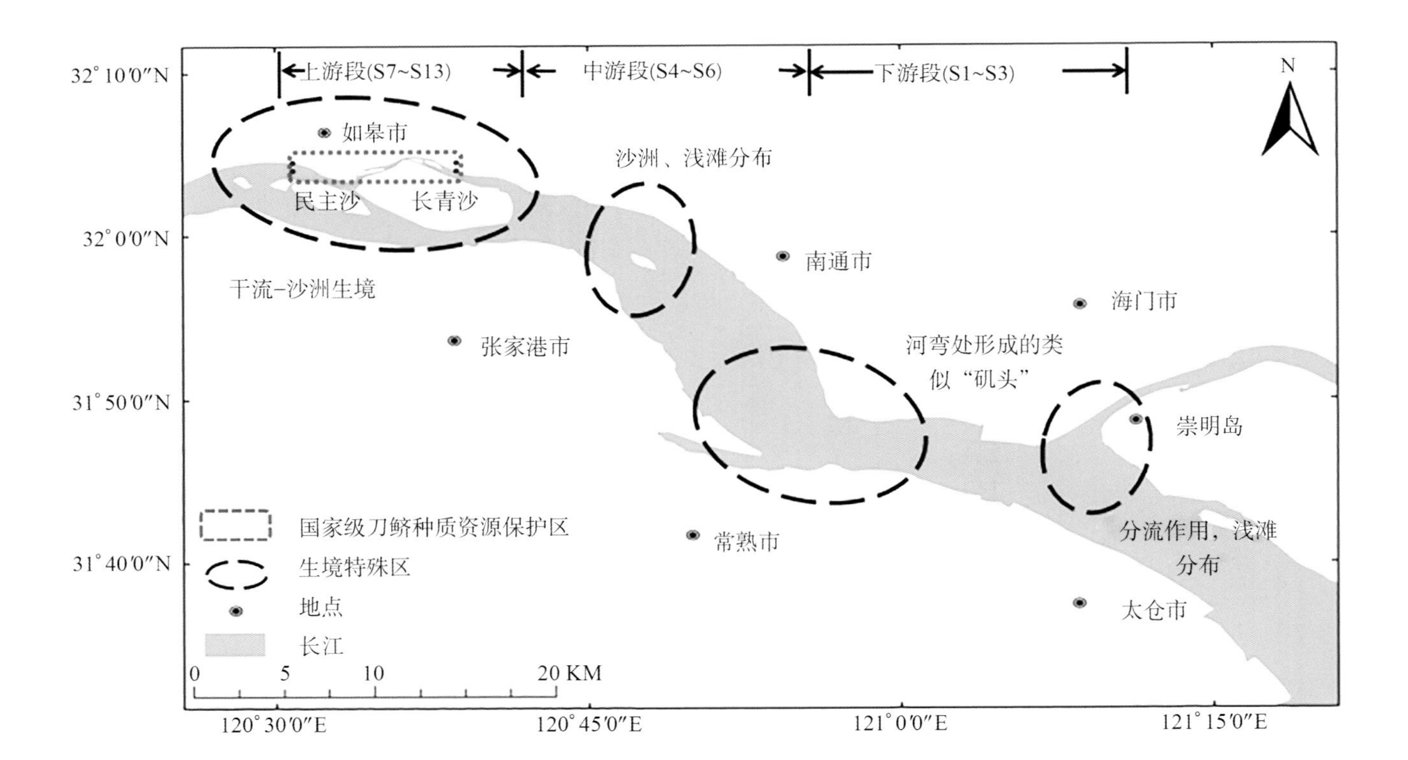

批准该江段建立“如皋长江北支刀鱼省级水产种质资源保护区”，2011年农业部1684号公告批准建立“长江如皋段刀鱼国家级水产种质资源保护区”。对整个如皋江段(长青沙和民主沙)实施更为严格的管控，充分发挥其在整个江苏南通江段资源补充中的作用。

水域环境特征对仔稚鱼的生长发育有着重要的影响，河道多弯曲、江心伴有浅滩和沙洲、河床糙度大等特殊河道形态可为处于早期生活史阶段的仔稚鱼提供适宜的生存发育场所。江苏南通江段拥有多个特殊区域：南通江段的近海口段S1，崇明尖端将水流一分为二，南、北分流差异明显，江水主要从南汊江汇入东海，在尖端区形成相对“温和”水域，调查发现该区域水体浑浊，分布浅滩；河口衔接区域(S3和S4)，江面宽度骤然变化且形成一个类似“矶头”的河道形态，在潮汐上涌过程中，该区域可以避免受到水流直接作用，形成一个相对缓流区；南通江段的S5段面江心拥有浅滩，落潮后现于江面，如长青沙和民主沙即是典型的干流—沙洲生境(图8-2)，此种沙洲生境十分适合仔稚鱼的索饵和育幼。

通过沿江实地观测和无人机航拍研究水域的岸线分布情况，初步分析发现，除长青沙北汊江无航道分布外，其他3个汊江(长青沙北汊江、民主沙南、民主沙北汊江)均有航道，过往船只频繁。同时，长青沙北汊江岸线植被的分布高于其他3个汊江。该区域多浅滩分布，涨潮过程中可见江水由于水深不一而呈现暗带和亮带，在潮水退去后隐约有浅滩浮现，流速较缓，挺水植物(芦苇)较多，岸上分布有葎草、牛筋草、野艾蒿等。民主沙的北汊江由于有航道存在，沿岸多港口、工厂(图8-2)。两大沙洲的南汊江为主航道分布区，江面较宽，相比于分流作用较小的北汊江受到长江径流和潮汐的影响更强。本研究的结果分析显示，长青沙和民主沙的南、北汊江仔稚鱼的平均丰度表现为：长青沙北汊江＞民主沙北汊江＞长青沙南汊江＞民主沙南汊江，两大沙洲的北汊江总体高于南汊江，北汊江更适宜处于早期生活史阶段的仔稚鱼栖息。针对该江段重点水域长青沙和民主沙仔稚鱼群聚特征分析表明，处于早期生活史阶段的仔稚鱼更偏好水流相对平缓、岸线完整的北汊江。

## 二、江苏南通江段仔稚鱼资源生境保护策略

随着“长江十年禁捕”政策的深入落实，捕捞强度大幅降低，鱼类资源将得到逐步恢复。鉴于江苏南通江段地理位置与水文环境的特殊性，对该水域鱼类资源变动的持续监控和更为严格的管控措施，鱼类多样性保护和资源整体修复效果明显。基于江苏南通江段特殊的感潮特征，针对该江段和仔稚鱼资源的保护

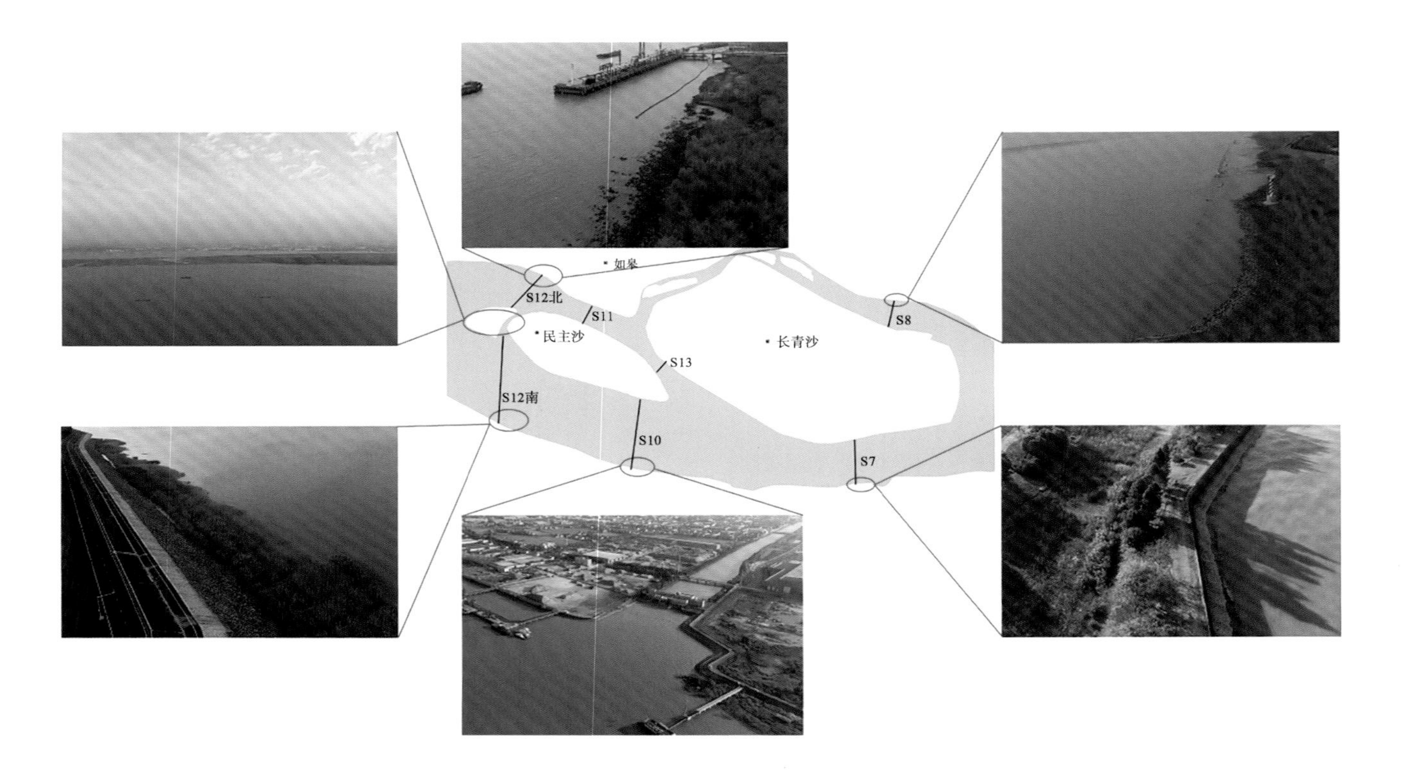


图 8-2
长江江苏南通江段长青沙和民主沙岸线特征

和相关研究保护策略提出以下建议。

(1) 加强对江苏南通江段仔稚鱼资源组成和分布、刀鲚产卵场存在范围推测以及仔稚鱼时空动态和环境因子相关性的研究分析，进一步加强调查水域生境，包括水质指标、浮游动植物分布情况、地理特征以及沿岸植被分布等，并进行典型对应分析，为解析仔稚鱼对生境的适应和选择机制提供新思路。

(2) 针对江苏南通江段的鱼类资源保护区范围内实行严格的管控和长期的仔稚鱼资源监测，管控措施包括限定沿岸的人为干扰、港口码头建设和划定通航船只的限行范围等，仔稚鱼资源监测重点物种对象聚焦在洄游性鱼类。

(3) 加强江苏南通江段的水域生境保护，尤其对特殊的干流—沙洲生境区域(如长青沙和民主沙等沙洲浅滩)采取针对性的管理措施，同时加强对自然岸线的生境保护，针对鱼类繁殖和育幼偏好的干流—沙洲生境开展重点研究工作，以期探明河口段仔稚鱼资源时空动态、生境偏好及其补充机制。

(4) 划定江苏南通江段鱼类繁殖高峰时期的船只限行区域与禁行范围，管控通航船只的噪声与排污，保证长江洄游性鱼类的洄游通道畅通，促进该江段生境自然化和仔稚鱼资源的持续恢复；同时，开展基于“江海连通”典型渔业水域生境修复与资源养护的机制研究。

# 参考文献


[1] 柏海霞，彭期冬，李翀，等. 长江四大家鱼产卵场地形及其自然繁殖水动力条件研究综述[J]. 中国水利水电科学研究院学报，2014，12(03)：249－257.

[2] 蔡瑞钰，赵健蓉，黄静，等. 温度对云南盘鮈仔稚鱼生长及存活率的影响[J]. 淡水渔业，2018，48(03)：96－100.

[3] 蔡玉鹏，杨志，徐薇. 三峡水库蓄水后水温变化对四大家鱼自然繁殖的影响[J]. 工程科学与技术，2017，49(1)：70－77.

[4] 曹过，李佩杰，王媛，等. 长江下游镇江和畅洲北汊江段鱼类群落多样性研究[J]. 水生态学杂志，2018，39(06)：73－80.

[5] 曹文宣，常剑波，乔晔，等. 长江鱼类早期资源[M]. 中国水利水电出版社，2007.

[6] 曹文宣，余志堂，许蕴歼，等. 三峡工程对长江鱼类资源影响的初步评价及资源增殖途径的研究[Z]//长江三峡工程对生态与环境影响及其对策研究. 北京：科学出版社，1988.

[7] 常剑波，曹文宣. 通江湖泊的渔业意义及其资源管理对策[J]. 长江流域资源与环境，1999，8(2)：153－157.

[8] 陈大庆，刘绍平，段辛斌，等. 长江中上游主要经济鱼类的渔业生物学特征[J]. 水生生物学报，2002，26(6)：618－622.

[9] 陈金凤，钱晓燕. 近 60 年来长江对鄱阳湖倒灌水量的变化特征[J]. 长江科学院院报，2019，36(5)：18－22，27.

[10] 陈婷婷. 长江江苏江段刀鲚耳石的微结构和微化学研究[D]. 南京农业大学，2016.

[11] 陈卫境，顾树信. 长江靖江段刀鲚资源调查报告[J]. 水产养殖，2012，33(7)：10－12.

[12] 陈文静，贺刚，吴斌，等. 鄱阳湖通江水道鱼类空间分布特征及资源量评估[J]. 湖泊科学，2017，29(4)：923－931.

[13] 陈文静，张燕萍，赵春来，等. 近年长江湖口江段鱼类群落组成及多样性[J]. 长江流域资源与环境，2012，21(6)：684－691.

[14] 陈校辉，边文冀，赵钦，等. 长江江苏段鱼类种类组成和优势种研究[J]. 长江流域资源与环境，2007，16

(5):571－577.
[15] 陈宜瑜,许蕴玕,等.洪湖水生生物及其资源开发[M].北京:科学出版社,1995.
[16] 陈永柏,廖文根,彭期冬,等.四大家鱼产卵水文水动力特性研究综述[J].水生态学杂志,2009,2(2):132－135.
[17] 陈媛媛,邢娟娟,吕彬彬.鲤鱼胚胎发育与温度和溶氧的关系[J].陕西水利,2012(1):117－118.
[18] 程永建,张俊才.鄱阳湖水文气候特征[J].江西水利科技,1991,17(4):291－296,306.
[19] 崔奕波,李钟杰.长江流域湖泊的渔业资源与环境保护[M].北京:科学出版社,2005.
[20] 代培,王银平,匡箴,等.长江安庆新洲水域浮游动物群落结构特征及其与环境因子的关系[J].安徽农业大学学报,2019,46(04):623－631.
[21] 代培,严燕,朱孝彦,等.长江刀鲚国家级水产种质资源保护区(安庆段)刀鲚资源现状[J].中国水产科学,2020,27(11):3－12.
[22] 戴玉红,顾树信,郭弘艺,等.长江靖江段鱼类资源调查与开发[J].水产养殖,2013,34(7):28－33.
[23] 丁隆强,何晓辉,李新丰,等.2016—2018年长江下游安庆江段四大家鱼仔稚鱼资源调查分析[J].湖泊科学,2020,32(4):1116－1125.
[24] 董文霞,唐文乔,王磊.长江刀鲚繁殖群体的生长特性[J].上海海洋大学学报,2014,23(5):669－674.
[25] 杜浩,班璇,张辉,等.天然河道中鱼类对水深、流速选择特性的初步观测——以长江江口至涴市段为例[J].长江科学院院报,2010,27(10):70－74.
[26] 段辛斌,陈大庆,李志华,等.三峡水库蓄水后长江中游产漂流性卵鱼类产卵场现状[J].中国水产科学,2008(04):523－532.
[27] 段辛斌,田辉伍,高天珩,等.金沙江一期工程蓄水前长江上游产漂流性卵鱼类产卵场现状[J].长江流域资源与环境,2015,24(8):1358－1365.
[28] 段学军,陈雯,朱红云,等.长江岸线资源利用功能区划方法研究——以江苏南通市域长江岸线为例[J].长江流域资源与环境,2006,15(5):621－626.
[29] 段中华,孙建贻,谭细畅,等.鱼类早期资源调查中不同网具采集效率的研究[J].水生生物学报,1999,23(6):670－676.
[30] 范思林,王晓峰,印江平,等.2015年长江上游油溪江段宜昌鳅鮀早期资源量及空间分布[J].淡水渔业,2019(5):31－35＋50.
[31] 付自东.胭脂鱼仔、稚鱼耳石微结构及标记研究[D].四川大学,2006.
[32] 高雷,胡兴坤,杨浩等.长江中游黄石江段四大家鱼早期资源现状[J].水产学报,2019,43(6):1498－1506.
[33] 高雷.长江口南支鱼类早期资源多样性与时空格局研究[D].中国科学院水生生物研究所,2014.
[34] 高明慧,吴志强,黄亮亮,等.壮体沙鳅早期发育及红水河来宾江段资源补充量评估[J].水生生物学报,

2019(4):841-846.

[35] 高天珩,田辉伍,王涵,等.长江上游江津断面铜鱼鱼卵时空分布特征及影响因子分析[J].水产学报,2015,39(8):1099-1106.

[36] 葛珂珂,钟俊生,吴美琴,等.长江口沿岸碎波带刀鲚仔稚鱼的数量分布[J].中国水产科学,2009,16(9):923-930.

[37] 管卫兵,胡达吾,丁华腾.长江口附近日本鳗鲡补充群体耳石的微结构特征[J].江苏农业科学,2012,40(10):212-216.

[38] 管兴华,曹文宣.利用耳石日轮技术研究长江中游草鱼幼鱼的孵化期及生长[J].水生生物学报,2007,31(1):18-23.

[39] 郭国忠,高雷,段辛斌,等.长江中游洪湖段仔鱼昼夜变化特征的初步研究[J].淡水渔业,2017,47(01):49-55.

[40] 郭国忠.长江中游洪湖江段鱼类早期资源研究[D].西南大学,2017.

[41] 郭弘艺,刘东,张旭光,等.长江靖江段沿岸刀鲚的生长、死亡参数及种群补充[J].生态学杂志,2017,36(10):2831-2839.

[42] 郭弘艺,张旭光,唐文乔,等.长江靖江段刀鲚捕捞量的时间变化及相关环境因子分析[J].长江流域资源与环境,2016,25(12):1850-1859.

[43] 郭欧阳.长江下游干流浮游动物群落结构及其与环境因子相关性的研究[D].上海师范大学,2018.

[44] 何群.苏北浅滩辐射沙洲海域地形对浮游动物时空分布和群落结构的影响[D].上海海洋大学,2016.

[45] 何为,李家乐,江芝娟,等.长江刀鲚性腺的细胞学观察[J].上海海洋大学学报,2006,15(3):292-296.

[46] 贺刚,方春林,陈文静,等.鄱阳湖水道四大家鱼群落特征及幼鱼入湖格局[J].江苏农业科学,2016,44(02):297-299.

[47] 贺刚,方春林,陈文静,等.鄱阳湖通江水道屏峰段鱼类群落结构及多样性[J].江西水产科技,2016,(4):3-6,9.

[48] 贺刚,方春林,吴斌,等.鄱阳湖刀鲚生殖群体特征及状况分析[J].水生态学杂志,2017,38(3):83-88.

[49] 贺刚,付辉云,万正义,等.长江瑞昌江段四大家鱼鱼苗资源变化[J].湖北农业科学,2015,54(22):5673-5676.

[50] 胡茂林,吴志强,刘引兰.鄱阳湖湖口水域四大家鱼幼鱼出现的时间过程[J].长江流域资源与环境,2011,20(5):534-539.

[51] 胡兴坤,高雷,杨浩,等.长江中游黄石江段鱼类早期资源现状[J].长江流域资源与环境,2019,28(1):62-69.

[52] 胡兴坤.长江中游黄石江段鱼类早期资源研究[D].华中农业大学,2018.

[53] 胡振鹏,张祖芳,刘以珍,等.碟形湖在鄱阳湖湿地生态系统的作用和意义[J].江西水利科技,2015,41

(5):317-323.

[54] 湖北省水生生物研究室鱼类研究室. 长江鱼类[M]. 北京:科学出版社,1976.

[55] 黄道明,谢文星,谢山,等. 汉江四大家鱼早期资源监测和研究[M]. 水利部中国科学院水工程生态研究所. 2008,13-14.

[56] 黄仁术. 刀鱼的生物学特性及资源现状与保护对策[J]. 水利渔业,2005,25(2):33-37.

[57] 贾明秀,黄六一,褚建伟,等. 基于GAM和GWR模型分析环境因子对南极磷虾资源分布的非线性和非静态性影响[J]. 中国海洋大学学报(自然科学版),2019,49(08):19-26.

[58] 江苏省水产科学研究所,安徽省长江水产资源调查小组,湖北省长江水产研究所. 长江刀鲚产卵群体组成的初步研究//长江流域刀鲚资源调查报告(内部资料)[M]. 武汉:长江流域刀鲚资源协作组,1977,22-30.

[59] 姜伟,刘焕章,段中华,等. 以标志物对长江上游漂流性鱼卵漂流方式的研究[J]. 水生生物学报,2010,34(6):1172-1178.

[60] 姜伟. 长江上游珍稀特有鱼类国家级自然保护区干流江段鱼类早期资源研究[D]. 中国科学院水生生物研究所,2009.

[61] 蒋玫,沈新强,陈莲芳. 长江口及邻近水域春季鱼卵仔鱼分布与环境因子的关系[J]. 海洋环境科学,2006,25(2):37-39.

[62] 解涵,金广海,解玉浩,等. 依耳石显微结构判断安氏新银鱼的早期生活史[J]. 水产科学,2010,29(01):35-39.

[63] 解玉浩,李勃. 饥饿和光照对鳙仔鱼耳石沉积和日轮形成的影响[J]. 大连海洋大学学报,1999,014(03):1-6.

[64] 解玉浩,李勃. 鳙仔—幼鱼耳石日轮与生长的研究[J]. 中国水产科学,1995,2(2):34-42.

[65] 雷欢,谢文星,黄道明,等. 丹江口水库上游梯级开发后产漂流性卵鱼类早期资源及其演变[J]. 湖泊科学,2018,30(5):1319-1331.

[66] 黎明政,段中华,姜伟,等. 长江干流不同江段鱼卵及仔鱼漂流特征昼夜变化的初步分析[J]. 长江流域资源与环境,2011,20(8):957-962.

[67] 黎明政,马琴,陈林,等. 三峡水库产漂流性卵鱼类繁殖现状及水文需求研究[J]. 水生生物学报,2019,43(S1):84-96.

[68] 黎明政. 长江鱼类生活史对策及其早期生活史阶段对环境的适应[D]. 中国科学院水生生物研究所,2012.

[69] 黎雨轩. 长江洄游性刀鲚的繁殖生态学研究[D]. 中国科学院水生生物研究所,2009.

[70] 李翀,彭静,廖文根. 长江中游四大家鱼发江生态水文因子分析及生态水文目标确定[J]. 中国水利水电科学研究院学报,2006,4(3):170-176.

[71] 李栋良. 长江刀鱼的天然繁殖与胚胎发育观察[J]. 水产科技情报,1992,19(2):49-51.

[72] 李红炳,徐德平. 洞庭湖“四大家鱼”资源变化特征及原因分析[J]. 内陆水产,2008,33(6).

[73] 李建,夏自强,王远坤,等. 长江中游四大家鱼产卵场河段形态与水流特性研究[J]. 四川大学学报(工程科学版),2010,42(4):63-70.

[74] 李建军. 长江中游九江段四大家鱼仔幼鱼的耳石特征及生长特性研究[D]. 南昌大学,2011.

[75] 李建生,胡芬,林楠. 长江口及邻近海域春季仔、稚鱼的生态分布研究[J]. 南方水产科学,2015,11(1):1-8.

[76] 李捷,李新辉,贾晓平,等. 西江鱼类群落多样性及其演变[J]. 中国水产科学,2010,17(2):298-311.

[77] 李美玲,黄硕琳. 大型水工建筑对长江渔业资源影响及对策浅析[J]. 上海海洋大学学报,2009,18(6):759-764.

[78] 李琴,矫新明. 长江江苏段渔业资源衰退的原因及保护对策探讨[J]. 长江大学学报(自然科学版),2010,1(7):49-52.

[79] 李世健. 长江中游监利断面鱼类早期资源量及浮游生物群落结构特征初步研究[D]. 华中农业大学,2011.

[80] 李新丰,丁隆强,何晓辉,等. 长江安庆段仔稚鱼群落特征调查研究[J]. 水生生物学报,2019,43(06):1300-1310.

[81] 李新丰. 长江安庆段仔稚鱼群落多样性时空特征及影响因子研究[D]. 上海海洋大学,2019.

[82] 李跃飞,李新辉,谭细畅,等. 珠江中下游鲮早期资源分布规律[J]. 中国水产科学,2011,15(1):171-177.

[83] 李忠利. 黑尾近红鲌仔稚鱼耳石微结构特征的研究[D]. 四川农业大学,2008.

[84] 林楠,程家骅,姜亚洲,等. 长江口两种仔稚鱼网具的采集效率比较[J]. 水产学报,2016,40(2):198-206.

[85] 刘建康,曹文宣. 长江流域的鱼类资源及其保护对策[J]. 长江流域资源与环境,1992,1(1):3.

[86] 刘凯,段金荣,徐东坡,等. 长江口刀鲚渔汛特征及捕捞量现状[J]. 生态学杂志,2012,31(12):3138-3143.

[87] 刘凯,段金荣,徐东坡,等. 长江下游近岸渔业群落多样性时空特征[J]. 上海海洋大学学报,2010,19(5):654-662.

[88] 刘明典,高雷,田辉伍,等. 长江中游宜昌江段鱼类早期资源现状[J]. 中国水产科学,2018,25(1):147-158.

[89] 刘明典,李鹏飞,黄翠,等. 长江安庆段春季鱼类群落结构特征及多样性研究[J]. 水生态学杂志,2017,38(06):64-71.

[90] 刘绍平,陈大庆,段辛斌,等. 长江中上游四大家鱼资源监测与渔业管理[J]. 长江流域资源与环境,

2004,13(2):183 - 186.

[ 91 ] 刘绍平,段辛斌,陈大庆,等. 长江中游渔业资源现状研究[J]. 水生生物学报,2005,29(6):708 - 711.

[ 92 ] 刘淑德,线薇微. 三峡水库蓄水前后春季长江口鱼类浮游生物群落结构特征[J]. 长江科学院院报,2010,27(10):82 - 87.

[ 93 ] 刘松海,周奎林,陈忠高. 长江如皋段刀鱼省(国家)级水产种质资源保护区资源调查报告[C]//长三角科技论坛水产分论坛暨江苏省水产学术年会,江苏省水产学会,2012:153 - 156.

[ 94 ] 刘艳佳,高雷,郑永华,等. 洞庭湖通江水道鱼类资源周年动态及其洄游特征研究[J]. 长江流域资源与环境,2020,29(2):376 - 385.

[ 95 ] 刘熠,任鹏,杨习文,等. 长江下游刀鲚(*Coilia nasus*)仔稚鱼的时空分布[J]. 湖泊科学,2020,32(2):506 - 517.

[ 96 ] 刘熠,杨习文,任鹏,等. 长江湖口段春夏季仔稚鱼群落结构研究[J]. 水生生物学报,2019,43(01):146 - 158.

[ 97 ] 刘熠. 长江下游刀鲚(Coilia nasus)仔稚鱼的时空分布及其食性差异研究[D]. 上海海洋大学,2019.

[ 98 ] 刘引兰,吴志强,胡茂林. 我国刀鲚研究进展[J]. 水产科学,2008,27(4):205 - 209.

[ 99 ] 柳富荣. 洞庭湖渔业资源现状及增殖保护对策[J]. 现代渔业信息,2002(08):26 - 28.

[100] 罗秉征. 河口及近海的生态特点与渔业资源[J]. 长江流域资源与环境,1992,1(1):24 - 30.

[101] 马雅雪,姚维林,袁赛波等. 长江干流宜昌-安庆段大型底栖动物群落结构及环境分析[J]. 水生生物学报,2019,43(3):634 - 642.

[102] 毛成责,矫新明,钟俊生,等. 长江口刀鲚资源现状及保护研究进展[J]. 淮海工学院学报(自然科学版),2015,24(3):78 - 83.

[103] 倪勇. 长江口区凤鲚的渔业及其资源保护[J]. 中国水产科学,1999,6(5):75 - 77.

[104] 钮新强,谭培伦. 三峡工程生态调度的若干探讨[J]. 中国水利,2006,(14):8 - 10.

[105] 潘静. 耳石微结构和微化学分析在长江、赣江、鄱阳湖鲢群体识别中的应用研究[D]. 华中农业大学,2018.

[106] 彭期冬,廖文根,李翀,等. 三峡工程蓄水以来对长江中游四大家鱼自然繁殖影响研究[J]. 四川大学学报(工程科学版),2012,44(S2):228 - 232.

[107] 蒲灵,李克锋,庄春义,等. 天然河流水温变化规律的原型观测研究[J]. 四川大学学报(自然科学版),2006,43(3):614 - 617.

[108] 乔晔. 长江鱼类早期形态发育与种类鉴别[D]. 中国科学院水生生物研究所,2005.

[109] 乔云贵,黄洪亮. 潮汐对鱼类游泳行为影响的研究进展[J]. 江苏农业科学,2012,40(3):9 - 12.

[110] 邱如健,王远坤,王栋,等. 三峡水库蓄水对宜昌—城陵矶河段水温情势影响研究[J/OL]. 水利水电技术:1 - 13.

[111] 饶元英. 长江口南支水域仔稚鱼资源量年度变化的研究[D]. 上海海洋大学,2020.
[112] 任鹏. 长江下游鱼类早期资源的分布与周年动态研究[D]. 中国科学院水生生物研究所,2015.
[113] 任玉芹. 三峡库区澎溪河鱼类分布特征及相关环境因子的研究[D]. 华中农业大学,2011.
[114] 沈忱. 长江上游鱼类保护区生态环境需水研究[D]. 清华大学,2015.
[115] 沈焕庭. 长江河口物质通量[M]. 海洋出版社,2001.
[116] 施炜纲,王博,王利民. 长江下游水生动物群落生物多样性变动趋势初探[J]. 水生生物学报,2002,26(6):654-661.
[117] 施永海,张根玉,张海明,等. 刀鲚的全人工繁殖及胚胎发育[J]. 上海海洋大学学报,2015,24(1):36-43.
[118] 帅方敏,李新辉,刘乾甫,等. 珠江水系鱼类群落多样性空间分布格局[J]. 生态学报,2017,37(9):3182-3192.
[119] 宋一清. 长江中游仔鱼的空间格局与三峡大坝运行的影响[D]. 中国科学院水生生物研究所,2016.
[120] 宋昭彬,曹文宣. 长江中游四大家鱼仔鱼营养状况的初步研究[J]. 动物学杂志,2001(04):14-20.
[121] 苏应兵,廖咏玲,杨代勤,等. 温度对泥鳅受精卵孵化和仔鱼活力的影响研究[J]. 安徽农业科学,2011,39(35):21822-21823.
[122] 谭红武. 长江中游四大家鱼产卵场物理栖息地分析研究[D]. 中国水利水电科学研究院,2010.
[123] 谭细畅,李新辉,陶江平,等. 西江肇庆江段鱼类早期资源时空分布特征研究[J]. 淡水渔业,2007,37(4):37-40.
[124] 唐会元,杨志,高少波,等. 金沙江中游圆口铜鱼早期资源现状[J]. 四川动物,2012,31(3):416-421.
[125] 唐锡良,陈大庆,王珂,等. 长江上游江津江段鱼类早期资源时空分布特征研究[J]. 淡水渔业,2010,40(5):27-31.
[126] 唐锡良. 长江上游江津江段鱼类早期资源研究[D]. 西南大学,2010.
[127] 田洪林. 元素浓度和水温对褐牙鲆(*Paralichthys olivaceus*)仔稚鱼耳石中 Sr 和 Ba 沉积作用研究[D]. 中国科学院大学(中国科学院海洋研究所),2019.
[128] 田佳丽,代培,任鹏,等. 长江安庆新洲江段仔稚鱼的群聚特征[J]. 中国水产科学,2020,27(8):916-926.
[129] 田佳丽. 长江安庆新洲江段仔稚鱼群聚特征及其与环境因子的相关性研究[D]. 上海海洋大学,2020.
[130] 田思泉,田芝清,高春霞,等. 长江口刀鲚汛期特征及其资源状况的年际变化分析[J]. 上海海洋大学学报,2014,23(2):245-250.
[131] 万全,赖年悦,李飞,等. 安徽无为长江段刀鲚生殖洄游群体年龄结构的变化分析[J]. 水生态学杂志,2009,30(4):60-65.
[132] 汪登强,高雷,段辛斌,等. 汉江下游鱼类早期资源及梯级联合生态调度对鱼类繁殖影响的初步分析

[J]. 长江流域资源与环境,2019,28(08):1909－1917.

[133] 汪珂,刘凯,徐东坡,等. 鱼类早期资源研究进展[J]. 江西农业大学学报,2013,35(5):1098－1107.

[134] 汪振华,钟佳明,章守宇,等. 褐菖鲉幼鱼对贻贝养殖生境的利用规律初探[J]. 水产学报,2019,43(09):1900－1913.

[135] 王桂华. 水利工程对长江中下游江段鱼类生境的影响研究[D]. 河海大学,2008.

[136] 王涵,田辉伍,陈大庆,高天珩,刘明典,高雷,段辛斌. 长江上游江津段寡鳞飘鱼早期资源研究[J]. 水生态学杂志,2017,38(02):82－87.

[137] 王红丽,黎明政,高欣,等. 三峡库区丰都江段鱼类早期资源现状[J]. 水生生物学报,2015,39(5):954－964.

[138] 王九江,刘永,肖雅元,等. 大亚湾鱼卵、仔稚鱼种群特征与环境因子的相关关系[J]. 中国水产科学,2019,26(01):14－25.

[139] 王俊娜,李翀,段辛斌,等. 基于遗传规划法识别影响鱼类丰度的关键环境因子[J]. 水利学报,2012,43(7):860－868.

[140] 王珂,周雪,陈大庆,等. 四大家鱼自然繁殖对水文过程的响应关系研究[J]. 淡水渔业,2019,49(1):66－70.

[141] 王利民,胡慧建,王丁. 江湖阻隔对涨渡湖区鱼类资源的生态影响[J]. 长江流域资源与环境,2005,(3):287－292.

[142] 王连龙,王华. 长江鱼类生物多样性与保护对策[J]. 安徽农业科学,2011,39(21):12876－12877.

[143] 王尚玉,廖文根,陈大庆,等. 长江中游四大家鱼产卵场的生态水文特性分析[J]. 长江流域资源与环境,2008,17(6):892－897.

[144] 王生,段辛斌,陈文静,等. 鄱阳湖湖口鱼类资源现状调查[J]. 淡水渔业,2016,46(6):50－55.

[145] 王苏民,窦鸿身. 中国湖泊志[M]. 北京:科学出版社,1998.

[146] 王文才,李一平,杜薇,等. 长江感潮河段潮汐变化特征[J]. 水资源保护,2017,33(6):121－124.

[147] 王文君,谢山,张晓敏,等. 岷江下游产漂流性卵鱼类的繁殖活动与生态水文因子的关系[J]. 水生态学杂志,2012,33(6):29－34.

[148] 王小豪,方弟安,孙海博,等. 长江如皋江段仔稚鱼资源现状调查分析[J]. 南方农业学报,2022,53(06):1742－1751.

[149] 王晓刚,严忠民. 河道汇流口水力特性对鱼类栖息地的影响[J]. 天津大学学报,2008,41(2):204－208.

[150] 王银平,匡箴,蔺丹清,等. 长江安庆新洲水域鱼类群落结构及多样性[J]. 生态学报,2020,40(7):2417－2426.

[151] 王忠锁,陈明华,吕偲,等. 鄱阳湖银鱼多样性及其时空格局[J]. 生态学报,2006,26(5):1337－1344.

[152] 危起伟. 长江上游珍稀特有鱼类国家级自然保护区科学考察报告[M]. 北京:科学出版社,2012.

[153] 邬国锋,崔丽娟,纪伟涛. 基于遥感技术的鄱阳湖-长江水体清浊倒置现象的分析[J]. 长江流域资源与环境,2009,18(8):777-782.

[154] 吴波,赵强,马方凯. 长江中下游江湖关系恢复研究[J]. 环境科学导刊,2019,38(5):10-14.

[155] 吴聪,徐靖,银森录,等. 长江下游南京段至河口近岸带底栖动物分布格局及影响因素[J]. 应用与环境生物学报,2019,25(03):553-560.

[156] 吴凤平,许长新. 长江南京以下段水运潜力及其开发研究[J]. 中国软科学,2000(2):91-93.

[157] 吴金明,王芊芊,刘飞,等. 赤水河赤水段鱼类早期资源调查研究[J]. 长江流域资源与环境,2010,19(11):1270-1276.

[158] 吴美琴,钟俊生,葛珂珂,等. 长江口沿岸碎波带仔稚鱼分布的季节性变动[J]. 渔业科学进展,2010,31(01):1-7.

[159] 吴荣军,李瑞香,朱明远,等. 应用 PRIMER 软件进行浮游植物群落结构的多元统计分析[J]. 海洋与湖沼,2006,(4):316-321.

[160] 吴晓丹,宋金明,李学刚. 长江口邻近海域水团特征与影响范围的季节变化[J]. 海洋科学,2014,38(12):110-119.

[161] 吴雪. 漓江各类仔稚鱼对环境因子的适应性研究[J]. 广西农学报,2017,32(04):46-49.

[162] 武胜男,陈新军,刘祝楠. 基于 GAM 的西北太平洋日本鲭资源丰度预测模型建立[J]. 海洋学报,2019,41(08):36-42.

[163] 谢平,陈宜瑜. 加强淡水生态系统中生物多样性的研究与保护[J]. 中国科学院院刊,1996,13(4):276-281.

[164] 熊飞,刘红艳,段辛斌,等. 长江上游江津江段鱼类群落结构及资源利用[J]. 安徽大学学报(自然科学版),2014,38(3):94-102.

[165] 徐东坡,刘凯,张敏莹,等. 2003～2010 年长江下游两江段鱼类群落结构特征的年际变动[J]. 长江流域资源与环境,2013,22(9):1156-1164.

[166] 徐东坡. 长江下游鱼类群落结构及物种多样性的研究[D]. 南京农业大学,2010.

[167] 徐钢春,聂志娟,杜富宽,等. 长江刀鲚亲鱼强化培育及自然产卵规律研究[J]. 水生生物学报,2016,40(6):1194-1200.

[168] 徐钢春. 刀鲚性腺发育、人工繁殖及早期生活史的研究[D]. 南京农业大学,2010.

[169] 徐田振,李新辉,李跃飞,等. 郁江中游金陵江段鱼类早期资源现状[J]. 南方水产科学,2018,14(02):19-25

[170] 徐薇,刘宏高,唐会元,等. 三峡水库生态调度对沙市江段鱼卵和仔鱼的影响[J]. 水生态学杂志,2014,35(2):1-8.

[171] 徐薇,杨志,陈小娟,等.三峡水库生态调度试验对四大家鱼产卵的影响分析[J].环境科学研究,2020,33(5):1129-1139.

[172] 徐雪鸿,毕卫明.浅谈特拉锚垫生态护岸系统在武安段航道整治工程中的应用[J].中国水运,2020,35(5):90-92.

[173] 许承双,艾志强,肖鸣.影响长江四大家鱼自然繁殖的因素研究现状[J].三峡大学学报(自然科学版),2017,39(04):27-30,59.

[174] 许承双,艾志强,肖鸣.影响长江四大家鱼自然繁殖的因素研究现状[J].三峡大学学报(自然科学版),2017,39(4):27-30,59.

[175] 薛慧敏,李跃飞,武智,等.水温对珠江中下游鳜属鱼类早期资源补充的影响[J].淡水渔业,2019,49(03):59-65.

[176] 薛向平,方弟安,徐东坡,等.长江下游如皋江段长青沙和民主沙仔稚鱼群聚结构特征[J].生态学杂志,2022,41(09):1778-1786.

[177] 薛向平,彭云鑫,方弟安,等.长江下游苏通江段刀鲚产卵场的初步研究[J].水产学报,2022,46(08):1377-1388.

[178] 杨健,姜涛,刘洪波,等.鄱阳湖长江刀鲚产卵场亟需保护:一项基于近15年研究的建议[C]//2017年中国水产学会学术年会论文摘要集,2017.

[179] 易伯鲁,梁秩燊.长江家鱼产卵场的自然条件和促使家鱼产卵的主要外界因素[J].水生生物学集刊,1964,5(1):1-15.

[180] 易伯鲁.葛洲坝水利枢纽与长江四大家鱼[M].武汉:湖北科学技术出版社,1988.

[181] 易雨君,乐世华.长江四大家鱼产卵场的栖息地适宜度模型方程[J].应用基础与工程科学学报,2011,19(S1):117-122.

[182] 殷名称.鱼类生态学[M].北京:中国农业出版社,1995.

[183] 殷名称.鱼类早期生活史研究与其进展[J].水产学报,1991,15(4):348-358.

[184] 尹宗贤,张俊才.鄱阳湖水文特征(Ⅰ)[J].海洋与湖沼,1987,18(1):22-27.

[185] 倪勇,伍汉霖.江苏鱼类志[M].北京:中国农业出版社,2006.

[186] 余志堂.大型水利枢纽对长江鱼类资源影响的初步评价(一)[J].水利渔业,1988(2):38-41.

[187] 余志堂.汉江中下游鱼类资源调查以及丹江口水利枢纽对汉江鱼类资源影响的评价[J].水库渔业,1982(1):19-27.

[188] 袁传宓.长江中下游刀鲚资源和种群组成变动状况及其原因[J].动物学杂志,1988,23(3):15-18.

[189] 张国.长江中游四大家鱼早期资源的时空格局研究[D].中国科学院水生生物研究所,2012.

[190] 张敏莹,刘凯,徐东坡,等.春季禁渔对常熟江段渔业群落结构及物种多样性影响的初步研究[J].长江流域资源与环境,2006,15(4):442-446.

[191] 张敏莹,徐东坡,刘凯,等.长江安庆江段鱼类调查及物种多样性初步研究[J].湖泊科学,2006,18(6):670-676.

[192] 张堂林,李钟杰.鄱阳湖鱼类资源及渔业利用[J].湖泊科学,2007,19(4):434-444.

[193] 张晓可,于道平,王慧丽,等.长江安庆段江豚主要栖息地鱼类群落结构[J].生态学报,2016,36(07):1832-1839.

[194] 张晓敏,黄道明,谢文星,等.汉江中下游"四大家鱼"自然繁殖的生态水文特征[J].水生态学杂志,2009,30(2):126-129.

[195] 张燕萍,吴斌,方春林,等.鄱阳湖通江水道翘嘴鲌(*Culter alburnus*)的生物学参数估算[J].渔业科学进展,2015,36(5):26-30.

[196] 张云雷,徐宾铎,张崇良,等.基于 Tweedie-GAM 模型研究海州湾小黄鱼资源丰度与栖息环境的关系[J].海洋学报,2019,41(12):78-89.

[197] 长江水产研究所资源捕捞研究室,南京大学生物系鱼类研究组.刀鲚的生殖洄游[J].淡水渔业,1977(6):19-24.

[198] 长江水系渔业资源调查协作组.长江水系渔业资源[M].北京:海洋出版社,1990.

[199] 长江四大家鱼产卵场调查队.葛洲坝水利枢纽工程截流后长江四大家鱼产卵场调查[J].水产学报,1982,6(4):287-305.

[200] 赵越,周建中,许可,等.保护四大家鱼产卵的三峡水库生态调度研究[J].四川大学学报(工程科学版),2012,44(4):45-50.

[201] 赵志模,郭依泉.群落生态学原理和方法[M].重庆:科学技术文献出版社重庆分社,1898.

[202] 郑惠东.福建东山湾春、夏季鱼卵和仔稚鱼丰度分布特征及其与环境因子的关系[J].应用海洋学学报,2016,35(01):87-94.

[203] 中国淡水养鱼经验总结委员会.中国淡水鱼类养殖学(第二版)[M].北京:科学出版社,1973.

[204] 中国水产科学研究院东海水产研究所.上海鱼类志[M].上海:上海科学技术出版社,1990.

[205] 中国水产科学研究院珠江水产研究所.河流漂流性鱼卵和仔鱼资源评估方法:SC/T9427—2016[S].中国:行业标准-水产,2016.

[206] 钟俊生,郁蔚文,刘必林,等.长江口沿岸碎波带仔稚鱼种类组成和季节性变化[J].上海海洋大学学报,2005,14(4):375-382.

[207] 钟凯,边晓东.长江南京江段滩群演变及其分流特性研究[J].吉林水利,2016(12):12-15.

[208] 周湖海,田辉伍,何春,等.金沙江下游巧家江段产漂流性卵鱼类早期资源研究[J].长江流域资源与环境,2019,28(12):2910-2920.

[209] 周辉明,方春林,傅培峰.鄱阳湖刀鲚产卵场调查[J].水产科技情报,2015,42(3):140-141,145.

[210] 周雪,王珂,陈大庆,等.三峡水库生态调度对长江监利江段四大家鱼早期资源的影响[J].水产学报,

2019,43(8):1781－1789.

[211] 朱栋良. 长江刀鱼的天然繁殖与胚胎发育观察[J]. 水产科技情报,1992,19(2):49－51.

[212] 朱其广. 鄱阳湖通江水道鱼类夏秋季群落结构变化和四大家鱼幼鱼耳石与生长的研究[D]. 南昌大学,2011.

[213] 朱正伟. 长江中游四大家鱼典型产卵场的生态水力学特征空间变异研究[D]. 华中农业大学,2013.

[214] 珠江水系渔业资源调查编委会编. 珠江水系渔业资源调查研究报告:第四分册(2)[M]. 中国水产科学研究院珠江水产研究所,1985,255－295.

[215] Duan X B, Liu S P, Huang M G, et al. Changes in abundance of larvae of the four domestic Chinese carps in the middle reach of the Yangtze River, China, before and after closing of the Three Gorges Dam [J]. Environmental Biology of Fishes, 2009,86(1):13－22.

[216] Dudley R K. Ichthyofaunal drift in fragmented rivers: Empirically based models and conservation implications [D]. Albuquerque: The University of New Mexico Albuquerque, New Mexico, 2004.

[217] Fang, D.-a.; Xue, X.-p.; Xu, D.-p.; et al. Ichthyoplankton species composition and assemblages from the estuary to the hukou section of the Changjiang River. Frontiers in Marine Science 2021,8.

[218] Fang, D.-a.; Zhou, Y.-f.; Ren, P.; et al. The status of silver carp resources and their complementary mechanism in the Yangtze River. Frontiers in Marine Science 2022,8.

[219] Hart P J B. Fishery Science: The Unique Contributions of Early Life Stages [J]. Fish and Fisheries, 2003,4(4):377－378.

[220] Li M Z, Gao X, Yang S R, et al.. Effects of environmental factors on natural reproduction of the four major Chinese carps in the Yangtze River [J]. Zoological Science, 2013,30(4):296－303.

[221] Ren P, Hu H, Song Y Q, et al. The spatial pattern of larval fish assemblages in the lower reach of the Yangtze River: potential influences of river-lake connectivity and tidal intrusion [J]. Hydrobiologia, 2016,766(1):365－379.

[222] Ren, P., Hou, G., Schmidt, B. V., Fang, D., et al. Longitudinal drifting pattern of larval assemblages in the lower reach of the Yangtze river: Impact of the floodplain lakes and conservation implementation. Ecology of Freshwater Fish 2021,00,1－14.

[223] Rochet M J, Trenkel V M. Which community indicators can measure the impact of fishing? A review and proposals [J]. Canadian of Fisheries and Aquatic Sciences, 2003,60(1):86－99.

[224] Schludermann E, Tritthart M, Humphries P, et al. Dispersal and retention of larval fish in a potential nursery habitat of a large temperate river: an experimental study [J]. Canadian Journal of Fisheries & Aquatic Sciences, 2012,69(8):1302－1315.

[225] Selleslagh J, Amara R. Environmental factors structuring fish composition and assemblages in a

small macrotidal estuary(eastern English Channel) [J]. Estuarine Coastal & Shelf Science, 2008, 79(3):507 - 517.

[226] Tanaka K, Mugiya Y and Yamada J. Effects of photoperiod and feeding on daily growth patterns in otoliths of juvenile *Tilapia nilotica*. Fishery Bulletin. 1981,79:459 - 466.

[227] Taubert B D, Coble D W. Daily Rings in Otoliths of Three Species of *Lepomis* and *Tilapia mossam*. [J]. Journal of the Fisheries Research Board of Canada, 1977,34(3):332 - 340.

[228] Ulanowicz R E. Information theory in ecology [J]. Computers & Chemistry, 2001,25(4):393 - 399.

[229] Watanabe Y, Zenitani H, Kimura R. Population decline of the Japanese sardine Sardinops melanostictus owing to recruitment failures [J]. Canadian Journal of Fisheries and Aquatic Sciences, 2011,52(8):1609 - 1616.

[230] Xie S G, Watanabe Y. Hatch date-dependent differences in early growth and development recorded in the otolith microstructure of Trachurus japonicus [J]. Journal of Fish Biology, 2005,66(6):1720 - 1734.